AF466007

VOYAGE

EN ESPAGNE,

EN 1798.

Nota. Le manuscrit a été livré en entier à l'imprimeur le 2 décembre 1822. L'auteur voulant s'interdire jusqu'à la possibilité d'être tenté d'y faire des changemens, inspirés par les événemens subséquens. Cet avis, de la plus exacte vérité, ne doit ni ne peut paraître sans importance.

VOYAGE

EN ESPAGNE,

EN 1798.

PAR M. LE CHEVALIER DE F....

Ce qui prouve de quoi serait capable cette généreuse nation, si elle était bien dirigée.
(*Voy. en Esp.*, liv. II, chap. XII, p. 241.)

Prix : 5 fr. 50 c., et 7 fr. franc de port.

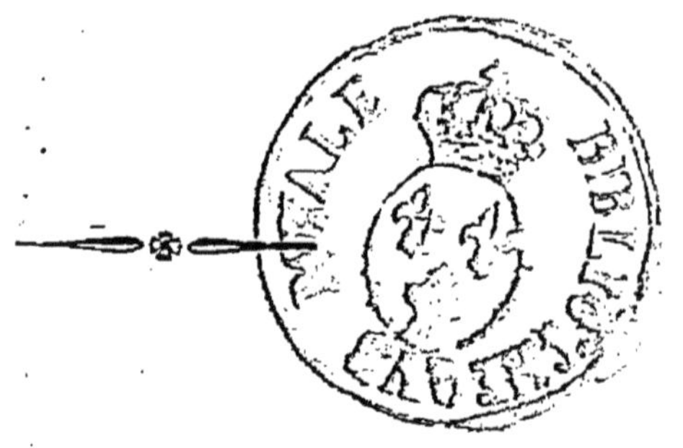

A PARIS,

CHEZ
ANTHe. BOUCHER, IMPRIMEUR-LIBRAIRE, RUE DES BONS-ENFANS, No. 34.
MICHAUD, LIBRAIRE, RUE DE CLÉRY, No. 13.
PICHARD, LIBRAIRE, QUAI DE CONTI, No. 5.
DELAUNAY, PONTHIEU ET LELONG, LIBRAIRES, AU PALAIS-ROYAL, GALERIES DE BOIS.

1823.

IMPRIMERIE ANTH^e. BOUCHER, RUE DES BONS-ENFANS, N°. 34.

TABLE.

FIN DE LA TABLE.

AVANT-PROPOS.

A L'ÉPOQUE où Buonaparte, croyant qu'étendre sa puissance par une jonglerie ce serait l'affermir, imagina d'envahir l'Espagne, et prépara ainsi, sans s'en douter, les voies au rétablissement des Bourbons sur le trône de France, le chevalier de F... crut que la publication de son voyage dans la Péninsule pouvait offrir un intérêt de circonstance qui ne serait pas sans utilité, en éclairant le gouvernement d'alors sur les difficultés presque insurmontables qu'il aurait à combattre pour accomplir ses vues ambitieuses.

Il forma le dessein de l'insérer par fragmens consécutifs dans le *Moniteur*, et il adressa à M. Sauvo, rédacteur principal de cette feuille, un premier article, en le priant de lui réserver une place pour les articles suivans, qu'il se proposait de lui communiquer de semaine en semaine.

Plusieurs jours s'écoulèrent sans que cet article parût au *Moniteur*, sans même que son auteur en reçût un simple accusé de réception.

Ayant contracté l'habitude de voir accueillir avec empressement les nombreux articles qu'il avait jusqu'alors fait insérer dans ce journal, il se disposait à se plaindre d'un procédé si nouveau pour lui, lorsqu'il reçut de M. Sauvo une lettre d'excuses, dans laquelle cet estimable littérateur lui annonçait que, n'ayant pas cru pouvoir prendre sur lui de ne pas consulter l'autorité avant d'admettre dans sa feuille, alors entièrement officielle, un article qui lui ferait contracter l'obligation de publier ceux qui devraient le suivre, il avait mis sous les yeux du ministère le premier envoi, et qu'il en avait reçu l'ordre de demander le dépôt entier de ce qui devait être publié dans le *Moniteur*. On ne voyait nul inconvénient, on pensait même qu'il y aurait de l'avantage à cette publication, si la suite répondait au début; mais on voulait pouvoir juger, par avance, de l'ensemble de cette composition, et de l'effet général qu'elle pourrait avoir dans la situation sérieuse où la France se trouvait alors vis-à-vis de l'Espagne.

Trop occupé pour se livrer à un tel travail, qu'il s'était flatté de ne prendre que sur ses loisirs, en lui consacrant seulement quelques heures par semaine, le chevalier de F... se refusa à cette communication préalable; il redemanda son premier article, il renonça au projet qu'il avait conçu, et son voyage en Espagne demeura enseveli dans le carton où étaient renfermés ses Mémoires, qu'il n'a écrits que pour lui et pour sa famille, laquelle, plus tard, jugera s'ils renferment quelques fragmens d'un intérêt assez réel, et surtout assez général, pour mériter les regards du public.

Il avait lui-même perdu tout-à-fait de vue ces Mémoires, lorsque, surpris à l'improviste, le 30 mars 1814, par l'invasion des armées de la coalition, il subit, dans son domaine aux portes de Paris, le pillage le plus complet qu'on puisse imaginer, trop heureux de ne pas payer de sa vie la témérité qui l'y retint seul, pour essayer de s'opposer à son entière dévastation, dont il fut le témoin muet.

Toute la population de sa commune avait disparu ; il n'était resté dans le village, le 29 mars au soir, que le curé et lui. Ils s'étaient séparés à minuit ; le lendemain, dès le matin, le curé n'existait plus : il avait été tué dans son presbytère par un sergent prussien.

Le même jour, 30, le chevalier de F..., à la veille d'éprouver le même sort, ne fut sauvé que par miracle.

Pendant la bataille qui se livrait sur les hauteurs de Romainville, les rôdeurs de l'armée étrangère avaient envahi sa maison, et ils s'y succédaient sans interruption, laissant, comme on peut bien le croire, des traces sensibles de leur passage. Vers midi, ayant jusque-là observé les mouvemens de la bataille, assis tranquillement devant les bâtimens de son exploitation avec les officiers russes commandant une réserve de 1100 hommes qui bivouaquaient à l'abri des murs d'enceinte de son parc, il voulut voir ce qui se passait dans son habitation principale : il la trouva occupée par 300 ou 400 cosaques qui achevaient sa destruction.

Une foule remplissait la salle à manger, et était occupée à se distribuer le liquide que contenaient une vingtaine de grandes conserves de fruits à l'eau-de-vie : ce partage était achevé, et les derniers venus se vengeaient sur les fruits que les premiers avaient dédaignés, lorsque survint un de leurs camarades, qui, ne trouvant plus à remplir son bidon, saisit au collet le chevalier de F...., en lui adressant d'un ton décidé ce peu de mots : *eau-de-vie ou caput.*

Peu satisfait des explications que le maître de la maison essaya de lui donner, pour lui faire sentir l'impossibilité, d'ailleurs si évidente, où il était de le satisfaire, le cosaque saisit son pistolet, et allait le décharger à bout-portant sur la poitrine de sa victime, lorsqu'un biscayen, venu de la montagne, traversa, sans la briser en éclats, l'une des vitres des croisées donnant sur le jardin, et le fit tomber roide mort, sans lui permettre de proférer une seule parole.

Ses camarades tournèrent un instant leurs regards sur lui et continuèrent le partage de leur butin, sans témoigner le moindre étonnement et sans adresser un mot au propriétaire qui, échappé de ce danger, rejoignit les officiers russes, et ne les quitta plus jusqu'à ce que la nouvelle de l'armistice eut fait cesser la bataille dont ils étaient les spectateurs.

Le chevalier de F..., accompagné de ces officiers, rentra alors dans sa maison, et vit avec douleur qu'il n'y restait plus que les quatre murailles. Son cabinet, qui renfermait une bibliothèque choisie, tous ses papiers, tous ses ouvrages depuis quarante ans, avait été détruit; le parquet, couvert de ses débris, offrait l'aspect le plus pitoyable.

On concevra sans peine que, de toutes les pertes qu'il venait de faire, celle-là fut la plus sensible pour lui ; mais lorsqu'on saura que, depuis l'âge de quinze ans, il s'était rendu compte de toutes ses lectures, dont il avait recueilli des extraits raisonnés où il avait analysé tous les ouvrages qu'il avait parcourus et où il a consigné les jugemens qu'il en avait portés, ce qui aurait fourni des matériaux pour, au moins, vingt volumes ; lorsqu'on saura que, dans quatorze volumes de ses Mémoires, qui remontaient à sa naissance, il avait rassemblé tous les détails de sa vie, pour l'instruction de ses enfans ; on se fera aisément une idée juste des regrets qu'il dut éprouver lorsque, recueillant les misérables débris de son ancienne existence, après cette cruelle catastrophe, il se vit séparé de ces documens précieux, l'ouvrage de sa vie entière.

A des maux sans remède, l'homme de cœur oppose une résignation que la philosophie et la religion conseillent d'une commune voix. Le chevalier de F... poussa la sienne jusqu'à l'oubli le plus absolu. Seulement il regretta que le *Moniteur* eût rebuté *le*

Voyage en Espagne, qu'il avait voulu extraire de ses souvenirs; du moins cet épisode de sa vie eût été conservé, et peut-être y eût-il puisé le courage d'appeler sa mémoire à son aide, pour rendre à ses enfans les cahiers que le pillage du 30 mars avait détruits.

Ce courage, il ne l'a pas eu, il n'a pu l'avoir, tant ont été pénibles et absorbans les soins qu'a exigés de lui la suite de ce grand désastre : heureusement la Providence y a pourvu.

Un placard, qu'il a fait afficher dans Paris, en avril 1814, pour annoncer les pertes qu'il venait d'essuyer, a ramené dans ses mains une grande partie de ses manuscrits. Des quatorze volumes qui composaient ses Mémoires, sept lui ont été rapportés en moins de quinze jours, ainsi que beaucoup d'autres papiers, inutiles pour leurs détenteurs, mais très précieux pour lui; les sept autres, où se trouvait précisément *son Voyage en Espagne*, sont restés perdus pendant huit ans, ce n'est qu'au mois d'octobre dernier qu'il en a recouvré quatre par le plus singulier hasard.

Il n'y pensait absolument plus, lorsqu'il reçut la lettre qu'on va lire.

Lettre de M. Fr.... à M. le ch. de F....

Monsieur,

Dans la soirée du 30 mars, je pris mon quartier, avec l'état-major auquel j'appartenais, dans la maison de feu madame de Montesson, à Pantin (1). Le propriétaire m'assurant que sa maison avait été complètement pillée dans la journée, ce dont je pus me convaincre en ouvrant les yeux, et qu'il ne pouvait nous procurer aucune nourriture, je fus en chercher ailleurs, et ne rentrai que tard dans la maison. J'appris que le propriétaire en était sorti peu après moi, et qu'on ne l'avait plus revu. Le lendemain j'entrai dans Paris, et y passai six mois. En partant, je fis faire par mon domestique quelques caisses, qui ne me parvinrent ensuite que plusieurs mois après mon retour. Je fus étonné, en les ouvrant, de trouver plusieurs manuscrits qui ne m'appartenaient pas, et sur les explications que j'en demandai à

---

(1) Cette maison était la mienne; je l'avais achetée à M. le comte de Valence, qui en avait hérité de madame de Montesson.

mon domestique, il m'avoua qu'il les avait ramassés par terre dans une chambre de la maison où nous avions couché la veille de l'entrée à Paris. Je les retins : en les parcourant, je vis que ces manuscrits étaient un journal depuis, je crois, 1794, et quelques pièces de théâtre, écrits par M. de F....

Ne pouvant douter que le propriétaire de ce journal serait bien aise de retrouver le souvenir des bonnes et mauvaises fortunes qu'il a éprouvées, j'ai chargé plusieurs de mes connaissances allant à Paris, de rechercher M. de F...., de lui offrir de ma part la restitution de ces manuscrits; mais ces amis ne s'occupant à Paris que de leurs affaires ou de leurs plaisirs, ne m'ont jamais rapporté de réponse. Je craignais de ne plus retrouver l'auteur de ce journal, quand je trouvai, dans les *Tablettes Universelles* de Gouriet, que M. le chevalier de F.... venait de publier plusieurs pièces de théâtre. L'identité de nom et d'occupations littéraires me fit supposer que M. le chevalier de F.... était l'auteur, ou du moins le parent de l'auteur du journal que j'avais entre mes mains, et je viens, en conséquence, Monsieur, vous prier de m'aider à restituer ces papiers à leur véritable propriétaire.

J'ai lu ce journal, à plusieurs reprises, avec le plus grand intérêt, mais je ne l'ai jamais laissé voir à personne : il est de nature à n'être remis qu'à son auteur, surtout dans un moment où l'on abuse si étrangement de la liberté de la presse, pour publier des mémoires qui devraient rester secrets, soit par spéculation, soit par abus de confiance, soit par des motifs encore plus indignes.

Si vous êtes, Monsieur, l'auteur de ces manuscrits, je vous les rendrai avec le plus grand plaisir, ou si vous croyez qu'ils appartiennent à quelqu'un de vos parens, je vous prie de lui faire savoir qu'il peut s'adresser à moi pour leur restitution, en me faisant parvenir son adresse.

Si l'auteur est mort, je les brûlerai. Comme il voyageait sous un nom supposé, pendant l'émigration, je n'ai pu trouver que par-ci par-là qu'il s'appelait F.... de Marseille.

Si vous n'êtes point de la même famille, ce qui est encore possible, vous excuserez j'espère cette lettre, que je n'écris que dans le désir de retourner à la même source, des souvenirs, tantôt pénibles, tantôt agréables, qui peuvent avoir du prix pour leur auteur, et dont il serait sûrement fâché qu'on fît un mauvais usage.

Dans tous les cas, je vous prie, Monsieur, de m'honorer d'une réponse, et d'agréer l'expression de la considération avec laquelle j'ai l'honneur d'être,

Monsieur,

Votre très humble, etc.

ALEXANDRE FR......

Lieutenant-Colonel fédéral, Chevalier des Ordres de Léopold et du Croissant.

Weuillerens, près Morges, canton de Vaud, Suisse,
le 1er. juillet 1822.

P. S. Je dois aussi aux *Tablettes Universelles* l'indication de votre adresse ; ce qui me fait espérer que cette lettre vous parviendra sûrement.

Le chevalier de F... se hâta de répondre à cet honnête homme en ces termes :

Monsieur,

Je ne sais comment vous exprimer ma reconnaissance et le plaisir que m'a fait éprouver la lettre dont vous m'avez honoré le premier de ce mois.

En confrontant l'écriture de celle-ci avec les manuscrits que des événemens, aussi extraordinaires que le furent ceux de l'époque que vous me rappelez, ont mis entre vos mains, vous vous convaincrez d'un coup-d'œil, que vous avez trouvé leur propriétaire. A portée, comme vous l'êtes, de connaître mon cœur, puisque le hasard vous a initié dans mes plus secrètes pensées que j'avais cru ne devoir jamais avoir de confident, vous vous ferez aisément une idée de ce que m'a fait éprouver la connaissance que vous me donnez, de la délicatesse que vous avez apportée dans la conservation de ce dépôt, et du soin charitable que vous avez eu de ne le communiquer à personne.

Vous m'avez vu, Monsieur, tel que les hommes ne se montrent guère les uns aux autres ; je ne me fardais point dans mes mémoires secrets : j'y disais mes plaisirs et mes peines, mes fautes et le peu de bien qui s'y mêlait parfois ; je m'y montrais à nu avec tous mes défauts, que ne compensent pas quelques qualités trop communes pour leur servir d'excuse : je dois donc éprouver une sorte de honte en vous écrivant. Mais la déclaration que vous me faites d'avoir lu mon journal à plusieurs reprises, avec quelque intérêt, me donne la force de la surmonter, et je m'empresse de profiter de l'offre que vous voulez bien me faire de me renvoyer mes manuscrits.

Je me persuade que vous aurez la facilité de les réunir en un seul paquet bien fermé, et de les faire remettre à un bureau de messageries ayant des relations sûres avec Paris ; je vous prie donc de vouloir bien prendre cette peine; ce sera couronner d'une manière digne de vous, le service que vous m'avez rendu, et acquérir de nouveaux droits à ma reconnaissance ; trop heureux si vous pouviez me fournir l'occasion de vous la manifester au gré de mes vœux les plus doux !

C'est une singulière destinée, que celle de ces mémoires dont une partie est en vos mains !

Lorsque je rentrai en France, en 1795, je m'arrêtai dans votre contrée ; et craignant de les avoir sur moi en passant la frontière, ignorant si je ne me faisais pas illusion sur l'état de la France, et si je ne serais pas forcé d'émigrer une seconde fois, je les déposai, avec tous mes autres manuscrits, à mon ami Lullin, que, sans doute, vous avez connu à Morges. Ils me furent envoyés, lorsque je fus rentré dans ma famille, et ne m'ont plus quitté depuis ; mais, au 30 mars 1814, j'en perdis sept volumes, sur quatorze dont ils se composaient, et c'est à Morges que je retrouve une partie de cette perte !

Grâces vous soient rendues, Monsieur ! je vous prie de permettre que je vous fasse hommage de trois volumes de mes œuvres dont je puis disposer. Je vais en former un paquet à votre adresse, et je le confierai à la diligence de la rue Notre-Dame-des-Victoires, que je suppose pouvoir s'en charger jusqu'à Morges. S'il en est autrement, j'adresserai ce paquet à mon ami Désarts, trésorier de la ville de Genève, en le chargeant de vous le faire tenir; je sais qu'il ne manquera pas d'occasion pour cela.

J'ai l'honneur d'être, avec la considération la plus distinguée,

Monsieur,

Votre très humble et très obéissant serviteur,

Le Chevalier DE F....

Paris, 8 juillet 1822.

Voici enfin la lettre qui a annoncé au chevalier de F... le départ de ses manuscrits, qui lui sont parvenus en octobre dernier.

« C'est bien malgré moi, Monsieur, que l'expédition de vos journaux a été retardée si long-temps. Le séjour que j'ai fait dans les montagnes de l'Oberland-Bernois et chez ma mère, près de Berne, s'est prolongé au-delà du terme que j'avais fixé en quittant ce pays. Ce n'est que depuis huit jours que je suis de retour. Je me suis occupé, en passant à Lausanne, de trouver une occasion pour expédier vos livres; mais n'en ayant pu découvrir qui fût prompte et sûre, je me suis décidé à les mettre hier à la messagerie à Morges, bien empaquetés et cachetés. Il y a, dans le paquet, quatre cahiers de journaux, un cahier de pièces de théâtre, et un cahier de fables. J'espère qu'ils vous parviendront sûrement, et que j'aurai bientôt le plaisir de savoir qu'ils sont retournés à leur source.

» Comme vos gazettes se plaisent à représenter quelquefois nos cantons comme le refuge des mauvais sujets de tous les pays, et comme une fabrique de carbonarisme, je craignais un peu qu'un paquet de manuscrits ne passât pas impunément par les mains de vos douaniers, et qu'il ne fût retardé. Mais on m'a dit que, justement pour cela, la voie de la diligence était plus sûre que celle des voyageurs. En tous cas, cette lettre vous instruit de leur expédition; de sorte que vous pourrez faire des réclamations, s'ils ne vous parviennent pas.

» J'aurais dû commencer, Monsieur, par vous faire mes excuses d'avoir retenu si long-temps les enfans de votre muse et les souvenirs de vos infortunes; mais j'ai déjà eu l'honneur de vous dire, dans ma lettre d'Interlachen, que depuis que j'ai découvert leur père et auteur, une foule de circonstances malheureuses, pour moi, m'ont empêché de les restituer à qui de droit et de m'en occuper.

» Je vous répète aussi, Monsieur, que depuis que j'ai été, par le plus singulier hasard, en possession de votre journal, personne ne l'a lu que moi, et il n'y a que vous et moi qui connaissions tous les détails tragico-comiques qu'il contient. Il n'a pas seulement été intéressant pour moi, par le récit des plus singulières aventures, par la lutte d'un caractère fort contre l'adversité, et par les mouvemens d'un cœur sensible et généreux ; mais il a bien ajouté à mes observations particulières sur le cœur humain, et à ma connaissance des hommes. Les temps sont les mêmes, et peut-être pires à présent que quand vous avez écrit votre journal, car alors on était peut-être plus franchement ami et ennemi. Vous m'avez fait connaître des caractères bien estimables, mais d'autres bien méprisables, et je vous ai souvent plaint de ce que des événemens aussi désastreux vous aient sans cesse mis aux prises avec cette vilaine humanité.

D'après la connaissance, je peux dire intime, que j'ai de votre cœur, de vos principes et de vos goûts, vous ne trouverez pas extraordinaire que j'aie une grande curiosité de connaître la suite de votre histoire ; et vous excuserez mon indiscrétion, si je vous demande la faveur de me dire quel a été votre sort depuis que je vous ai quitté à la dernière page de votre journal. Il me paraît que vous avez remis votre barque à flot, et que vous l'avez conduite heureusement à travers le roulis du consulat et le despotisme de l'empire, puisque je l'ai trouvée dans un aussi joli port que celui de Pantin. Vous y avez été encore assailli par l'ouragan qui a ravagé la France en 1814 ; mais j'espère que depuis vous y vivez heureux et tranquille. Je me trompe fort, ou vous devez en avoir assez des révolutions, et je vous suppose de ceux qui ne voient qu'en tremblant les orages dont l'Europe est encore menacée, parce que personne ne veut plus obéir, et que personne ne sait commander.

Avez-vous d'autres enfans que cette fille que vous aimiez tant, et dont j'ai admiré le portrait pendant le peu de momens que j'ai été dans votre maison? Possédez-vous encore cette charmante habitation? Vous voyez que je suis indiscret, et presqu'aussi questionneur que si j'avais le droit d'être votre ami. Si jamais je retourne à Paris, j'irai vous chercher avec empressement, et vous me recevrez sûrement avec plus de plaisir qu'en 1814. Je ne serai pas si bien accompagné, ou plutôt si mal, et je ne vous demanderai pas à souper aussi impérieusement que je le fis, parce qu'un estomac qui n'a rien eu à digérer pendant seize heures n'est guère poli, mais aussi pas si inutilement. Je dois faire incessamment un séjour à Rolle, chez le duc de Noailles, qui a épousé la grand'mère de ma femme; M. Désarts, le père, s'est aussi retiré dans cette jolie petite ville, et je le vois journellement quand j'y séjourne. Je désire beaucoup y rencontrer son fils, et avoir l'occasion de parler de vous, et d'avoir de vos nouvelles; car la connaissance que j'ai acquise si singulièrement de vous, en excitant le plus vif intérêt, commande aussi la considération la plus distinguée et le dévouement le plus sincère.

Alex. FR.....

Lieutenant-colonel-fédéral.

Monas, près Morges, 22 septembre 1822.

P.-S. Je vous remercie infiniment, Monsieur, pour l'envoi de vos livres, qui augmenteront ma bibliothèque d'ouvrages estimables et intéressans. Je les lirai avec le plus grand intéret cet automne, parce que j'espère vous y retrouver. Si vous m'accusez la réception de vos manuscrits, veuillez m'adresser votre lettre ici, où je serai jusqu'à la fin de novembre. Les premiers jours de décembre je pars pour Berne, pour assister aux séances du grand-conseil, dont je suis membre. Si nos séances offrent des intérêts moins majeurs que celles de votre chambre, elles sont aussi moins orageuses et plus décentes, et en discutant plus tranquillement, nous n'en faisons pas moins de bien à notre pays, parce que chez nous tout le monde ne cherche que ce bien.

Le chevalier de F... a pris l'engagement envers le lieutenant-colonel-fédéral, M. Fr.... de satisfaire son obligeante curiosité ; il tiendra sa parole, ce qui servira à remplir une des lacunes de ses souvenirs : mais il a relu les quatre volumes qui lui sont parvenus de Suisse ; et *son Voyage en Espagne*, qu'il y a retrouvé, lui ayant paru offrir un intérêt de circonstance pour le public, il a ajourné ce travail, pour lequel rien ne presse, et s'est livré par préférence à celui de la mise au jour de ce voyage, qui, réuni en un seul corps d'ouvrage, sera, s'il le mérite, accueilli avec plus de faveur qu'il n'eût pu l'être dans le *Moniteur*, où il n'eût paru que par fragmens.

Nous possédons plusieurs voyages dans la Péninsule Ibérienne; celui-ci est loin sans doute de les surpasser, ou même de les égaler en utilité positive. Écrit sans prétention, sans but, sans plan, il ne renferme que des réflexions et des observations fugitives, dictées par les impressions du moment; mais peut-être, par cela même, offrira-t-il un intérêt d'un genre peu commun. Les affections de l'écrivain y paraîtront à nu, à côté des considérations politiques que provoquait l'époque où il a écrit; et l'influence que les événemens extraordinaires qu'il y rappelle ont exercée sur sa propre destinée y unira, pour les âmes sensibles, l'intérêt du roman à l'importance de quelques vérités historiques, qu'on y verra mettre en lumière pour la première fois, et qui ne sont pas indignes de l'attention des esprits réfléchis.

Il y aura lieu à plus d'une application à faire aux circonstances présentes; favorables ou non à telle ou telle opinion, l'auteur ne songe nullement à les provoquer ou à les éluder. Il se borne à transcrire son journal, sans l'accommoder au moment présent; il s'en est fait la loi, afin de ne point altérer la couleur des temps, des lieux et des personnes, et afin aussi que M. le lieutenant-colonel Fr.... puisse reconnaître et attester, au besoin, que rien n'y a été changé.

C'est l'Espagne, telle qu'elle était il y a vingt-quatre ans, et non telle que l'ont faite les dissensions que Buonaparte y a semées, qu'il va parcourir avec ses lecteurs. C'est à ceux-ci à rapprocher les deux époques, à les comparer, à se rendre raison des différences qu'elles peuvent offrir ; le chevalier de F.... a cru devoir s'en refuser le mérite pour leur en laisser le plaisir.

VOYAGE

EN ESPAGNE,

EN 1798.

INTRODUCTION.

Afin que mes lecteurs puissent suivre sans fatigue le fil de mes narrations, je crois devoir les admettre dans la confidence des motifs qui me conduisirent en Espagne pour la seconde fois, en 1798 (car cinq ans avant, en 1793, j'y avais été jeté par la tempête révolutionnaire lors de l'évacuation de Toulon), et de la situation où je me trouvais au moment de mon départ, qui peut-être n'eût pas eu lieu si j'avais été libre de ne pas quitter la France après la journée désastreuse du 18 fructidor.

Justement effrayé, dès 1789, d'une révolution qui s'annonça le 14 juillet par des fureurs populaires que le gouvernement eut la faiblesse de ne pas réprimer et n'eut pas le courage de punir; je manifestai dès-lors une opposition franche, autant qu'énergique aux bouleversemens dont je pressentis que la France serait bientôt l'affreux théâtre.

Cette disposition morale ne m'a pas laissé un instant de repos et huit fois m'a coûté ma fortune entière.

Les vicissitudes que j'ai eu à supporter, sans jamais en être abattu, sont étrangères à l'objet de cet ouvrage; je les passerai donc sous silence comme appartenant à un autre ordre de faits, qui, eux-mêmes, ne sont peut-être pas sans intérêt, mais n'ont qu'un rapport très éloigné avec mon voyage en Espagne, qui n'est qu'un épisode de ma vie agitée et auquel mon dessein est de me borner aujourd'hui.

Il me suffit de dire par quelles circonstances j'ai été entraîné à entreprendre ce voyage. Je n'ai pas à remonter bien haut pour remplir ce besoin.

Rentré en France après dix-huit mois d'émigration et rayé de droit de la liste des émigrés, comme ayant été nominativement mis hors la loi, je venais de rétablir à Marseille ma maison de commerce, renversée par suite du 31 mai 1793. Je conçus l'idée d'une grande opération de finances à proposer au gouvernement espagnol; j'en fis part à une maison de banque de Paris, en lui proposant de s'unir à moi pour la mettre à exécution ; mon offre fut acceptée avec empressement ; mon ami, en m'en faisant ses remercîmens, me manda qu'il s'adjoignait deux autres maisons du premier ordre, cette affaire exigeant des moyens puissans ; il m'invita à me rendre de suite auprès de lui, pour donner à ma conception tous les développemens que je m'étais réservé de donner, pour arrêter les bases de l'association dont je devais être le principal agent, et pour combiner tous les moyens d'exécution ; je me hâtai de me mettre en route ; et, le 17 fructidor à huit heures du matin, j'arrivai à Paris avec le général Moinat d'Auxon, commandant de mon département, auquel j'avais donné une place dans ma voiture.

L'état d'agitation où se trouvait la France m'était connu ; une commotion violente me semblait imminente ; mais je n'en soupçonnais pas l'issue qu'elle eut le lendemain, et surtout je ne la croyais pas aussi prochaine.

Le général, qui connaissait parfaitement mes opinions, et qui les partageait jusqu'à un certain point, m'engagea à donner mes premiers momens à nos amis communs, et je m'y déterminai sans peine, étant bien aise d'abord d'avoir une idée certaine de la situation de la capitale.

Nous visitâmes ensemble, une heure après

notre arrivée, le membre du conseil des Anciens, Durand Maillane, qui nous montra la plus ferme croyance que le Directoire ne tarderait pas à être renversé. De là nous nous rendîmes chez le député Jourdan des Bouches-du-Rhône, du conseil des Cinq-Cents. Même confiance pour le succès de son parti. Après lui nous visitâmes le général Willot, qui dès longtemps connaissait mon dévouement à la cause royale, et ne m'avait pas caché qu'il estimait ceux de ma religion. Nous le trouvâmes tout aussi convaincu de la chute prochaine du Directoire, mais furieux de ce qu'on enchaînait son zèle, qui ne demandait qu'à éclater. Il accusait surtout Pichegru, qui avait adopté un système de temporisation qu'il ne voyait qu'avec effroi. Marchander avec la révolution, nous dit-il, est une folie. J'ai six cents jeunes gens dont je puis disposer comme de mon épée; dans notre dernière conférence (on sait qu'alors la réunion de Clichi décidait de la conduite que devaient tenir tous les membres de l'opposition royaliste), j'ai demandé qu'on me laissât agir, et j'ai garanti sur ma tête que, le lendemain, j'amènerais les trois directeurs qui oppriment les honnêtes gens, pieds et poings liés à la barre du conseil des Cinq-Cents : vaincus, ils sont coupables; tout Paris applaudira à notre triomphe, et la France respirera. On n'a pas voulu m'en croire; on prétend qu'il n'est pas temps encore : Dieu veuille qu'on ne laisse pas à nos ennemis le temps de prendre les devants! Je donnai raison au général Willot, et me rendis, en sortant de chez lui, chez le général Pichegru, espérant le convertir à l'opinion de son collègue.

Le général Pichegru répondit avec le plus grand calme à tout ce que je pus lui dire, que rien ne pouvait déconcerter les mesures prises pour chasser du Directoire les membres que la réunion de Clichy avait marqués du sceau de sa réprobation, et, sur la crainte que je lui témoignai qu'ils ne fissent un coup d'état pour réduire leurs ennemis à l'impuissance de leur nuire, il me répondit du ton d'une confiance imperturbable : ils n'oseront pas ; l'opinion générale est trop fortement prononcée en notre faveur. Je quittai ce général, le cœur saisi d'un sinistre pressentiment dont je ne pouvais, ni me défendre, ni m'expliquer l'objet, et j'employai le reste de la journée à visiter Isidore Langlois, Richer Serisy, les rédacteurs de la *Quotidienne* et le cabinet de Brigitte Mathé, où je retrouvai tous mes anciens amis, qui, comme Durand Maillane, Jourdan et Pichegru, ne doutaient pas que le dénoûment de la crise actuelle ne tournât à la honte des révolutionnaires.

Le lendemain, mon barbier, arrivé chez moi à sept heures, me raconta ce qu'il venait de voir : les troupes du directoire étaient en armes ; les principales avenues du Luxembourg, des Tuileries, et du Palais-Royal, étaient garnies d'artillerie; l'alarme était dans tout Paris. Je hâtai ma toilette et me transportai dans ma voiture de remise chez le député Jourdan, logé au coin de la rue Caumartin.

Jourdan était absent; dès le matin il avait été convoqué chez son collègue Lafond-Ladébat, rue Neuve-du-Luxembourg. Je n'étais qu'à deux pas; j'y volai sur-le-champ.

Connu comme je l'étais de tous les députés de l'opposition, je fus reçu dans leur réunion avec joie, et leur fis accepter mon offre (ils n'étaient encore qu'au nombre d'une quarantaine au plus) d'aller chercher et conduire à eux, dans ma voiture, leurs collègues absens. En trois voyages je leur en amenai douze; mais, au quatrième, je trouvai les deux issues de la rue occupées par les gardes du Directoire : nous ne pûmes y pénétrer.

On sait le reste; on sait que les députés qui ne purent se sauver en sautant par les croisées, et en franchissant les murs des jardins voisins, furent faits prisonniers; on sait quel fut le résultat de cette facile victoire qu'il eût été si aisé de prévenir; on sait enfin comment fut jugé pour toujours, par les lois atroces des 19 et 20 fructidor, tout système de temporisation en présence des révolutionnaires.

Le lendemain, je cherchai en vain les amis que j'avais vus la veille; tous avaient disparu.

J'eus seulement le plaisir de favoriser la fuite de Richer-Sérisy, que je fis sortir de Paris par le jardin d'un de mes amis, d'où franchissant les murs de jardin en jardin, jusqu'au mur d'enceinte de Paris, il partit à pied, à la garde de Dieu, n'ayant sur lui que vingt-cinq louis, que je forçai d'accepter, et une tabatière en or qu'il avait reçue en présent d'un prince de l'Europe, et que je refusai en échange de l'argent qu'il recevait de moi.

Dans la douleur que me causa ce mouvement désastreux, dont j'adressai le récit historique à un ministre du Roi, dont j'étais, depuis ma rentrée en France, le correspondant assidu, je perdis de vue d'abord l'affaire importante qui m'avait appelé à Paris. Plusieurs jours s'étaient écoulés sans que j'eusse eu la tentation de me présenter nulle part. Logé chez un ami, rue de la Ville-l'Evêque, où j'occupais l'appartement qu'occupa depuis la princesse Borghèse, je restai chez moi sans même songer à aller faire viser mon passeport au Bureau central, attendant que les passions des révolutionnaires fussent un peu calmées, et qu'il y eût moins de dangers pour moi à me montrer au milieu de Paris pour y vaquer à mes affaires.

Un événement imprévu vint en décider autrement.

Le 23 fructidor, cinq jours après la fatale

journée, je fus éveillé dès le matin par un de mes compatriotes, qui vint, le journal de Poultier à la main (*l'Ami des lois*), me conseiller de partir sur-le-champ pour éviter les poursuites de la police, qui ne manquerait pas de mettre ses espions en campagne pour me découvrir et me joindre aux malheureux déportés qu'on envoyait à Sinnamary.

Voici ce que disait ce journal maudit :

« M. de F... (ce DE était écrit en grosses capitales) est arrivé à Paris. C'est le plus effréné contre-révolutionnaire de Marseille, le chef des égorgeurs du Midi. Il se fait passer pour négociant, et n'est autre chose qu'un agent de Louis XVIII. Nous invitons la police à le surveiller. »

A la lecture de cet article, mon premier mouvement fut de songer à aller au bureau de l'*Ami des lois* exiger une rétractation du misérable qui s'était permis cette lâche atrocité; mais, retenu par mon ami, je renonçai à ce dessein, sans toutefois céder aux instances qu'il me faisait pour que je sortisse à l'instant même de Paris. Je disputais encore avec lui sur cette question, lorsque deux autres amis arrivèrent à la file pour me donner le même conseil, et s'unirent au premier pour triompher de ma résistance opiniâtre.

« Où voulez-vous que j'aille, leur dis-je? la loi du 19 fructidor a annulé le passeport dont je suis porteur, et qui n'est pas même visé au Bureau central. Je serai arrêté dans la première commune que je traverserai, et l'on s'y fera un mérite de me faire ramener à Paris par la gendarmerie. Ainsi le danger dont vous vous effrayez pour moi, et auquel j'échapperai peut-être dans cette grande ville, je le rendrai inévitable en cherchant à le fuir par le moyen que vous me proposez. »

Je terminai ce débat en passant dans mon cabinet, où j'écrivis au ministre de la police la lettre qui suit :

« Citoyen Ministre, Poultier a fait son métier, il a menti dans son numéro de ce jour, page 3, 2e. colonne. Là se trouve un article qui paraît me désigner, et qui n'est qu'un tissu d'impostures. Je n'y aurais fait nulle attention; mais comme il me désigne à la surveillance de la police, j'ai voulu, citoyen Ministre, vous éviter la peine de me chercher; en conséquence, vous trouverez ci-après mon adresse.

Salut et respect,

De F.....

Rue de la Ville-l'Evêque, n°. 370.

A la lecture de ce billet, que mes amis ne purent arracher de mes mains, et que j'ordonnai en leur présence à mon domestique d'aller porter de suite au ministère de la police, mes amis épouvantés prirent congé de moi, en me traitant de fou, et me quittèrent l'un après l'autre, examinant si personne ne les voyait sortir d'une maison où ils ne doutaient pas que la police ne fît une descente dans une heure au plus tard.

Je restai trois jours sans mettre le pied hors de chez moi, ne voulant pas, si le ministre y envoyait, que ses agens ne m'y trouvassent pas, ce qui me semblait une conséquence de l'acte de courage que j'avais fait en lui écrivant ce qu'on vient de lire. Enfin, n'entendant plus parler de rien, je repris mes mouvemens libres, pour ne plus songer qu'à l'affaire qui m'avait amené à Paris et que déjà je commençai à considérer comme pouvant m'offrir un moyen de m'éloigner de la France pendant tout le temps que durerait le mouvement fébrile que lui avait imprimé la désastreuse journée du 18 fructidor, dont les contre-coups qu'en ressentirait le Midi rendaient mon retour à Marseille impossible.

Ce jour même, passant vers les cinq heures sur le boulevard des Capucines, il me prit l'envie d'aller demander à dîner à un ami qui ne m'avait pas encore vu, et qui logeait au coin de la rue Caumartin. Reçu par lui comme je m'y étais attendu, il me conduisit à la salle de billard pour y attendre le dîner avec ses autres convives. La première personne que je vis, en entrant dans cette salle, ce fut F... de L..., membre du conseil des Cinq-Cents, qui, prêt à ajuster sa bille, demeura immobile en me voyant, et courut à moi pour m'embrasser. « Diable d'homme, me dit-il, d'où sortez-vous donc ? il y a trois jours que je demande votre adresse à tout le monde ; personne n'a pu me la donner. » Je lui demandai à quoi j'aurais pu avoir le plaisir de lui être bon ; il me répondit qu'il voulait m'informer de l'effet qu'avait produit sur le ministre de la police la lettre que je lui avais écrite le 23 fructidor, et là-dessus, il se mit à raconter devant toute la compagnie ce dont il avait été le témoin à cette occasion.

« J'étais, dit-il, ce jour-là chez le ministre » avec tels et tels de mes collègues, lorsque l'on » vint apporter au ministre une lettre sur laquelle » était écrit *pressée, et pour lui seul.* Il se mit à » l'écart pour en prendre lecture ; mais bientôt » il revint à nous en nous invitant à écouter cette » lettre dont il nous fit lecture en riant aux » éclats. C'est d'autant plus plaisant, dit-il, que » je viens, à l'instant même, d'envoyer l'*Ami* » *des lois* au Bureau central, avec ordre de me » trouver cette homme-là ; mais quiconque écrit » comme cela ne doit avoir rien à craindre, et à » l'instant il adressa un contre-ordre au Bureau » central. Mes collègues et moi, ayant entendu » le nom de l'auteur de la lettre, nous vîmes avec

» plaisir que le ministre en usait ainsi de son » propre mouvement, et nous n'eûmes pas de » peine à effacer la fâcheuse impression que le » mensonge du journal avait pu lui faire avant » l'arrivée de la lettre. Je vous ai donc cherché » depuis trois jours pour vous dire que vous n'a» viez rien à craindre de la police, et vous faire » le récit que vous venez d'entendre. »

Je remerciai ce député officieux, et me félicitai d'avoir, par une folie, mis en défaut la sagesse des amis qui auraient causé ma perte si j'eusse suivi leurs conseils.

Le lendemain, je me rendis au bureau de l'*Ami des lois*; j'y trouvai Poultier, que je fis sortir de sa niche, qu'on nommait son bureau; et, après avoir écouté avec dédain les plates excuses qu'il me fit, rejetant sur son prote un article qui, sans doute, avait été fourni, à l'insu de lui Poultier, par quelque Marseillais, mon ennemi; je lui signifiai que si mon nom était une seule fois proféré désormais dans sa feuille, soit en bien, soit en mal, ses épaules m'en répondraient, et qu'un bâton m'en ferait justice. Il promit d'y veiller, et en effet il m'a tenu parole. L'*Ami des lois* qui, jusqu'alors, n'avait guère laissé passer quinze jours sans s'occuper de moi, cessa pour toujours de m'honorer de ses injures.

Dès ce moment, tout entier à l'objet de mon

voyage, je ne me donnai plus de relâche jusqu'à ce qu'il fût terminé.

Affermi de plus en plus dans le désir de quitter momentanément la France, où je sentais que je ne pourrais de long-temps vivre en paix, je fus peu difficile sur les arrangemens à prendre avec mes associés, pourvu que ce fût moi qui allasse à Madrid y négocier avec le gouvernement espagnol l'opération dont j'avais fourni le plan. En peu de jours, nous fûmes d'accord; il ne fut plus question que d'obtenir du ministre des relations extérieures l'approbation de cette opération, et une recommandation pressante de sa part pour notre ambassadeur près la cour d'Espagne. Huit jours avaient suffi pour mes conventions sociales et pour arrêter le plan d'exécution. Je devais partir pour Madrid avec deux crédits distincts; l'un, borné à une somme déterminée pour mes dépenses personnelles, me serait donné sur MM. Barthélemy, frères; l'autre, n'ayant point de limites, mais n'étant disponible que dans le cas où le gouvernement espagnol aurait accepté mes propositions, serait adressé à MM. Étienne Drouilhet et compagnie, auxquels, en leur en donnant avis de suite, il fut offert de prendre un cinquième d'intérêt dans l'opération, que, dans ce cas, ils dirigeraient à Madrid de concert avec moi.

Je ne pus réussir aussi promptement auprès du

ministre. Ce ne fut qu'au bout de trois mois que j'en obtins un passeport pour l'étranger, sans passer par le creuset de la police (ce qui, pour moi, était un objet important), et une recommandation pour notre ambassadeur qui, reçut séparément l'ordre de me présenter dès mon arrivée au prince de la paix, de me mettre ainsi en rapports directs avec le gouvernement espagnol, et de protéger de toute l'influence qu'il pouvait avoir, le succès d'une opération qui tendait à attirer en France tout l'or et l'argent du Mexique et du Pérou.

Parti de Paris sous ces heureux auspices, j'arrivai à Bayonne le 20 décembre 1798. Ici, commence mon voyage en Espagne, on en connaît l'objet : j'entrerai en matière sans autre préambule.

LIVRE PREMIER.

Voyage de Paris à Madrid, et séjour en Espagne.

CHAPITRE PREMIER.

Exposition.

Le 24 décembre. Départ de Bayonne avec don Luis de Biguri, commissaire-ordonnateur des guerres en Espagne, venu en France pour régler, avec le Directoire, les comptes des deux gouvernemens relatifs aux prisonniers de guerre des deux pays : un ami me l'a donné à Paris pour compagnon de voyage ; dans la route, jusqu'à Bayonne, la plus étroite amitié s'est établie entre cet honnête homme et moi ; j'ai lieu de m'en promettre mille agrémens, soit pendant le reste de mon voyage, soit pendant notre commun séjour à Madrid, où il va rendre compte de sa mission.

Il est accompagné de sa nièce, la signora Manuela, qui partage les sentimens d'affection que son oncle ne cesse de me manifester. Le hasard, qui se mêle de tant de choses, ne pouvait me servir mieux à souhait.

Nous avons laissé ma voiture à Bayonne, n'y ayant en Espagne de chevaux de relais que pour courir la poste à franc étrier. Un *coche de colleras*, voiture à quatre places, tirée par quatre mules et allant à petites journées, nous conduira en dix ou douze jours à Madrid. Nous emportons des livres et chacun un fusil et une épée. Parmi ces livres, est celui que j'ai publié il y a près de trois ans sur l'*État de la France*, et dont mon compagnon a déjà commencé la lecture pour la quatrième fois, ne pouvant, me dit-il, s'en lasser.

Une voiture semblable à la nôtre, et ayant la même destination, marche de conserve avec nous. Elle transporte M. C..., français des environs d'Agen, garde de sa majesté catholique, retournant à son poste; mademoiselle L..., brodeuse de Lyon, conduisant à madame Bric..., sa sœur, son neveu âgé de quatre ans, et accompagnée de mademoiselle Éléonore M... qui va joindre son père. Cette dernière, âgée de quinze ans, est sous la garde de la première qui avoisine la quarantaine.

29 décembre.—Diverses rencontres de vieilles connaissances qui m'ont procuré des adresses à Madrid pour avoir de suite un logement à ma convenance, et d'insipides plaisanteries avec les insipides voyageurs que renferme la voi-

ture qui nous accompagne, eussent été jusqu'à ce moment une faible ressource contre l'ennui d'un voyage à petites journées, si j'eusse pu en éprouver avec don Luis de Biguri; mais nos caractères et nos sentimens réciproques sympatisent si bien que la route n'a pas cessé un moment de m'être agréable.

Dans nos conversations, une illusion nouvelle est venue récréer mon imagination. J'écris de Vittoria à ma femme que si l'opération qui me conduit à Madrid n'a pas le succès que j'en espère, il est possible que la connaissance de ce bon Espagnol change la direction de ma destinée.

Don Luis de Biguri se flatte, qu'arrivé à Madrid, il obtiendra en peu de temps l'intendance de Caracas ou celle de la Havane. Pénétré, dit-il, d'estime pour les talens administratifs que suppose en moi l'universalité de connaissances dont mes *Essais sur la France* attestent que je suis doué, il s'estimerait heureux de m'avoir pour second. Il m'engage à le suivre dans le Nouveau-Monde, où il m'assure que, dans quatre ans, j'aurai fait une grande fortune par les moyens qu'il se fera un plaisir de m'y procurer en sa qualité d'intendant du pays, où, ajoute-t-il, je serai plus intendant que lui.

Il est probable que je ne pourrai point accepter cette offre aussi flatteuse qu'obligeante; toutefois, j'en prends note; elle me semble mériter une place dans mes souvenirs.

Dans l'auberge où je suis descendu à Vittoria, était déjà depuis deux jours une famille de noirs et de mulâtres composant l'avant-garde du fameux Santhonax, se rendant à Paris. Ce brigand, que j'aurais été curieux de voir à son passage, ne doit arriver que demain. La manière dont j'ai parlé de lui à ses avant-coureurs les a fait se confiner dans leur appartement; ils ont fui mes regards et ma sévère véracité.

La longueur des soirées aux auberges où nous devons passer la nuit, me ramène à l'usage que j'ai suivi en Italie d'écrire tous les jours mes remarques et mes affections. Les unes peuvent m'être utiles; les autres, j'en dois compte à ma femme; et puisque rien ne m'en distrait, je veux en conserver le souvenir.

Ma position, aujourd'hui, n'est plus celle où j'étais en Italie.

Libre alors, et quittant des ingrats qui m'avaient dépouillé, après avoir été le jouet des plus bizarres événemens depuis le moment où une cloche nocturne m'appela, pour la première fois, à ma section à Marseille, jusqu'à celui où je formai le dessein de revoir ma patrie et ma mère, je n'avais pas les mêmes motifs d'ambition qui me dirigent aujourd'hui; mes besoins étaient moins grands et mes ressources plus entières.

Mais tout se compense dans ce monde; j'étais moins mûri par l'expérience, moins en état de me présenter avantageusement, soit à raison de mes ouvrages qui me procurent partout des amis, soit à raison des connaissances que j'ai faites, et qui peuvent m'être d'un grand secours.

Alors, d'ailleurs, je marchais sans objet, sans plan, sans appui, n'ayant aucun moyen d'éviter l'inconcevable persécution dont tout Français fugitif se voyait l'objet dans toute l'Europe; fuyant une persécution directe à laquelle j'avais manqué de succomber à Livourne; consolé un moment par l'accueil que je reçus à Parme du souverain de ce petit état, qui cependant finit par me refuser un asile, et par celui que daigna me faire, à Vérone, le régent de France, qui, peut-être, ne vivra pas assez pour être le témoin de la restauration de sa maison, objet des voeux secrets de tous les bons Français; mais ne voyant devant moi aucune perspective pour échapper aux horreurs du besoin sur la terre étrangère jusqu'au moment où, à la suite d'une courageuse réapparition à Livourne, après avoir rançonné mes voleurs ébahis de ma témérité, je pris la sage résolution de rentrer en France.

Aujourd'hui, je jouis d'une honnête aisance; une compagnie puissante me députe à Madrid; j'y paraîtrai avec des recommandations du premier ordre; la bonne étoile qui m'y conduit a voulu que, quoique l'ennemi présumé du gouvernement actuel de la France, ce gouvernement m'y proclame son protégé et seconde l'objet qui m'y conduit. J'y ai des amis parmi les gens en place; mon compagnon de voyage ajoute à mes moyens d'obtenir un succès, et, en tout cas, je vois déjà la possibilité de tourner avec avantage mes vues de tout autre côté.

Pour surcroît de bonheur, j'ai, avant de quitter Paris, procuré à mon frère une place qui le met en état de fournir aux besoins de sa famille, et qui, ce qui n'est pas moins important, le dérobe, à moins de désastres nouveaux, à la persécution qui, tôt ou tard, m'eût atteint moi-même dans ma patrie.

Cette dernière considération adoucit les regrets que doit me causer la situation embarrassante où je laisse ma maison de commerce, sur laquelle la secousse du 18 fructidor a fait pleuvoir, de tous côtés, des faillites, que d'autres peut-être suivront jusqu'à ce que ses forces n'y puissent plus suffire. Estimons-nous heureux de pouvoir espérer que mon voyage, qui me sauve peut-être la vie, réparera ses pertes. Il en résultera, trop vraisemblablement, que je ne rentrerai pas en France aussitôt que le présument ceux qui ont favorisé mon départ; je l'ai pressenti à Paris même : aussi ai-je écrit de Vittoria à ma femme pour se préparer à me joindre, avec ma mère, au premier appel que je lui ferai. Je me réserve de juger à Madrid de la convenance et de l'époque de ce rapprochement.

Consolé, rassuré par les considérations que je viens d'écrire, je me détache, pendant ma route, de tout regret, de tout désir, et je vais recueillir mes observations.

Je m'étais interdit, en Italie, tout ce qui pouvait tenir à la politique; je change de méthode, et je noterai indifféremment tout ce qui frappera ma raison, mes yeux ou mon cœur. Ainsi, pour moi, plus de possibilité de céder à l'ennui, et mon voyage ne demeurera pas inutile.

CHAPITRE II.

Passeports.

Au passage de la frontière, j'ai remarqué avec étonnement que, du côté de la France, on n'a pas exigé l'exhibition de mon passeport.

On l'a exigée, au contraire, en Espagne, et on a retenu mon nom par écrit.

Pourquoi cette négligence d'un côté et cette exactitude de l'autre?

Avec nos lois atroces contre l'émigration, que signifie cette insouciance?

Serait-ce que notre gouvernement aurait moins le désir d'empêcher ce prétendu crime que l'avarice de le punir ?

L'empêcher, en effet, ne lui rapporte rien ; le punir, lui procure des confiscations sur lesquelles repose, depuis six ans, le système de ses finances.

Admettons que ma supposition soit fondée : quelle autre conduite doit-il prescrire à ses agens que celle qu'ils ont tenue envers moi ?

« Vous laisserez passer, a-t-il dû leur dire,
» vous laisserez passer les frontières sans examen ;
» mais ensuite vous vous procurerez les noms de
» tous les Français inscrits dans les bureaux de
» l'étranger, vous nous les enverrez, et ce sera
» à nous ensuite à vérifier si nous avons à y
» trouver quelque prétexte de confiscation. »

Laissons ces idées affligeantes. Me voici sur les terres d'Espagne ; enfin je pourrai dormir en repos. On ne m'y dira pas que je suis libre, mais je le sentirai, car pourvu que je ne nuise pas à autrui, personne ne pourra me nuire : heureux effet d'un gouvernement régulier et digne de ce nom.

CHAPITRE III.

La Biscaye.

Je m'enfonce dans la Biscaye.

Je la vois habitée par un peuple laborieux.

De distance en distance, des hameaux, des villages, des bourgs, des villes assez riantes placées entre deux chaînes de hautes montagnes fertilisées jusqu'au sommet, m'annoncent une population heureuse et une agriculture animée.

Les premiers troupeaux que je rencontre sont couverts de cette superbe laine dont les manufactures de l'Europe enrichissent leurs productions. Avant de passer le faible ruisseau qui me séparait de l'Espagne, je n'avais remarqué, en ce genre, que ce que j'ai vu partout ailleurs en France.

D'où provient cette différence? Comment se fait-il que la nature elle-même respecte les divisions politiques du globe, ouvrage du hasard, et agisse si différemment à des distances si rapprochées?

En voici peut-être la raison.

L'expérience a prouvé à la France (1) que les

(1) Les importations des moutons mérinos, exécutées en grand depuis la dernière guerre avec l'Espagne, n'avaient pas eu lieu

moutons d'Espagne importés chez elle dégénèrent après un laps de temps quelconque, et ne produisent plus alors que nos laines communes.

Le mélange continuel des races pourrait empêcher ou du moins retarder beaucoup cette dégénération; mais les relations vicinales entre les Français et les Espagnols sont contrariées par cela seul qu'ils vivent sous des dominations différentes. Que le commerce surmonte ces contrariétés, cela est de son essence, son ressort croît par les difficultés; mais l'agriculture, toute routinière, s'y soumet et s'y plie. L'agriculteur a toutes ses relations civiles en-deçà de sa frontière; il ne la dépasse pas sans des motifs étrangers à ses habitudes, et voilà pourquoi, sur chaque frontière, le mélange des races se fait avec l'intérieur réciproque, et communique des qualités diverses aux troupeaux qui paissent sous le même climat, et pour ainsi dire sur le même sol.

Cette influence des habitudes d'un pays réagissant à sa frontière, est sensible en divers points. Je ne parle pas de ces croix de bois et de pierre dont le sol espagnol est couvert, et dont le sol français est absolument dégarni; notre révolution

---

alors; reste à savoir si, plus tard, la dégénération de cette race ne confirmera pas ma remarque. Au reste, je transcris mes Mémoires, et j'ai promis de n'y rien changer.

explique cette différence : je parle de la construction des maisons sur les deux territoires, de leur ameublement, qui, lors même qu'on n'en serait pas prévenu, annoncent, à une lieue de de distance, deux peuples différens.

Non loin de la frontière nous avons dîné dans une auberge française. Là étaient un salon orné et tapissé du haut en bas, des meubles comme dans l'intérieur de la France, une cheminée surtout, à quoi j'avais fait fort peu d'attention.

A notre première couchée, déjà il n'y avait plus de cheminées qu'à la cuisine de la maison. Dans nos chambres, on nous a réchauffés avec des brasières de cuivre, et ces chambres étaient tapissées d'un papier peint cloué horizontalement à hauteur d'appui, et représentant par conséquent des arbres, des maisons et des figures renversées; le reste de la muraille, blanchi à la chaux jusqu'au plancher, était décoré, de distance en distance, de petits miroirs inutiles par leur élévation, de bras peints ou dorés, où sont enchâssées de petites glaces, pour doubler la lumière lorsqu'on les éclaire, ce qui arrive rarement, et peut-être jamais, et de croix de bois en marquetterie. Les chaises, ou fauteuils en bois de noyer façonné avec soin, étaient garnis de cuirs à grands ramages, qui paraissaient avoir été dorés, et annonçaient une très grande vétusté. Ainsi quatre lieues, au plus, de chemin semblaient m'avoir transporté à plusieurs siècles en arrière de l'époque où j'ai quitté la France.

Ceux qui ont dit que l'Espagne était très reculée relativement à nous, ont eu raison. Sans doute que la France avait, il y a cent cinquante ou deux cents ans, la physionomie que me montre aujourd'hui l'Espagne; mais alors aussi l'Espagne était probablement différente de ce qu'elle est en ce moment, et connaissait relativement moins les commodités de la vie.

Expliquons cette observation.

Lorsque les bourgs de France ne connaissaient ni les cheminées, ni les tapisseries, ses grandes villes étaient dans le même cas, excepté, peut-être, pour les personnes du premier rang (1). Il a fallu que le temps ait amené la reconstruction des vieilles maisons de la ville pour que les cheminées soient devenues d'un usage plus répandu; il a fallu encore long-temps pour que cet usage passât des villes aux campagnes, où il n'a pu pénétrer qu'au fur et à mesure des reconstructions, ou lorsque l'accroissement de

---

(1) Il n'est pas si loin de nous le temps où le premier président du parlement de Paris allait au palais monté sur sa mule, et portait sur ce même animal madame la présidente en croupe quand il la conduisait dans le monde. Alors le roi de France s'excusait auprès de son ministre de n'être pas allé le voir, parce que sa femme lui avait pris son coche.

la population aura nécessité des constructions nouvelles. Quant aux meubles, avant que le développement du commerce ait enfanté une aisance générale, et donné le goût de jouissances égales dans les classes au-dessus des derniers besoins, il est sensible qu'à mesure que le mouvement des cités change la mode des ameublemens, ceux qu'elle rebute, ou cesse d'employer, passent dans les habitations de moindre importance, et en deviennent l'ornement jusqu'à ce que, entièrement hors de service, ils y soient remplacés par les nouveaux rebuts des villes, plus rapprochés du goût moderne qui les a dédaignés.

Ainsi l'ameublement des princes passe, de main en main, jusqu'au paysan, chez lequel il périt enfin, parce que le temps le dévore.

La France, comme je viens de le dire, a dû présenter autrefois l'aspect que présente aujourd'hui l'Espagne; mais, depuis cinquante ans peut-être, tout a changé de face à cet égard, parce que, devenue plus riche et plus populeuse, chaque Français a voulu se meubler à neuf selon ses moyens, la simplicité, l'élégance et la commodité ayant succédé, dans nos goûts, aux gothiques et incommodes, mais somptueux ameublemens de nos pères.

L'Espagne n'a pas encore éprouvé ce changement; ce que j'ai observé plus haut sur la circulation dans les campagnes du rebut des villes, y existe pleinement, et depuis six jours je ne suis pas entré dans une maison qui n'ait confirmé ma remarque. Ces chaises, ces fauteuils de cuir ont à coup sûr fait autrefois les délices de quelque grand seigneur, et jusqu'à ce qu'il faille les jeter au feu ou au fumier, son possesseur actuel et ses héritiers jouiront de l'industrie du XVIe. ou du XVe. siècle.

Dans la chambre où j'écris ceci, se trouve un lit que certainement autrefois un des souverains des Espagnes n'aurait pas dédaigné, et qui n'est aujourd'hui qu'un chétif grabat.

Il est composé de quatre épais piliers de bois de noyer cannelés, surmontés par une corniche d'architecture, où sont sculptées des pierres précieuses dans un fronton qui supporte un ornement piramidal en forme de plumet, le tout parfaitement doré, au point que, malgré le laps de temps qui a dû s'écouler depuis cette dorure, elle est encore entière. Les traverses du lit sont de la même forme, de la même somptuosité et dans le même état de conservation, quant à la dorure. Il s'écoulera bien des années avant que le propriétaire de ce lit l'échange contre un autre d'un goût plus moderne, comme sans doute il s'en écoulera beaucoup aussi avant que l'Espagne ait acquis l'air d'aisance générale que la France avait en 1789.

A mesure que l'on pénètre dans son intérieur, les commodités de la vie diminuent, effet d'une moindre industrie, d'une moindre population. Point de rideaux ni aux lits, ni aux portes, ni aux fenêtres ; de lourdes tables de bois immobiles et clouées au plancher comme les bancs aussi de bois et tout aussi matériels qui les entourent ; quelques vieilles chaises garnies d'un cuir usé ; de vieux tableaux de vierge ou de saints, de petits miroirs dont un géant ne pourrait se servir tant ils sont exhaussés ; de mauvais lits composés de quatre ais de sapin, quand ils ne sont pas de la nature de celui que je viens de décrire ; voilà à-peu-près ce qu'on trouve partout dans les auberges de la route : encore doit-on s'estimer très heureux d'avoir de pareilles auberges, car, sur toute autre route, on ne fournit au voyageur que le toit, et il doit se procurer les alimens qu'il désire et qu'il est obligé de préparer lui-même.

On doit ces auberges à une messagerie qui fut, il y a peu d'années, établie de Bayonne à Madrid, et que la guerre a suspendue. On y paie assez cher ; mais, du moins, en se contentant de ce qu'on vous offre, en ne se plaignant pas, en ne marchandant pas sur le prix, on est débarrassé du soin incommode auquel on est assujetti dans tout le reste de l'Espagne.

En ce qui concerne l'agriculture, elle ne laisse rien à désirer dans la Biscaye. On y recueille le blé, le maïs, le vin, le cidre, toute sorte de fruits, des châtaignes surtout, dont elle fait un très grand commerce, de belles laines, etc. De plus, ce pays possède deux fontaines d'eau salée qui lui donnent un grand débit de sel, outre les besoins de sa consommation. Il a encore d'abondantes mines de fer, beaucoup de bois pour leur exploitation, que facilitent en outre des ruisseaux qui arrosent toutes ses vallées.

Une chose remarquable est la manière dont s'y traite le charronnage pour les transports et pour l'agriculture. Cet art y est dans sa première enfance.

Des masses de bois arrondies, ferrées latéralement et à la circonférence, fixées sur un essieu aussi de bois, sont les seules roues que j'aie vues dans toutes ces montagnes. L'essieu tourne avec les roues dans deux échancrures pratiquées au-dessous des deux branches principales de la charrette ou de la charrue, et n'est pas même préservé de la possibilité de s'en séparer, ce que pourrait opérer une bande de fer demi-circulaire qui unirait les saillans de l'échancrure. Tout uniment cette échancrure repose sur l'essieu, et c'est le poids de la charge qui retient celui-ci à sa place, et qui le force de tourner par la marche lente des boeufs, ce qu'il ne fait qu'avec un bruit épouvantable qui a les plus singulières variations.

On m'a expliqué une utilité très réelle que les

Biscayens tirent de ce bruit de leurs roues qu'ils se gardent bien de diminuer, comme ils le pourraient en ayant soin de graisser leurs essieux tournans. Comme les sentiers de leurs montagnes sont très étroits, deux attelages s'embarrasseraient extrêmement en se rencontrant dans un défilé. Ce bruit les avertit de loin de se précautionner contre cet inconvénient. En conséquence, le premier qui arrive à une des plates-formes pratiquées à dessein de loin en loin, s'y établit, pour donner passage au char qui arrive du côté opposé. Pour plus grande facilité, en cas de rencontre imprévue, les roues massives des chars sont unies et polies à la surface extérieure, afin qu'elles puissent glisser l'une contre l'autre sans se faire obstacle, ce qui arriverait si le bouton de l'essieu avait un saillant comme les roues ordinaires. Le terrain est si ingrat pour le roulage que les reposoirs dont j'ai parlé, ne peuvent être ni assez fréquens, ni assez spacieux pour que toutes ces précautions ne soient pas indispensables.

Avec ces attelages, les Biscayens gravissent des montagnes très rapides, où sont des sentiers, des ornières profondes pour unique chemin. Peut-être est-ce cette localité qui les a empêchés de perfectionner leur charronnage. Lorsque les bœufs fatigués ont besoin de reprendre haleine sur ces hauteurs, ces masses qu'ils traînent après eux leur permettent plus de repos, étant moins roulantes et moins exposées au recul qu'elles ne le seraient avec des roues légères tournant sur un essieu immobile. A la descente, même avantage dans cet informe charronnage. Les pentes rapides fatigueraient les attelages baucoup plus que cela ne peut avoir lieu avec les chars que j'ai dépeints, et qui ne rouleraient pas d'eux-mêmes, malgré l'inclinaison du sol, si les animaux qui les meuvent ne renouvelaient pas de temps en temps leurs efforts pour les entraîner.

Ce qui doit confirmer mes réflexions à cet égard, c'est qu'à peine avons-nous eu quitté les montagnes de la Biscaye et atteint les plaines de la Castille, que nous avons retrouvé le charronnage dans son état de perfection. Il faut bien qu'une cause locale empêche le Biscayen d'imiter à cet égard le Castillan et le Français, dont il se trouve environné.

Avant de quitter la Biscaye, je dois parler de ses excellentes fabriques de fusils et autres armes à feu. C'est un objet d'un grand rapport, et qui honore son industrie. On m'a montré des canons de fusil depuis une jusqu'à sept ou huit quadruples. Les biscayens sont trop connus pour que je parle de leur bonté : on les fabrique avec les vieux fers des chevaux ou des mulets.

La Biscaye ne paie point de tributs au roi d'Espagne, les douanes étant dans ce royaume la principale branche des revenus du souverain.

Cette contrée en est affranchie, et la première douane que l'on rencontre en venant de France est Vittoria, dernière ville de la province de Hallava, l'une des trois provinces de la Biscaye. Il est vraisemblable qu'une des causes de sa prospérité fut cet affranchissement, qui lui donne de plus les bénéfices d'une contrebande très active que sa position ſavorise.

Vittoria, dans un site agréable, a un aspect riant. Il s'y fait un grand commerce de passage entre l'Espagne et la France, et de consommation comme lieu d'entrepôt pour les pays environnans.

CHAPITRE IV.

La Castille.

La Castille n'offre pas, à beaucoup près, un aspect aussi satisfaisant que la Biscaye. On y traverse des plaines immenses sans rencontrer une habitation, sans y voir la moindre trace de culture. L'approche des bourgs ou des villes se reconnaît aisément aux travaux ruraux qui les précèdent d'un mille ou deux, encore tout le terrain qui environne ces peuplades n'est-il ni entièrement, ni parfaitement mis en valeur. On y remarque seulement de plus nombreux troupeaux ; mais, en somme, on peut calculer que les deux tiers des terrains cultivables sont absolument délaissés, et que, par conséquent, ce pays pourrait nourrir une population trois ou quatre fois plus nombreuse que celle qu'il renferme.

Quel parti le gouvernement espagnol n'aurait-il pas pu tirer des troubles de la France, où tant de mécontens, trop heureux de vivre en repos, eussent accepté des terrains qu'on leur eût offerts, et eussent enrichi ces contrées de leur industrie plus active et plus éclairée !

Dans ce vaste pays, on fait quelquefois deux et trois lieues sans apercevoir un seul arbre dans des plaines à perte de vue.

J'ai remarqué que le gouvernement en a fait planter récemment sur les bords des chemins ; mais cela n'est que partiel, et ces arbres n'annoncent pas une heureuse végétation : jeunes encore, ils sont couverts de mousse. Sans doute on a voulu donner l'exemple en ce genre, et ramener le goût de la culture de ces grands végétaux qui agissent si puissamment pour diminuer l'âpreté des frimas, tempérer les feux de l'été, donner à l'air plus de phlogistique, ce qui réagit sur la terre et la rend plus capable de fécondité. Mais la disette absolue d'arbres sur les montagnes que l'on voit de temps en temps à l'horizon, nuit au succès des plantations dont j'ai parlé, et constitue un climat qui leur est funeste.

Il faudrait embrasser en grand un système d'amélioration en ce genre, semer des forêts sur le penchant des montagnes, sur leurs sommets et dans les plaines de loin en loin. Ces forêts offriraient une ressource nouvelle pour encourager de nouvelles habitations; elles seraient d'utiles ventilateurs qui bonifieraient le climat, et on parviendrait à la longue à changer ces déserts en campagnes fertiles.

Il y a peu d'industrie dans la Castille. L'insouciance et l'indolence sont dessinées dans les habitudes du corps de ses habitans. En entrant dans un village, vous les voyez, tandis que leurs femmes filent nonchalamment la laine de leurs troupeaux, amoncelés devant une maison et sous un hangard abrité, fumer leur cigarre au soleil, enveloppés de leur manteau, et dans une immobilité pitoyable!

Un seul trait peindra les mœurs des Castillans (1).

En passant à Irun, don Luis de Biguri voulut aller visiter un de ses amis qui habitait un domaine écarté dans le voisinage de cette commune. Il me pria de l'y accompagner.

---

(1) Je l'ai rapporté dans un de mes ouvrages, il y a vingt ans; mais il est oublié sans doute: d'ailleurs je l'avais extrait de ce voyage, il doit s'y retrouver.

Pour arriver chez cet ami, nous eûmes à traverser une étendue immense de terrain tout-à-fait vierge de culture. Ce ne fut qu'à une très petite distance de son manoir que nous reconnûmes le travail de l'homme. Nous trouvâmes celui que nous cherchions dans son jardin avec sa femme et ses enfans, qu'il fit rentrer dans sa maison, lorsque don Luis leur eut adressé ses complimens. Après l'accueil amical, qu'il nous fit avec gravité, après les questions et les réponses réciproques que s'adressèrent et se rendirent les deux Espagnols, je me mis de la partie, et j'eus avec le Castillan l'entretien qui suit :

« A qui, lui demandai-je, appartient ce terrain inculte qui vous environne? — Il est à moi, répondit d'un ton solennel l'orgueilleux Espagnol. — Pourquoi n'en tirez-vous aucun parti? vous avez des enfans; votre femme est encore jeune; il me semble que vous avez tort de négliger ainsi des richesses que vous tenez sous votre main. — Je veux vivre comme a vécu mon père (1); mes enfans vivront comme moi. Lorsque mon père est mort, il avait en culture tout

---

(1) *Quiero libir como a bibido mi padre.* C'est le fond du caractère espagnol. Une révolution à la française aurait de la peine à prendre dans un pays où la masse de la nation est imbibée de cet esprit routinier qui est la base de son indolence, de laquelle, à son tour, dérive son étonnante sobriété.

au plus la moitié de ce que vous voyez, parce qu'il n'a pas eu d'autre enfant que moi. Je m'en contentai tant que je vécus seul avec ma femme. Elle m'a donné depuis trois enfans; à la naissance de chacun d'eux j'ai fait défricher de quoi le nourrir. J'en userai de même à chaque fois que je verrai s'augmenter ma famille; mais je n'irai pas me donner du tracas au-delà de ce qu'exige mon besoin. — Vous renoncez donc à l'aisance que vous donnerait la mise en valeur de tout votre héritage? Vous pourriez envoyer vos enfans à Burgos ou à Salamanque pour leur donner une éducation que ne comporte pas la vie où vous vous réduisez, et que permet votre fortune. — Je vous l'ai déjà dit: je veux vivre comme a vécu mon père; mes enfans vivront comme moi. Je n'irai pas en faire des vauriens de collége qui me feraient, à leur retour, mille sottises, et qui se croiraient plus savans que moi. Quant à l'aisance, Dieu merci, je ne manque de rien.... » J'entrai chez le rustre, et, excepté son manteau, sa chocolatière et ses cigarres, je ne vis rien chez lui qui me rappelât les commodités de la vie que peut se procurer l'homme civilisé. Je quittai ce rustre, et je compris pourquoi l'Espagne, avec un sol si riche et si étendu, a, malgré son Mexique, des finances pauvres, un commerce borné, une faible population qui reste stationnaire..... J'oubliais de dire qu'une des raisons que me donna cet ami de mon compagnon pour justifier la stérilité à laquelle il condamnait plus des trois quarts de ses terres, c'est qu'il travaillerait pour le roi, s'il travaillait au-delà de son besoin, ce dont il n'était pas tenté. Don Luis m'expliqua cela, en me disant qu'en Espagne le faible impôt qui se perçoit sur les terres, ne frappe que sur celles qui sont cultivées. Je ne crois pas qu'on puisse concevoir rien de plus vicieux en finances.

Dans toute la route de Bayonne à Madrid, la seule faïence en usage, du moins dans les auberges, est la faïence anglaise. Quel débouché les Anglais n'ont-ils pas su procurer à cette branche de leur industrie! Parcourez l'Italie, c'est leur faïence que vous trouvez partout; vous la retrouvez en Espagne. La France n'est-elle pas plus à portée qu'eux, pour s'approprier ces fournitures tirées d'une matière morte? L'Espagne et l'Italie ne pourraient-elles trouver en elles-mêmes de quoi fournir à leurs besoins en ce genre?

Ce qui me surprend, c'est que tandis que cette faïence propre et légère est, sur cette route, d'un usage si général, je ne rencontre nulle part un seul ustensile de ménage en verrerie. Nulle part on ne vous sert le vin dans des bouteilles. On use cependant de verres de table; c'est la seule verrerie connue, excepté quelques burettes qu'on vous présente sur une assiette au lieu de porte-huillier, si vous demandez une salade.

Rarement, excepté dans les villes, trouve-t-on des vitres aux fenêtres, ce qui est très incommode en hiver. Outre que les appartemens sont clos très imparfaitement, ils seraient inhabitables sans les nattes de jonc dont ils sont assez généralement garnis sur le parquet, précaution assez bonne contre le froid et l'humidité.

A défaut de bouteilles, dont j'ai dit que l'usage est inconnu, on vous sert les boissons dans des vases de terre ou de faïence commune, dégoûtans par leur malpropreté.

Le vin serait, en général, d'une très bonne qualité, mais on le transporte dans des outres enduites intérieurement de goudron, ce qui lui communique un goût quelquefois détestable. On s'y habitue à la longue, dit-on ; les gens du pays paraissent ne pas le sentir, mais le passager a de la peine à le supporter.

On ne saurait voir de plus beau pain que celui que l'on mange sur cette route ; s'il était fabriqué à la française, comme on en trouve à Burgos, à Valladolid, etc., il n'y aurait rien à désirer ; mais généralement il est composé d'une pâte sans levain, ce qui le rend mat et compacte. Il conserve néanmoins son bon goût et sa grande blancheur.

Burgos est une ville considérable et d'un aspect fort agréable. J'ai visité sa superbe cathédrale, étonnante par sa masse imposante, par son vaisseau majestueux, par l'immense travail de son architecture gothique et par la richesse de ses décorations. Je n'ai rien vu de comparable à un autel doré de haut en bas dans une des chapelles latérales de cette église.

Il n'y a point de peintures dans ce vaste édifice; tout est sculpté ou doré. Le tour du chœur, fermé aux deux côtés par deux superbes grilles de bronze, est enrichi de plusieurs bas-reliefs dignes d'estime si l'on se reporte au temps où ils ont été faits, et si l'on considère leur grandeur et le travail de chaque sujet. Ils composent ensemble l'histoire de la passion.

Dans presque toutes les chapelles, on voit avec plaisir d'assez beaux ouvrages en marbre. Ce sont des tombeaux de prélats, ou autres personnages dont quelques-uns sont représentés au naturel et méritent d'être vus.

Je n'ai pu séjourner à Valladolid. Ce que j'en ai vu me donne une idée assez satisfaisante de cette ville, que l'on dit plus grande que la moitié de Madrid. On y compte six mille étudians. C'est une perte pour l'Espagne, puisque la plupart de ces jeunes gens cultivent la théologie, et sont par conséquent une pépinière d'êtres oisifs qui, très inutilement pour leur patrie, peupleront les nombreux couvens ou les cathédrales, les collégiales, et autres places sacerdotales qui la surchargent et la dévorent.

Je ne parle pas de cette foule de prêtres et de moines que l'on rencontre à chaque pas. Il n'y a rien à dire à cet égard que toute l'Europe ne sache, que le gouvernement espagnol lui-même n'ait senti depuis long-temps, et que l'homme le plus pieux, quel que soit son pays, s'il n'est pas tout-à-fait détaché des intérêts de ce bas monde, n'ait la sagesse d'avouer.

Il faut une religion.

Il faut un culte pour cette religion.

Il faut des prêtres pour ce culte.

Mais, de l'utile à l'excessif, il y a une distance énorme, et l'Espagne est dans l'excessif.

Il lui faudra du temps et des efforts pour revenir à ce qui n'est que l'utile! Dieu la préserve d'une révolution qui la ferait tomber dans l'excès opposé où la France, qui n'est pas encore guérie des maux affreux qu'elle en a souffert, s'est laissé entraîner si douloureusement!

CHAPITRE V.

Examen d'un problême historique.

Du 1er. janvier 1798. Couchée à Almeda.

Mêmes moeurs, mêmes usages, même ignorance des commodités de la vie.

Ici, comme ailleurs, point de bouteilles ; cependant on n'est qu'à quelques lieues de Lagrange, ou Saint-Hidelphonse, château de plaisance que le roi vient habiter pendant trois mois d'été, et où sont une verrerie et une manufacture de glaces très estimées. Il y en a en ce moment en magasin qui avaient été commandées pour le comte d'Artois, et qui étaient dignes de ce prince, lequel, peut-être, ne les retirera jamais.

Etranges bizarreries des caprices de la fortune ! terribles effets des révolutions politiques qui bouleversent les empires !... Par quel incident je me vois ramené aux tristes réflexions où je me suis si souvent abandonné sur le sort actuel de nos princes français, chassés de leur bel héritage par une poignée de méchans ou de fous, tandis que, comme moi, tout ce qu'il y a d'honnête dans notre France, tout ce qui y a conservé un cœur humain, paierait de la vie le bonheur de les voir rappelés au trône de leurs pères, et faire revivre sous leurs douces lois nos anciennes mœurs, naguère si aimables, et notre prospérité qui s'est exilée avec eux !

Écartons ces idées déchirantes. Il n'est, hélas ! que trop probable que je ne serai point le témoin de cette heureuse régénération, tôt ou tard infaillible, mais réservée peut-être aux enfans des augustes victimes des monstres qui nous ont précipités dans un gouffre de malheur et de honte. Renfermons des vœux impuissans dans le fond de mon cœur, et puisque je me vois malgré moi forcé de plier sous la fatalité qui a fait pleuvoir sur mon pays tant de fléaux dont il faut que je porte ma part, subissons cette dure loi sans murmure. La France est, dit-on, une république; il y aurait folie à moi d'être seul à ne pas la vouloir; consentons donc à supporter ce joug, et obéissons aux devoirs que m'impose un bouleversement dont j'ai du moins la consolation de pouvoir me vanter que je ne fus point le complice.

Les observations de mon voyage se trouvant complètes jusqu'à ce moment, je vais revenir sur mes pas, pour consigner ici ce que j'ai vu et recueilli touchant l'invasion des Français en Espagne dans la guerre révolutionnaire. Cela mérite d'être conservé, comme offrant un problême historique qu'il n'est pas sans utilité de discuter pour essayer de le résoudre.

Les Français, au moment de la paix, s'étaient avancés jusqu'à Miranda.

Leur invasion fut si rapide et si heureuse, qu'en présence d'un ennemi plus fort, combattant sur son terrain, défendu par la nature, et pouvant l'être par toute la population du pays envahi, ils avaient fait jusqu'à trente lieues en avant en très peu de jours, et sans tirer un coup de fusil. Il ne m'est pas possible d'en douter, d'après les témoignages que j'en ai recueillis sur les lieux.

Décrivons le pays envahi, nous nous convaincrons que l'Espagne a favorisé cette invasion afin d'avoir aux yeux de l'Europe un prétexte pour faire une paix séparée. J'y joindrai ensuite les récits qui m'ont été faits, et cette conjecture se changera en certitude incontestable.

La Biscaye est séparée de la France par une petite rivière sur laquelle, lors de l'invasion, les Français jetèrent un pont qui subsiste encore aujourd'hui.

Dès que l'on a passé ce pont, on entre dans une gorge de montagnes que l'on ne quitte plus jusqu'à Pançorbo, où commencent les vastes plaines de la Castille.

On compte environ quarante lieues du pays, ce qui répond à au moins cinquante-quatre de nos lieues communes, depuis la frontière de France, jusqu'à ce village de Pancorbo.

Dans toute cette étendue de pays, on ne voit pas une seule plaine; ce sont des montagnes, quelquefois à pic, qui dominent, les unes sur les autres, des gorges, des ravins, des forêts, enfin tout ce que la nature peut faire en faveur d'un pays pour le garantir de toute possibilité d'invasion.

Il résulte de ce tableau fidèle qu'il n'a pu exister à sa frontière qu'une guerre de postes sans utilité pour l'agresseur, sans danger pour le pays même, et cependant, après de longues et vaines tentatives, tout-à-coup est arrivé un moment où les Français ont pénétré dans ce pays, où ses habitans, au lieu de défendre leurs foyers, les ont abandonnés pour se retirer dans l'intérieur de l'Espagne, où enfin l'armée espagnole elle-même, après avoir essayé ou simulé quelques résistances, s'est d'abord repliée de poste en poste, et a fini par se jeter dans les gorges de Pancorbo, abandonnant à l'ennemi la Biscaye entière, qu'il a achevé de traverser sans brûler une amorce. Tous ces faits m'ont été attestés sur ma route par toutes les personnes avec lesquelles je m'en suis entretenu; toutes ont confirmé le récit que m'en avait fait M. C....., mon compagnon de voyage, lequel, comme garde-du-corps, a pris une part active à cette guerre, et en a suivi tous les mouvemens.

Que l'on ne dise pas que le prestige révolutionnaire a opéré ce phénomène; que les Biscayens, séduits par nos principes qui leur sont encore inconnus, grâce à leur idiome basque qui n'a nulle analogie avec aucune langue vivante, se sont déclarés en faveur de nos bandes républicaines, et ont décidé la victoire en faveur de celles-ci, en forçant à la fuite les soldats espagnols.

En premier lieu, cela même serait plus inconcevable que l'invasion de leur pays, lors même qu'on eût voulu l'empêcher.

Dans un pays où le joug royal n'est connu que de nom, où l'on ne connaît pas l'impôt, où l'on ne voit ni de grandes fortunes, ni l'excès opposé qui marche toujours à leur suite; où l'oisiveté, la paresse, ne sont cultivées que dans les couvens que les Français venaient détruire; où une industrie très active entretient l'aisance et le bonheur; dans ce pays, dis-je, nos prédicateurs de révolution n'auraient pas fait fortune. Je suis intimement convaincu, au contraire, que si jamais les rêveries atroces, que nos énergumènes qui en ont tiré un si grand parti prétendent destinées à faire le tour du globe, triomphant du flegme espagnol, franchissent les Pyrénées pour ravager cette péninsule; comme le génie de cette révolution, à laquelle déjà on a justement donné le sobriquet de mal français, est de tout niveler, de tout refondre dans le même moule, sans égard pour les mœurs locales, les préjugés locaux, les intérêts locaux; la Biscaye se révolterait contre le joug sous lequel on aurait la folle présomption de vouloir la courber, et s'en affranchirait en dépit de toute l'Espagne révolutionnée et conjurée contre elle.

En second lieu, il est de fait qu'à mesure que les Français se sont avancés, tout ce qui a pu reculer devant eux et se replier vers l'intérieur, l'a fait sans exception ; en sorte que les envahisseurs n'ont trouvé, partout où ils ont pénétré, que des vieillards, des femmes et des enfans.

Ce n'est donc pas le talisman révolutionnaire qui a ouvert ce pays à la France.

Qu'on ne se hâte pas d'en conclure que la France en a donc fait véritablement la conquête, car on a pu le lui abandonner à dessein par un motif quelconque, ou bien, par un de ces calculs ténébreux qui semblent le trait caractéristique de la politique moderne, si féconde en événemens de ce genre, les deux puissances belligérantes ont pu s'accorder sur cette invasion, pour en faire le prétexte d'une pacification déjà arrêtée et convenue entre elles.

Pour que cette invasion eût le caractère d'une conquête, il faudrait que le pays eût été défendu.

Nous avons vu plus haut qu'il ne l'a pas été; nous verrons plus bas qu'on n'a pas voulu qu'il le fût.

Arrêtons-nous donc aux deux dernières suppositions :

L'Espagne, par un motif quelconque, a-t-elle voulu abandonner ce pays aux Français ?

Je réponds que tout le démontre.

Les Français n'étaient pas au nombre de plus de huit à dix mille hommes, et ils se sont enfoncés dans ces montagnes avec si peu de précaution, que, parvenus à Vittoria, où le terrain commence à s'applanir et à s'étendre, ils ont ralenti leurs travaux et leur marche pour attendre de l'artillerie de France, celle qu'ils avaient pour une guerre de poste sur leurs frontières, appuyés au besoin par leurs places-fortes et par la levée en masse de leurs départemens limitrophes, ne pouvant leur suffire pour se soutenir en pays ennemi, et pour s'avancer dans les plaines qu'ils avaient devant eux.

C'est dans cette position embarrassante que la paix les surprit.

De plus, le pays ne leur opposa aucune résistance, et il y a de quoi s'en étonner lorsqu'on connaît sa cosmographie et le génie de ses habitans.

Il y a environ soixante ans que, s'étant révoltés contre leur souverain, les seules femmes Biscayennes empêchèrent les troupes du Roi de pénétrer dans ces montagnes.

Pourquoi, en ces derniers temps, se sont-ils montrés si patiens ?

Je l'explique d'un mot. Ce mot est décisif, et je tirerai parti dans la suite de ce fait important.

Mon compagnon don Luis de Biguri m'assure avoir VU et LU une circulaire du Prince de la Paix, aux Magistrats de la Biscaye, par laquelle ceux-ci étaient exhortés *à empêcher tout acte de résistance contre l'invasion des Français.* Cela explique tout, et je puis maintenant examiner si cette invasion, ainsi ménagée, ne fut pas convenue entre la France et l'Espagne.

L'une et l'autre puissance avaient besoin de la paix.

Ne considérons pas ce qu'un Bourbon pouvait se devoir à lui-même : la mauvaise foi de l'Europe coalisée, trop clairement manifestée à Valenciennes et à Toulon, a pu lui faire ouvrir les yeux sur le rôle secondaire et équivoque qu'on lui laissait jouer, et lui faire préférer la paix avec des voisins dangereux, à une alliance dans laquelle il n'avait rien à gagner, et qui lui laissait supporter tout le poids d'une guerre accablante que deux campagnes, au plus, auraient pu terminer, si tous les membres de la coalition eussent été d'aussi bonne foi que le Roi de Sardaigne.

Ce point de vue politique est hors de mon sujet.

N'importe pour quelle raison, l'Espagne désirait la paix.

Elle avait promis de ne pas l'accorder à l'ennemi commun, sans le concours de ses alliés.

Ceux-ci pensaient plus que jamais à la guerre.

Pour arriver à son but en ménageant les convenances, il a fallu qu'elle se créât un prétexte; or, il n'a pu en être inventé de plus plausible que celui de l'invasion de cinquante à soixante lieues de son territoire, à la suite de laquelle elle pouvait avoir l'air de craindre que l'ennemi n'osât même se présenter devant Madrid, ce dont, avec sa forfanterie révolutionnaire, il se vantait hautement dans le récit qu'il faisait à la Convention, de ses progrès miraculeux.

Tout ce que j'ai dit ci-dessus prouve que telle a été la combinaison de la France et de l'Espagne, pour arriver à la pacification qui étonna l'Europe et qui scandalisa les amis des Bourbons, lesquels en éprouvèrent un découragement dont il serait difficile de les blâmer, et dont les suites ne sont pas encore effacées.

Cela se démontre encore par la conduite des Français pendant l'invasion.

Même aujourd'hui en outre, il ne s'élève pas, dans toute la Biscaye, une seule plainte contre eux; l'éloge de leur discipline est dans toutes les bouches. Ils n'ont violenté ni les personnes, ni les opinions; ils n'ont commis aucuns dégâts dans les églises; ils n'ont effacé aucune armoirie; ils n'ont imposé aucune contribution, soit en argent, soit en nature. Tout ce qui leur a été fourni ils l'ont payé en écus, et ils n'ont pas même essayé de donner cours à leurs assignats pour cet objet.

Leur conduite dans le même temps, du côté de la Catalogne, était tout-à-fait différente, et, ce qui est à remarquer, leurs revers y étaient en proportion de leurs succès dans la Biscaye.

Tandis que de Vittoria ils menaçaient de marcher sur Madrid, l'armée espagnole de la Catalogne menaçait de jeter sur Toulouse, dont elle s'approchait, onze mille miquelets commandés par Vivès, et quatre mille cavaliers commandés par Cachigal. La paix vint mettre un terme à ces bravades réciproques.

Cela prouve, je crois, que le Roi d'Espagne avait voulu prendre ses sûretés, et qu'en favorisant une invasion qui lui permettrait d'arborer un signal de détresse, il avait voulu maintenir une sorte d'équilibre, afin de se précautionner contre la mauvaise foi possible de la Convention.

C'est sans doute par ce motif qu'il ne voulut permettre l'invasion que par la Biscaye, la retraite des Français pouvant devenir impossible, dans la supposition qu'ils eussent voulu abuser de leur entrée dans le pays.

Sans toutes ces considérations, on ne saurait comment qualifier l'imprudence des Français. Leur invasion, exclusivement prolongée sur la grande route, sans être appuyés sur aucun flanc, avec une armée presque sans artillerie, dans des gorges où quelquefois cent hommes les eussent arrêtés, s'enfonçant à cinquante ou soixante lieues, courant à chaque pas le risque de se voir coupés et privés de toute communication avec la France, etc., etc., cette invasion, dis-je, eût été l'idée la plus extravagante que puisse présenter l'histoire de la guerre de la révolution.

Admettons que cette incursion ait été concertée avec l'Espagne; dès-lors les probabilités, les faits, les résultats s'accordent, et la raison se satisfait.

Je terminerai cette discussion par la description abrégée des gorges de Pancorbo, à l'embouchure desquelles les Français se sont présentés, et qui ont été le *nec plus ultrà* de leurs faciles avantages. Ces gorges ont une lieue environ de longueur. Elles composent une vallée tortueuse et irrégulière qui, en certaines parties, n'a pas vingt toises de largeur, et qui partout est dominée par des montagnes d'une hauteur prodigieuse, presque toujours à pic.

Ces montagnes, d'un roc vif et presque sans

végétation, ont des aspérosités effroyables, et des sites où cent hommes pourraient sans effort, et souvent à coups de pierre seulement, disputer le passage à l'armée la plus formidable.

A la vue de ces gorges, je ne pus m'empêcher de sourire de la présomption de quelques militaires Français, qui, à mon passage à Bayonne, m'avaient assuré que si l'Espagne n'avait pas fait la paix, l'armée Conventionnelle aurait en peu de jours pénétré jusqu'à Madrid. Mais que ne dus-je pas penser lorsque, durant ma marche, que je fis à pied à dessein, je vis successivement tous les ouvrages de fortifications dont ces montagnes avaient été hérissées? Lorsque j'appris que ces ouvrages avaient été garnis de six cents pièces de canons? La France entière, portée en masse à l'embouchure de ces gorges, y aurait péri sans les forcer.

Mais tout cet appareil de défense était-il donc si nécessaire pour arrêter l'invasion des Français?

La négative est si évidente que l'opinion générale, dans l'armée espagnole, fut, dans le temps, que tous ces travaux superflus n'étaient qu'une combinaison d'argent entre le général et les ingénieurs qui les exécutaient : on croyait qu'ils avaient spéculé sur les dépenses où le gouvernement se laissait entraîner, pour y faire des bénéfices d'autant plus grands qu'elles seraient plus étendues.

Cette opinion, que l'on conserve encore, paraît assez probable. Cependant il n'est pas impossible que le cabinet de Madrid, d'accord avec la France pour une invasion qui devait lui permettre de se dire forcé à la paix, ait de son pur mouvement ordonné ces travaux pour s'assurer le moyen d'anéantir au besoin l'armée de la Convention, en lui coupant toute retraite si elle avait pénétré avec des vues hostiles dans les plaines de la Castille.

Ce qui peut appuyer cette idée, c'est que les travaux de Pancorbo battent également les plaines de la Castille et le pays par où devait se présenter l'armée française. Les gorges étaient fortifiées dans tous les sens, comme l'est une place de guerre exposée à être tournée; de manière qu'au besoin toute l'armée espagnole eût pu s'y retrancher, ce qui eût rendu très inquiétante la position des Français en Castille, et devait leur ôter toute idée d'abuser du pacte secret qui leur en aurait facilité l'entrée.

Il paraît qu'on était disposé à pousser jusque-là la comédie politique au moyen de laquelle on jouait la coalition, si cela eût été nécessaire pour compléter l'illusion; car tandis que l'on fortifiait à grands frais ces gorges si puissamment défendues par la nature, on n'avait fait que de médiocres et insignifians travaux à un passage plus facile sur la gauche de l'armée française, le seul, après Pancorbo, par où la Castille fut accessible pour celle-ci.

Il est évident que c'est par ce passage que l'invasion eût été continuée, et que l'Espagne, dans l'hypothèse que je démontre, considérait Pancorbo comme son quartier-général, d'où elle eût pu, au besoin, se venger des Français en venant après eux occuper le passage qu'elle leur aurait ouvert, et qu'elle aurait promptement et facilement fortifié de tout le superflu de ses forces à Pancorbo.

Tout s'accorde donc à prouver que l'invasion de la Biscaye fut convenue entre l'Espagne et la France, afin de donner à cette dernière un prétexte pour se détacher de la coalition, et faire sa paix séparée. D'après ce que j'ai vu, ce qui m'a été dit, et ce qui est arrivé depuis, il n'est pas possible d'adopter une autre opinion.

Je ne ferai à cet égard aucune réflexion. La pacification de l'Europe continentale est signée; la France, anarchique au dedans, est, au dehors, considérée et respectée comme puissance républicaine. Souhaitons que, contre toute espérance, cette considération, ce respect qu'elle a acquis, influent sur sa tranquillité intérieure, et inspirent à son gouvernement assez de sagesse pour sentir qu'après tant de sang sacrifié à une vaine gloire, il est temps de lui donner quelque bonheur.

Laissons ces grands objets, et voyageons avec des vues moins élevées. Ces notes, écrites dans le tumulte des auberges espagnoles, auraient besoin d'être revues si elles devaient voir le jour ; mais elles ne sont que pour moi, et il est à croire qu'elles ne me seront jamais utiles. Rapetissons mes souvenirs pour qu'ils demeurent à ma portée......

Malgré moi j'y reviens. Don Luis de Biguri, auquel je viens de lire ce que j'ai écrit concernant l'invasion des Français, me communique des confidences que les généraux Willot et Moncey lui ont faites. Elles confirment trop mes idées pour que je ne les recueille pas.

L'ordre de cette invasion fut donné par le comité de salut public. Jusque-là, la guerre s'était passée en escarmouches sans conséquence; les deux armées se tuaient quelques hommes, se débusquaient de quelques postes et reprenaient leurs positions.

L'ordre de l'invasion parvint à Moncey au moment où sa division n'avait pas même de munitions de guerre ; mais cet ordre était si positif que ce général avança : on en a vu le résultat.

Moncey a avoué depuis à don Luis, qu'en avançant, il savait à quoi s'en tenir ; et Willot lui a ajouté, que, pour cette invasion, et tant qu'elle a duré, ses soldats n'avaient pas même de cartouches.....

Je crois qu'en voilà bien assez, et que lors même qu'on ne saurait pas que le Prince de la Paix, alors Duc de la Alcudia, ordonna à la Biscaye de ne pas se défendre..... Encore un coup, en voilà assez sur ce sujet.

CHAPITRE VI.

Secret diplomatique éventé par hasard.

Du 2 janvier 1798. Plus nous avançons vers Madrid, plus le pays nous présente peu de ressources. Si cela continue, nous devons trouver Madrid au milieu d'un pays sauvage. Nous payons très cher et nous sommes très mal. On nous présente le compte de notre dépense; il se termine par un article que nous n'avions pas connu jusqu'ici; le voici:

Para el ruido . . . 25 *réaux.*

C'est-à-dire, 6 fr. 5 sous pour le bruit que nous avons fait.

Notez que les autres articles sont, à peu-près, trois fois plus chers que nous ne les eussions payés en France.

A dîner, nous sommes obligés d'aller faire nos emplettes dans le village, pour avoir de quoi manger. On ne nous fournit que le feu, le sel, l'huile (et quelle huile !) et le vin. Nous payons tout cela, plus 10 réaux *para el ruido*, et 12 réaux *para la impertinencia*, c'est-à-dire, que n'ayant pas été *pertinens* pour faire toutes nos commissions et toute notre cuisine, on a taxé ainsi les soins occasionnés par notre non *pertinence* ou notre *impertinence*. Ce sont de singulières mœurs et surtout de singulières expressions !

Nos provisions ont été bientôt faites dans le village ; nous n'y avons trouvé qu'un peu de lard, des œufs et quelques laitues. Heureusement ayant remarqué dans nos courses que les alouettes auxquelles l'indolence espagnole accorde paix perpétuelle, abondaient dans le pays et jusque dans les rues où elles se laissaient approcher sans être effarouchées, nous avons pris, don Luis et moi, chacun notre fusil, et en moins de dix minutes nous en avons tué trente-neuf, dont nous avons fait part à toute la caravane, ce qui nous a fait un repas passable.

Du 3 janvier. Nous nous arrêtons pour dîner à une auberge où tout se trouve à profusion, et qui serait excellente, même en France. Nous y payons en conséquence, mais sans aucun regret. Il n'y a pas dans toute l'Espagne deux gîtes comme celui-là.

Hier nous avons rencontré une voiture qui cheminait vers la France ; nous apprenons ici qu'elle transporte deux diplomates ou agens français dont on n'a pu nous dire les noms. Ils voyagent comme nous à petites journées, et ont séjourné deux jours dans l'auberge où j'écris, s'y trouvant parfaitement. En effet, volaille, boucherie, poisson, gibier, tout y abonde.

Après le dîner, un besoin m'appelle dans un lieu écarté. Le fragment d'une lettre écrite en Français attire ma curiosité; je le ramasse avec précaution, et j'y lis ce qui suit, malgré quelques saletés qui en cachent quelques mots:

« J'ai lu avec attention votre travail ainsi que » celui du citoyen M.....; je vous prie de le lui » dire, jen ferai usage dans l'occasion. Ce qui » m'occupe à présent, c'est ma grande idée » d'engager l'Espagne à payer, nourrir, habiller, » etc., les trente mille hommes que la France » veut lui offrir pour tomber sur le Portugal. » J'ai déjà eu à ce sujet une longue confé- » rence, mais cette idée n'a pas été accueillie » avec *une extrême* faveur. Cependant j'en » parlerai encore. Il serait bon que le citoyen » la Réveillère-Lepeaux.... » Ici s'arrête ce fragment.

En vérité, à l'aveuglement dont elle est frappée on dirait que l'Europe a juré sa perte!

Il est clair, d'après ce que je viens de lire et de montrer à mes compagnons de voyage, que, de concert avec la France, l'Espagne trame quelque chose contre le Portugal.

Ne serait-ce pas là la clef de l'énigme que présente la cession faite à la République de la partie espagnole de St.-Domingue? Le Portugal n'aurait-il pas été secrètement désigné comme objet de compensation, sauf quelques millions que la France recevrait à cause de la disproportion qui existe entre ces acquisitions réciproques? Où sera donc le terme des extravagances de ce dix-huitième siècle? Eh! quoi! en présence d'une révolution qui a ébranlé les fondemens de tous les trônes, les souverains ne frémissent pas à l'idée de s'allier avec les révolutionnaires! Ils songent à étendre de quelques lieues leurs territoires! à se dépouiller l'un l'autre! et, au lieu de se tenir serrés pour faire face à l'ennemi commun, à l'hydre aux cent têtes qui enfanta cette constitution de 1791 où est écrite la ruine des vieux systèmes qui ont régi le monde jusqu'à ce jour!... O déplorable frénésie! ces hommes avec lesquels l'Europe continentale a signé une paix trompeuse et qui ne peut être durable, car elle ne fut sincère d'aucun côté, ces hommes qui courbent la France sous leur joug de plomb, ne sont-ils pas ceux qui organisèrent ce bataillon de régicides dont le nom seul fait pâlir d'horreur et d'effroi? La révolution est loin d'être à son terme! elle ira loin encore si les souverains continuent de jouer avec elle, au lieu d'en finir à tout prix avec ses fanatiques promoteurs!

CHAPITRE VII.

Arrivée à Madrid. — Début.

Du 4 janvier 1798. Enfin, après douze jours de marche, depuis Bayonne, nous voilà arrivés à Madrid à trois heures après midi.

Du 5. Don Luis de Biguri me défendit, hier, de gratifier notre voiturier; ce soin, me dit-il, me regarde. Depuis Paris jusqu'à Bayonne j'avais fait l'avance des frais communs de notre route, voulant lui faire les honneurs du pays; de Bayonne, où il m'avait remboursé sa part et celle de sa nièce, jusqu'à Madrid, il m'avait succédé; je rempochai donc les quatre *duros* que j'allais donner à notre conducteur, et j'attendis le réglement du compte à faire pour rembourser ma quote-part.

Aujourd'hui, lorsque j'ai demandé ce compte à Don Luis, il n'a pas voulu en entendre parler; j'ai insisté, je lui ai représenté que ce qui, peut-être, était considéré en Espagne comme une galanterie, passerait en France pour une insulte, et je l'ai supplié de ne pas me soumettre à ce que je ne pourrais m'empêcher de regarder comme une humiliation. Mes raisons, mes instances, ma colère même, ont été inutiles; mon compagnon est resté inébranlable; il m'a dit qu'il ne pourrait jamais assez payer le plaisir d'avoir vécu avec moi dans la plus grande intimité pendant vingt jours ; il m'a répété dix fois qu'il était mon ami à la vie et à la mort ; il m'a réitéré le désir qu'il avait de me le prouver à Caracas ou à la Havane ; et il m'a menacé de ne plus me voir si je persistais à lui parler d'un remboursement que rien au monde n'était capable de lui faire accepter. Je me suis vu forcé de céder.

Tel est, en général, le caractère espagnol. On ne saurait trouver ailleurs, j'ose le dire, d'amis plus sûrs et plus sincères. La générosité, la franchise, tout ce qui tient à la grandeur de l'âme, aux qualités du cœur, cette noble nation le possède au suprême degré ; et comme c'est aussi de cette source pure que dérivent ses haines vigoureuses, à jamais implacables quand elles sont l'effet de son orgueil blessé, il ne faut que l'avoir vue de près, pour sentir tout ce dont elle pourrait être capable sous une main habile qui saurait donner à ses affections une direction convenable.

Nous sommes descendus à la Croix de Malte; avant de défaire mes malles, j'ai voulu attendre l'effet des recommandations que j'ai pour avoir un logement bourgeois; j'ai donc remis à aujourd'hui ma première sortie.

On m'a remis les papiers de France depuis que j'ai quitté Paris. J'y ai vu que Buonaparte se disposait à se rendre au congrès de Rastadt, comme plénipotentiaire de France ; j'ai projeté de lui écrire, pour lui suggérer deux idées qui me semblent très importantes : l'une, la diminution des forces militaires de l'Europe, qu'épuisent les grandes armées qu'elle a pris l'habitude de tenir sur pied, même en temps de paix; d'où les dettes qui la dévorent : l'autre, la renonciation au système qui paralyse les mouvemens du commerce pendant les guerres maritimes ou continentales.

Visite à Perrochel, chef de notre légation à Madrid. Il me présente au général Pérignon qui me retient à dîner. Ce général, auquel sont adressées les lettres dont je suis porteur, me témoigne son regret de ne pouvoir plus m'être utile. Pendant mon voyage, il a été rappelé, et c'est le général .... qui lui succède comme notre ambassadeur à Madrid. Je lui confie l'objet de mon voyage ; il le trouve très utile à la France, et il ne doute pas que je réussirai à remplir mes vues, qu'il aurait secondées avec zèle ; mais il me conseille d'attendre son successeur avant que de rien entamer. Il pourrait bien, me dit-il, me présenter au prince de la paix de suite ; cependant il me fait observer qu'un ambassadeur qui quitte n'a pas autant d'influence qu'un ambassadeur qui arrive. On cherche à plaire au nouveau venu, et comme mon affaire sera la première dont parlera son successeur, on ne voudra pas, me dit-il, débuter avec lui par un refus. Je ne dois donc pas dédaigner cette chance. Perrochel est de cet avis. Lui-même, étant chargé du portefeuille de l'ambassade par intérim, pourrait aussi me présenter au prince; mais cette présentation n'aurait pas autant de poids que celle qui aura lieu de la part de l'ambassadeur. Je prends en conséquence le parti de garder le tacet sur l'objet qui m'amène, et d'attendre l'ambassadeur.

Une rencontre imprévue m'attendait chez le général Pérignon, et m'a causé le plus grand plaisir. A l'heure du dîner ses convives arrivent. Le même Guyonnet qui se montra si obligeant pour moi à Carthagène, et qui me fut si utile auprès de son ami le gouverneur de cette place, lorsque j'eus à défendre toute l'émigration toulonnaise contre cinq ou six anciens émigrés qui, accueillis à Toulon avec le plus tendre intérêt, voulurent, en Espagne, détourner les bienfaits du roi de quatre mille fugitifs qu'ils représentaient comme ayant été, tous, sans exception, les complices de l'assassinat de Louis XVI; cet ancien ami, dis-je, auquel j'étais loin de penser, s'est précipité à mon cou en entrant dans le salon, avec un transport de joie qui a fait un coup de théâtre.

Nous nous sommes retirés à l'écart, après avoir donné au général et à sa société une explication rapide de cette scène de reconnaissance, et mon ami m'a avoué sa surprise extrême de me trouver, moi, vieux royaliste, ce qu'il supposait bien que je n'avais pas cessé d'être, chez l'ambassadeur de la république française. J'ai mille fois pensé à vous, me dit-il ; je me doutais bien que vous seriez rentré en France ; votre présence ici me le prouve : mais je ne vous cacherai pas que j'ai eu regret à l'éclat que j'ai fait en vous reconnaissant, sentant fort bien que vous pouviez ne pas être bien aise qu'on sût que nous nous sommes vus à Carthagène, et que, peut-être, vous étiez à Madrid sous un nom emprunté.

Je l'ai rassuré sur tout ce qui me concerne, et lui ai promis le récit des événements dont j'ai été balloté depuis notre séparation ; après quoi, nous sommes rentrés dans le cercle des convives du général.

Il était composé de Perrochel, du secrétaire de la légation de Prusse, du consul de Suède, du médecin du roi, d'un officier des gardes-du-corps, de deux généraux de brigade à la suite de l'ambassadeur, d'un aide-de-camp de Buonaparte, de mon ami Guyonnet et de moi.

Pendant le dîner, une conversation politique s'est engagée, et, sauf l'aide-de-camp de Buonaparte, mon avis a été à-peu-près constamment celui de tous les convives. L'officier des gardes-du-corps a fini par déclarer que ce que je disais était parfaitement développé dans un ouvrage qu'il avait lu en France, sous le titre d'*Essais sur l'état de la France, au premier mai* 1796, ouvrage qu'il avait lu trois fois, tant il en était satisfait, et qu'il avait le plus grand regret de n'avoir pu se procurer avant son départ pour l'Espagne, n'ayant pas voulu en priver l'ami qui le lui avait prêté à Toulouse. Peu après un des assistants m'a adressé la parole en me nommant; l'officier des gardes-du-corps m'a reconnu de suite; il m'a proclamé l'auteur de l'ouvrage dont il venait de parler; il m'a fallu en convenir, et promettre de le communiquer à la compagnie. Est-ce une imprudence que j'ai commise? la suite jugera cela. Quoi qu'il en puisse être, ma franchise ne se sera point démentie; il en arrivera ce qu'il plaira à Dieu: je n'ai pas eu de choix à la chose.

En sortant de chez le général, Guyonnet m'a conduit chez son frère, et m'a accompagné à mon auberge à deux heures du matin, n'ayant pas voulu me laisser aller sans que je lui aie eu raconté toute ma vie, depuis que je le quittai à Carthagène, jusqu'au moment où il m'a retrouvé.

Dans l'intervalle de ma visite à l'ambassadeur, à l'heure où j'ai dû y revenir pour dîner, j'ai remis mes lettres pour Barthélemy frères, et pour Et. Drouillet et Comp[ie]. Les premiers m'accueillent froidement, mais avec politesse; ils me comptent une première somme que je leur demande pour ma dépense personnelle. Les seconds m'invitent à dîner pour après-demain, et remettent à ce jour-là pour conférer avec moi sur mon affaire, à laquelle ils n'ont pas pris encore la résolution d'accepter le 5e. d'intérêt que leurs amis de Paris leur ont offert.

Du 6 janvier. J'exécute le projet que j'ai conçu le jour de mon arrivée. J'écris, sous la date du 18 niôvse an 6, au général Buonaparte à Rastadt. (1).

Visite à Guyonnet. Il m'exhorte à m'observer beaucoup, et me fait connaître, ainsi qu'il suit, pour me servir de règle, quel est l'esprit, 1°. de la haute classe à Madrid; 2°. de l'ambassade de France; 3°. de la colonie française qu'elle a sous sa protection; 4°. de quelques émigrés, dont quelques-uns lui sont connus pour espions du Directoire. N'ayant d'autre objet en vue qu'une opération de banque, je trouve très facile de me tenir en dehors des passions haineuses et jalouses dont ils me déroule le tableau; cependant je conçois combien il m'est avantageux de connaître le terrain où je marche, et je le remercie des instructions que je dois à son amitié.

L'esprit général des hautes classes de Madrid,

---

(1) J'ai publié cette lettre dans les *Résultats possibles du 18 brumaire an VI*, page 310. Je trouve inutile d'en grossir ce Voyage, avec lequel elle n'a nul rapport.

me dit-il, est plutôt favorable que contraire à une révolution. Le clergé lui-même est imbu des rêveries françaises. Vous rencontrerez, sans doute, dans le monde le grand inquisiteur. Eh bien! suivez-le avec attention, vous verrez qu'il cache sous sa robe un jacobin forcené. Que dis-je? il le couvre, mais ne le cache pas, car il se montre sans déguisement l'admirateur de feu Roberspierre. On rapporte de lui un mot qui le peint d'un seul trait : Roberspierre n'en a pas assez fait, selon lui. Je mettrai sur la même ligne une de nos duchesses, qui, inséparable de la reine lorsque celle-ci n'était encore que princesse des Asturies, n'a pas pu plier sa fierté à l'étiquette qui a rendu cette fréquentation plus rare et plus révérentieuse de sa part. Elle soupire à haute voix, par vengeance, après un bouleversement, dût-elle y perdre son immense fortune. La révolution et du pain, dit-elle un jour dans son dépit, et je serai contente. Une maison où l'on pense autrement, c'est celle de madame de Galvez, où sont reçus tous les émigrés; c'est la maison la plus agréable de cette capitale : mais il y a là, quoique moins qu'ailleurs, marchandise mêlée. Tel, tel, tel, que je vous ai désignés comme émigrés, espions du Directoire, y sont admis. Si vous y êtes présenté, comme je le présume, soyez-y sur vos gardes. Vous serez observé, et une indiscrétion pourrait vous nuire, parce qu'on l'écrirait à Paris, d'où on pourrait envoyer d'ici des ordres qui contrarieraient votre négociation projetée au lieu de la favoriser, comme l'exigent les recommandations dont vous êtes porteur.

Je regrette, pour vous, que le général Pérignon ait cessé ses fonctions, et que vous soyez forcé d'attendre l'arrivée de son successeur, que je ne connais pas. Il est difficile que vous soyez aussi bien servi par celui-ci que vous l'eussiez été par l'autre. Votre ouvrage, que vous avez promis de lui donner à lire le premier, tombera en très bonnes mains; c'eût été une très bonne recommandation auprès de lui, quand bien même vous n'en auriez pas eu d'autre, car il n'y a rien de révolutionnaire ni dans sa tête ni dans son cœur. Il a fait la guerre avec gloire, c'était son métier, mais sans épouser les passions qui agitaient la France. C'est un homme d'honneur, dans toute la force du terme, franc, loyal, serviable, et qui ne demanderait pas mieux que de pouvoir, comme vous, se dire royaliste. Mais sa position s'y oppose, ce qui ne l'empêche pas de rendre service aux émigrés toutes les fois qu'il le peut sans se compromettre.

Le secrétaire de légation Perrochel..... Oh! celui-là je le connais, dis-je à Guyonnet en l'interrompant; nous nous sommes vus à Paris tandis que je postulais auprès du ministère pour obtenir son appui officiel. Il m'attendait, et j'en ai reçu un accueil qui me prouve qu'il est disposé à tenir les promesses qu'il m'a faites en France. C'est fort bien, reprit mon ami; depuis qu'il est ici il a bien vécu avec l'ambassadeur; ils sont très contens l'un de l'autre, ce qui me parle en sa faveur. Mais, sans pousser jusqu'à l'exaltation ses principes révolutionnaires, il en est entiché; et je dois vous en prévenir. Il adore son protecteur Laréveillère - Lépaux, qu'il considère comme le plus honnête homme de France, et presque comme un Dieu. Je pense que vous ferez sagement de vous tenir sur la réserve vis-à-vis de lui. Montrez-vous attaché à la république, ne parlez jamais des Bourbons; il ne sera pas choqué que vous n'affichiez pas le jacobinisme pur, parce que lui-même a la prétention d'être modéré; mais ne vous montrez pas royaliste, cela vous serait très préjudiciable, si surtout l'ambassadeur qu'on attend était homme à s'en offusquer.

Évitez, sans affectation, des rapports trop fréquens avec la colonie française, c'est-à-dire, avec les Français immatriculés au consulat de France. Je n'en connais pas un qui ne soit jacobin, et ils exercent sur les nouveaux venus une espèce d'espionnage qui les rend l'objet de leur haine dès qu'ils ont reconnu qu'ils ne sont pas de leur bord. Montrez-vous quelquefois au café de la *Fontana-d'Oro* où ils se rassemblent, parce qu'ils penseraient que vous craignez leurs regards; mais n'y formez pas de liaisons, et ne contractez pas l'habitude d'y aller tous les jours, comme le font ordinairement les nouveaux débarqués.

Quant aux émigrés, excepté ceux que je vous ai nommés, il n'y en a guère ici qui n'aient de quoi vivre; mais il n'y en a pas qui sachent autre chose de la révolution, sinon qu'elle est la cause qu'ils ont quitté la France. Ils ne la haïssent qu'à cause de cela; et, si on les rappelait en les laissant tranquilles, ils rentreraient très volontiers sans s'embarrasser, ni de ce qui s'est passé, ni de ce qui pourra survenir. En général, ce sont gens sans conséquence, qu'on pourrait voir sans conséquence, mais dont la trop grande fréquentation vous nuirait.

Vous avez, au reste, dans le consul général, avec lequel je vous conseille de vous lier, un bon modèle de conduite et une bonne ressource contre l'ennui auquel on échappe difficilement à Madrid, qui a tous les inconvéniens du commérage des petits endroits, et peu ou point des avantages que procurent les grandes villes. Il tient le registre des Français avoués par son gouvernement; mais tout Français, quel qu'il soit, immatriculé ou non, trouve chez lui le même accueil et la même obligeance.

CHAPITRE VIII.

Mes liaisons commencent à se former.

J'ai remercié mon ami, et me suis rendu à l'ambassade pour y déposer ma lettre à Buonaparte, et remettre au général Pérignon mes *Essais sur la France* que je lui ai promis.

J'ai passé une heure avec Perrochel, et ai trouvé chez lui plus de sagesse que je ne m'y attendais. J'aurais dû concevoir que la fréquentation des cours et les méditations de la haute politique devaient naturellement émousser les idées révolutionnaires, et que, par cette raison, la diplomatie devait être moins exaltée que l'administration intérieure. J'ai fait avec plaisir cette remarque. Il en résulte, je crois, que mon ouvrage, aujourd'hui intempestif en France, ne sera pas vu avec défaveur à cette ambassade. Cela ne doit pas me surprendre : loin du tourbillon où fermentent les passions funestes au repos de notre république, ses représentans à l'étranger doivent la présenter calme et digne de respect. Ce calme, ils en jouissent eux-mêmes par la seule force de leur position; de-là, plus de sagesse chez eux, plus de sang-froid, plus de dispositions à rechercher la vérité, à suivre la raison, à obéir aux lois de la justice.

J'en conclus que, pour mon succès auprès du prince de la paix, je pourrai hasarder beaucoup de choses que je n'aurais pu me permettre en France, et que mon espoir doit s'accroître en raison de mon éloignement du centre d'où émane la très équivoque protection dont je parais étayé.

Le zèle de Perrochel, loin de se démentir, va recevoir un nouveau véhicule.

Incapable d'oisiveté, et effrayé de celle dont je suis menacé jusqu'à l'arrivée de l'ambassadeur, je lui ai offert mes services pour seconder ses travaux comme chargé d'affaires en absence; il les accepte, me prépare à le suivre à Aranjuès où la cour va se rendre, et me rendra communes à Madrid toutes ses liaisons d'agrément ou d'utilité; en conséquence il me donne rendez-vous à quatre heures chez M. Salucci, où il dîne aujourd'hui.

J'arrive au rendez-vous. M. Salucci, auquel j'étais annoncé, me reçoit avec tous les témoignages de la plus grande considération. Là, s'est trouvé M. Murga, de la maison Aguirre et compagnie, qui a voulu absolument que nous nous soyons vus à Paris il y a deux ans. Il m'a fallu en convenir par honnêteté, quoique je n'en eusse nulle idée, à moins que je n'aie vu cet Espagnol chez mes amis Enfantin frères ; et j'ai été traité en vieille connaissance.

J'ai reçu de M. Murga et de M. Salucci toute sorte d'offres de services, et l'invitation de les voir souvent.

Du 7 janvier. Dîné chez M. Bernède, gérant de la maison Étienne Drouillet et compagnie, avec deux inconnus d'une exaltation révolutionnaire effrayante. J'ai été sobre de paroles. Guyonnet a raison ; j'aurai besoin dans ce pays de plus de réserve que je n'en ai mis, dès le premier jour, au dîner du général Pérignon.

Du 8. Je communique à Perrochel mes observations d'hier chez M. Bernède ; je l'engage à en juger par lui-même, et le fais consentir à me suivre après-demain chez ce banquier avec lequel j'ai été forcé de promettre d'aller dîner tous les mardi et tous les vendredi.

On me présente le compte de ma dépense à la Croix-de-Malte pour quatre jours. Je n'y ai pris qu'un repas le jour de mon arrivée, et il m'en coûte 60 francs. Guyonnet me procure de suite un logement à 2 fr. par jour, et la table à 3 fr. par repas, quand je serai libre, chez Alexandre Martin, *Sangrador*, *calle de la Veronica*. J'y serai installé demain. Je n'ai pas besoin de noter que le bon Luis de Biguri exige que nous nous voyons tous les jours ; il ne cesse de rêver notre réunion dans le Nouveau-Monde, se flattant toujours d'y obtenir bientôt une intendance.

Du 9. Dîné avec Perrochel chez notre consul-général. Je reconnais de suite qu'il mérite ce que m'a dit de lui mon ami Guyonnet. Je le verrai aussi souvent que je le pourrai.

Charmé de remercier l'amiral Langara de ses bontés pour moi à Toulon et à Carthagène, je me suis présenté chez lui ce matin ; n'ayant pu arriver à lui, je lui écris pour lui demander une audience.

Vu M. de Maturana, *calle de las Fuentes.* Accueil comme on en reçoit tant. Je doute qu'il m'ait reconnu. Nous nous verrons de plus près à Aranjuès; il est impossible qu'il ait perdu le souvenir de l'horrible nuit du 19 décembre 1793.

CHAPITRE IX.

Amas d'or. Pressentimens sinistres.

Du 10. Journée vide. J'ai été chez MM. Drouillet et Compagnie. Le majeur de cette maison, respectable vieillard qui m'a montré et inspiré de l'intérêt, m'a reçu dans son comptoir et m'a conduit au *brasero* où il s'est assis avec moi, tandis que chacun à son poste travaillait dans le plus grand silence. Une inscription dans l'endroit le plus apparent, exprimait en espagnol cette sentence: « Il n'y a rien de si pernicieux pour les » gens occupés, que la visite de ceux qui n'ont » rien à faire. » M. Drouillet s'est aperçu que je lisais cela en homme qui s'en faisait l'application, et il m'a prié en souriant de ne pas le prendre pour moi: il m'a invité, au contraire, à venir le voir le plus souvent que je pourrais, et quand je voudrais, m'assurant que je lui ferais toujours plaisir. Il m'a ensuite mis sur la voie d'une conversation relative à l'objet de mon voyage, et nous en avons conféré à voix basse. En l'examinant sous toutes ses faces, il a fini par me déclarer qu'il ne pouvait croire à mon succès, et que, tout bien consideré, sa maison n'y prendrait pas l'intérêt qui lui était offert. Cela, a-t-il ajouté, ne portera nulle atteinte au crédit que vous avez sur nous. Réussissez, et tous nos moyens sont à vos ordres; mais nous ne nous écarterons pas de la résolution que nous avons prise depuis long-temps, de ne rien faire pour notre compte jusqu'à la paix générale, qui arrivera quand il plaira à Dieu. Nous avons serré nos voiles jusque-là; tous nos capitaux réalisés en or, reposent dans cette armoire en fer que vous voyez, à 5 ou 600,000 francs près que nous laissons circuler dans le peu d'affaires choisies que nous faisons uniquement pour ne pas nous laisser perdre de vue; ils n'en sortiront à aucun prix et sous aucun prétexte. Vous allez voir..... A ces mots il se lève, va prendre deux énormes clefs, ouvre une porte en fer qui ferme une caisse de même métal, incrustée dans le mur, et d'environ six pieds de haut sur deux pieds et demi de large, et il étale à mes yeux un amas d'or tel que je n'en ai jamais vu et n'en verrai sans doute de ma vie. Cette caisse, divisée en sept ou huit étages, était remplie de haut en bas de quadruples rangées en piles d'égale hauteur, ce qui offrait le coup-dœil le plus éblouissant. Vous voyez cela? m'a-t-il dit; il y a bien là quelques millions de vos francs: eh! bien! Dieu descendrait sur terre pour nous en demander une quadruple qu'il ne l'obtiendrait pas. Cela dit, il a refermé sa caisse, il a remis ses clefs en place, et il est venu reprendre auprès du brasero le fil de notre conversation (1).

Rentré chez moi, une tristesse indéfinissable

(1) Qui m'eût dit que, dix ans plus tard, la paix générale n'existant pas encore, un enchanteur, arrivé à Madrid pour une opération semblable à celle dont j'étais alors occupé, ferait broncher la sagesse de cette maison; qu'en moins d'un an, tout cet or aurait disparu comme une fumée; et que même.... O vanité des choses humaines! Qu'est-ce donc que cette sagesse dont nous sommes si vains!

m'a assailli. J'ai frémi du doute que m'a manifesté M. Drouillet sur le succès de mon voyage. Les conséquences qui en résulteraient se sont offertes à ma pensée, et j'éprouve en ce moment un découragement!.... En effet, après cet infernal 18 fructidor, m'est-il permis de reparaître en France? Qui sait ce qu'est devenue ma maison de Marseille, et où s'est arrêtée la part qu'elle a prise dans les désastres qui ont suivi ce mouvement révolutionnaire? S'il faut que je reste hors de France, quels sont mes moyens pour m'y soutenir? Je ne puis songer à me précautionner, contre l'avenir nébuleux qui se présente à moi, en abusant des crédits que j'ai dans Madrid. D'ailleurs, en fussai-je capable, ce qui est loin de ma pensée, celui qui s'appuie sur la maison Drouillet est subordonné à mon succès complet, et celui qui s'adresse à Barthélemi frères, est borné à mes dépenses, qui ne peuvent dépasser une mesure raisonnable. Je devrais donc demeurer séparé de ma mère et de ma femme, et, tombé dans le dernier besoin, éprouver la douleur de ne pouvoir les en préserver elles-mêmes!.... Mais à quelles chimères je me laisse aller!.... Je réussirai quoi qu'en dise M. Drouillet; en tout cas, n'ai-je pas la ressource de suivre don Luis de Biguri dans le Nouveau-Monde? Chassons ces idées noires et pour toujours! Le malheur viendra assez tôt, s'il doit venir; pourquoi m'en effrayer d'avance ? C'est lui livrer sa proie avant le temps.

Cependant il n'est pas défendu de prendre ses mesures pour ne pas être pris au dépourvu. J'écris à Paris à mon ancien ami F. de L. . .; je le prie, en cas de besoin, de me ménager une place financière, que j'accepterai aujourd'hui volontiers, et je lui expose les motifs que j'ai pour renoncer au système que j'ai suivi jusqu'à ce jour, de fuir toute espèce de places.

Dans ces jours d'ennui, je tourne mes regards vers la France, et reporte mes souvenirs au serment de ne plus la quitter, que je fis en y rentrant après dix-huit mois d'émigration, sur les fleurs de lys à demi-effacées de la borne qui la sépare de la Suisse. Toute défigurée qu'elle est par le 18 fructidor, je la regrette et soupire après elle. Transcrivons la fable que je viens de faire à cette occasion (1).

Un des voyageurs qui sont arrivés à Madrid avec nous, ayant suivi notre voiture pendant une partie de la route, M. G. . . . vient m'emprunter de l'argent; je n'ai pas la force de le refuser, et je lui prête à regret 30 francs.

---

(1) Cette fable est intitulée *la Coquette*; elle se trouve dans mon recueil imprimé chez Didot, page 214. Je la supprime ici.

CHAPITRE X.

Je deviens l'homme essentiel à l'ambassade de France. — Cabinet d'histoire naturelle.

Du 11 janvier. Je cesse de noter les détails de peu d'importance, tels que les dîners où je suis appelé, et qui n'amènent aucun incident de quelque intérêt.

Me voilà lancé dans les travaux de l'ambassade. Ses archives sont dans un état à faire pitié; je propose à Perrochel de les mettre en ordre, et j'offre de le faire seul: il l'accepte avec plaisir, comme un grand service à lui rendre, fatigué de perdre tous les jours des heures entières pour déterrer tel ou tel papier dont il se trouve avoir besoin. Je lui remets le travail que j'ai fait sur le corsaire le *Buonaparte*; il le trouve bien, et va le faire expédier.

Le consul de France à Cadix, M. Syeyes, arrive de Madrid avec sa femme, qui m'accepte pour son chevalier pendant son séjour à Madrid. Nous visitons ensemble le cabinet d'histoire naturelle.

Ce cabinet est extrêmement riche dans le règne minéral. C'est l'effet naturel de la possession des mines du Nouveau-Monde qui ont contribué le plus à grossir ses collections immenses. Il me faudrait beaucoup de temps et d'observations pour en donner une notice satisfaisante. Cette branche des sciences naturelles y est soignée admirablement.

En général, tout le règne animal, au contraire, y dépérit sensiblement, rongé par les mittes. Il en coûtera beaucoup pour le renouveler, et il n'est pas éloigné d'en avoir besoin.

Les productions d'outremer dominent dans les collections du règne végétal, dont les espèces sont extrêmement variées; mais il n'y a nul ordre dans leur classification : l'excuse que m'en a donnée un des gardiens du cabinet, auquel j'en ai témoigné mon étonnement, c'est que tout cela doit être incessamment transporté dans un nouveau bâtiment qu'on prépare auprès du jardin botanique.

Une chose remarquable et qu'on ne peut voir que là, c'est le squelette d'un animal inconnu dont l'espèce est perdue. C'est un quadrupède beaucoup plus grand que l'éléphant, dont les os ont été déterrés dans une excavation au Mexique. Ce monument des révolutions physiques de notre globe, est à moitié pétrifié. On n'a pas retrouvé tous les os du squelette, on y a suppléé pour les parties manquantes, par des imitations en liége, mais ces imitations, qui satisfont la vue, n'ajoutent rien à la structure gigantesque de l'animal.

Cette pièce, vraiment curieuse, mérite plus l'attention d'un amateur que tout le reste du cabinet, par la raison que tout ce qu'on y voit, excepté ce squelette, se retrouve ou peut se retrouver dans toutes les autres collections.

Dîné chez le général Pérignon, où je fais connaissance avec M. de G...., et avec un autre français nommé l'H... Celui-ci me témoigne le plus grand désir de former avec moi une liaison étroite. M. Syeyes, qui croyait faire un séjour à Madrid, annonçant son départ pour demain, et voulant bien se charger de mes lettres pour France, je quitte le général de bonne heure pour aller les écrire.

CHAPITRE XI.

Premiers commérages, à mon égard, des oisifs de la colonie française. — Acte d'obligeance imprudente.

Du 13 janvier. J'attire tous les regards dans Madrid, où je m'attache à vivre ignoré. Chacun veut deviner ce qui m'amène; chacun fait son conte sur moi. Don Luis de Biguri, qui voudrait que tout le monde me considérât comme il le fait, que chacun me portât l'intérêt qu'il me porte, interrogé sur ce que je suis, m'a élevé jusqu'aux nues par ses éloges, et ayant su à Paris que ma femme est la nièce d'un des membres de notre Directoire, ce dont je n'ai eu garde de me vanter, puisque je me serais exposé à ce qu'on recherchât pourquoi je n'étais recommandé que par le ministre, ayant pu et dû l'être par un directeur mon allié, il a eu, pour me faire valoir, la bienveillante indiscrétion de trahir mon secret.

J'ai porté à Perrochel un travail que j'ai fait sur une saisie de montres à Valence, et il m'a fait part du bruit qui se répand dans la colonie, que je suis le parent d'un directeur, et de l'interprétation maligne qu'on fait du silence que j'ai gardé à cet égard. Je lui avoue la vérité, et lui explique mon silence. Il m'engage à la plus grande circonspection, mes moindres actions, mes moindres paroles étant épiées par des jaloux qui me sont inconnus. Que me veulent donc ces jaloux ? de quoi le sont-ils? C'est une chose bizarre que ce qui m'arrive!

Dîné avec Perrochel chez Drouillet et Compagnie, avec le frère du négociateur espagnol pour la paix conclue à Bâle. Les convives et moi nous étions tous unis dans notre haine contre l'anglais; mais j'ai gémi en silence des voeux que j'ai entendu proférer contre le repos de l'Espagne. Ah! je crains bien que, comme le nôtre, ce pays-ci n'ait un jour plus à souffrir de ses réformateurs que de ses abus !

M. Salucci me fait prier de donner des recommandations à dona Maria Salucci, qui se rend à Marseille. Je promets de les lui apporter, désirant les remettre en personne à la voyageuse, afin qu'elle puisse dire à ma famille et à mes amis qu'elle ma vu. Je tiens parole le soir même.

Du 14. Ce même G...., auquel, il y a quatre jours, j'ai prêté trente francs, se trouve ici, sous le nom de Teulières, sans argent et sans travail. Le prêt que je lui ai fait a eu pour objet de l'aider à se procurer une place, en ayant le moyen d'attendre quelques jours. Il vient me dire les larmes aux yeux que ses recherches ont été vaines, et me conjurer de lui fournir les moyens de former un établissement de chapellerie, puisque les chapeliers qui existent déjà ne veulent pas de lui. Un tendre engagement va plus loin qu'on ne pense : je me défends d'abord de cette demande, et, trop légèrement peut-être, je finis par y céder. Je l'autorise à me présenter son plan d'exécution et la note de son besoin. Ce jeune homme sort enchanté. Il était abattu, il a semblé renaître, et m'a donné, par l'expression de sa reconnaissance, un avant-goût délicieux du plaisir que procure une bonne action. Espérons que je ne ferai pas un ingrat, comme cela m'est arrivé si souvent.

Voilà, pour ce jeune homme, une heureuse fortuité que notre rencontre sur la grande route ! m'en sera-t-il réservé une semblable ? Amené à Madrid par des circonstances qui m'ont maîtrisé, les ressources précaires qui m'y soutiennent me font sentir le besoin d'un bonheur du même genre pour le succès de mon voyage. Le désir que j'en ai sera-t-il accompli ? Trouverai-je, dans le nouvel ambassadeur qu'on attend, une compensation de la perte que j'ai faite par le rappel du général Pérignon ? il m'est permis de l'espérer. Le nouvel ambassadeur aura, pour m'être favorable, des motifs que n'avait pas son prédécesseur. Le service que je rends à l'ambassade, en mettant en ordre ses archives, travail qui avance déjà beaucoup et pour lequel je passe mes journées dans un nuage de poussière infecte, et en mettant à jour tout le travail courant, sera senti par lui, et j'en serai récompensé. Abandonnons-nous à cette Providence qui m'a conduit jusqu'à ce jour, et qui ne m'a jamais laissé arriver au dernier degré du malheur, plaçant toujours sous ma main le remède à côté du mal. Voyons si, dans la force de mon âge, doué d'une activité peu commune, n'étant pas sans quelques talens, j'étais destiné à venir voir s'évanouir toutes mes espérances à deux cents lieues de ma patrie et de ma famille.

Que de réflexions m'arrache la position où je me trouve ! Elle seule, pour la première fois de ma vie, m'a fait hésiter à faire du bien. Voilà où m'a conduit cette cruelle révolution qui m'a tant tourmenté, et sous laquelle j'aurais déjà succombé cent fois, sans le courage que je lui ai montré, lorsqu'elle m'a menacé personnellement. Je m'y suis conservé pur; aucun excès n'a été secondé ou approuvé par moi; mon cœur et ma main y sont demeurés vierges d'ambition et de crimes; et cependant six fois j'ai été renversé! six fois il m'a fallu recommencer des travaux, dont le succès douteux était l'unique gage de l'existence de ma famille; et, à travers mille dangers, je n'ai pas eu six mois de repos non interrompu!

Cette famille s'est accrue, je suis devenu époux, je vais bientôt devenir père; et si le projet réparateur qui m'a conduit ici échoue, mes moyens sont anéantis!

Mon courage ne l'est pas; je sens même qu'il ne peut pas l'être; mais pourra-t-il ne pas être impuissant au milieu de l'ébranlement général dont l'Europe semble menacée par les suites que peut avoir cette funeste journée, qui a remis en jeu les passions et le venin révolutionnaire? Cette journée a peut-être préparé ma dernière chute et détruit la possibilité de m'en relever.... Mais la proposition que me fait et me renouvelle l'amitié de don Luis!... Ce n'est pas là une ressource vaine!.. Adorons la Providence. Il en sera ce qu'il plaira à Dieu..... Je n'ai nul reproche à me faire ; attendons stoïquement ce que l'avenir me réserve, et secondons-le par mes efforts, s'il a pour moi de bonnes intentions.

CHAPITRE XII.

Boutade républicaine.

Du 16. Remis à Perrochel un travail sur l'affaire du capitaine Scaffy, échappé aux prisons de Cadix.

Tous les travaux de l'ambassade ne reposent déjà plus que sur moi. Déjà tous ses clients, me considérant comme l'homme important, assiégent dès le matin mon domicile ; on ne va à Perrochel qu'après avoir obtenu de moi un mot favorable. Je voudrais bien chasser cette importunité qui me pousse au-delà de mon but. J'y songerai.

La France prépare contre l'Angleterre un effort dont elle confie les succès à Buonaparte. La haine que m'a inspirée cette nation perfide par l'évacuation de Toulon, qui n'eut aucun prétexte, se réveille, et je la laisse s'exhaler dans les strophes suivantes, où, comme tous les poètes, j'ai poussé peut-être un peu trop loin l'hyperbole anti-despotique. Mais il ne faut que considérer à qui je dois envoyer cette boutade, pour sentir que je ne pouvais faire autrement.

L'HYMNE DE LA VENGEANCE.

Rampez, despotes insolens :
L'heure de la vengeance sonne.
Les enfans chéris de Bellone
Des mers vont punir les tyrans.
Français, bravons l'orage ;
Secondons le courage
D'un héros indompté.
Affranchissons les ondes,
Et donnons au deux mondes
La liberté.

De ton orgueil, fière Albion,
Etouffe la vaine arrogance.
Cède aux volontés de la France ;
Cède à la grande nation.
Français, bravons l'orage, etc.

La nature a dit aux deux mers :
Flottez libres et sans entraves.
Et leurs ondes seraient esclaves !
L'Anglais leur donnerait des fers !
Français, bravons l'orage, etc.

Que l'Inde, apprenant nos exploits,
Déteste sa chaîne et la brise.

Que des vainqueurs de la Tamise
L'univers entende la voix.
Français, bravons l'orage, etc.

Quel peuple osa du droit des gens
Outrager les saintes maximes?
C'est l'Anglais. Ce n'est qu'à ses crimes
Qu'il dut ses succès arrogans.
Français, bravons l'orage, etc.

Eh! quoi, les vainqueurs de Toulon,
Que profana ce peuple impie,
Laisseraient encore impunie
L'atrocité de Quiberon!
Français, bravons l'orage, etc.

Témoin d'un effort généreux,
L'Europe interdite balance!
Qu'elle en rougisse, et que la France
Du monde entier comble les vœux.
Français, bravons l'orage, etc.

Mais durant ce choc passager,
Si l'Anglais, ailleurs qu'en son île,
Trouve un seul port, un seul asile;
Vainqueurs, jurons de nous venger.
Français, bravons l'orage, etc.

Le sort du ridicule époux
De la Nérée Adriatique
Attend le tyran britannique:
Un héros combat avec nous.
Français, bravons l'orage, etc.

Partons : l'indocile élément
N'est plus pour nous une barrière,
Il respectera la bannière
D'un peuple libre et triomphant.
Français, bravons l'orage, etc.

J'envoie cet hymne au bureau central de Marseille, et lui explique comment je suis ici sous la protection du gouvernement, afin de lui ôter la tentation de me traiter en émigré. Je lui témoigne le désir qu'un marseillais fasse la musique de ces paroles.

Même envoi à Ruel à Paris, pour qu'il fasse insérer cette pièce dans quelques journaux.

Idem. A mon ami F. de L., pour qu'il en fasse hommage au Conseil des cinq-cents.

Idem. A Buonaparte.

Idem. A Barras, pour le Directoire.

CHAPITRE XIII.

Je me forme des habitudes. Singulier et très équivoque avantage, dont l'industrie jouit à Madrid sur la propriété.

17 Janvier 1798. Remis à Perrochel un travail très important sur la loi du 8 floréal an IV, con-

cernant la juridiction consulaire que l'Espagne ne veut pas reconnaître.

Je passe mes après-midi à jouer au trictrac avec le baron de Gl..., avec l'H... ; et mes soirées chez l'ambassadeur des États-Unis, où je fais ma partie de boston, ce qui n'empêche pas mes dîners en ville, qui réduisent à rien ma dépense de bouche, les dîners ayant lieu de bonne heure, et n'assujettissant pas, comme à Paris, à rester jusqu'à minuit chez l'amphitrion.

G... a couru vainement, depuis deux jours, pour se procurer un local favorable à son établissement de chapelier. Ne pouvant espérer de moi qu'une somme bornée, il n'a pu y parvenir par une circonstance qu'il faut noter ici, pour garder un mémento d'une partie des usages de cette capitale.

Partout où il aurait trouvé à s'installer, on lui a demandé le *traspasso*, qui eût surpassé ce que je puis lui accorder.

A cela près, son établissement n'eût souffert aucune difficulté, parce qu'il n'y a, pour son genre d'industrie, ni maîtrise ni licence à obtenir, ni aucun autre obstacle de ce genre.

Mais le *traspasso* est quelque chose de plus fâcheux, et, en outre, il réunit les trois inconvénients ci après :

1°. Il grève d'une forte taxe le premier développement de l'industrie.

2°. Il dénature, en quelque sorte, le droit de propriété, dont il restreint considérablement l'usage.

3°. L'État ne profite, ni du sacrifice de l'artiste qui veut s'établir, ni de celui du propriétaire de la maison qu'il désire occuper.

Voici ce que c'est que le *traspasso*.

Dès qu'un propriétaire de maison la loue, en tout ou en partie, il n'a plus le droit d'en expulser le locataire dont il est exactement payé; et tant que celui-ci, ou celui auquel il transporte son droit d'occupation, veut demeurer en jouissance, le prix du loyer ne peut jamais être augmenté. Il en résulte qu'il y a aujourd'hui, dans Madrid, des maisons louées depuis des siècles, dont le droit d'en conserver la location surpasse, en valeur vénale, le prix que le propriétaire pourrait retirer de la vente de sa propriété.

Si le propriétaire veut rentrer dans la pleine disposition de ce qu'il a loué, en cas que le locataire, ou ses héritiers, ou ses cessionnaires et leurs héritiers, à l'infini, y consentent, il faut qu'il leur paye le *traspasso*, dont le prix est débattu entr'eux, et convenu, de gré à gré. Il y a tel magasin de la *puerta del sol*, par exemple, dont le *traspasso* vaut au-delà de 15 mille francs.

Je ne conçois pas quel a pu être le but politique d'une telle coutume. Si elle a eu pour motif la protection de l'industrie, en assurant à chaque artisan, ou marchand, la possession du local qui lui a convenu, elle me parût avoir un tout autre effet.

Remarquons que, lorsqu'un propriétaire loue pour la première fois, il se fait lui-même payer le *traspasso*; il en est de même toutes les fois que, dégagé d'un ancien locataire, il traite avec un autre directement. Si la maison se vend, le nouveau propriétaire peut déposséder les locataires, mais il est dû à ces derniers un dédommagement; il faut qu'on rachète d'eux leur *traspasso*.

Il résulte de cet usage qu'il y a un grand nombre de magasins dont le propriétaire ne retire pas la dixième partie de leur vraie valeur locative, l'augmentation du prix des locations ayant successivement profité aux locataires, ce qui renchérit, en faveur de ces derniers, la valeur du *traspasso* lorsqu'ils cèdent leur location.

Nous nous plaignions en France, et, je crois, bien aveuglement, des maîtrises et jurandes; nous trouvions déplacé qu'un homme dût payer le droit de travailler; mais, du moins, ce qu'il payait tournait au profit d'un corps dont il devenait membre, et ce corps avait une utilité que nos sophistes veulent en vain nier, laissant à l'écart les abus qu'il était si facile de faire cesser. Il exerçait, suivant des statuts approuvés par l'autorité, une police utile à sa profession et au public consommateur. La perfection des arts devait en résulter, et certainement on ne contestera pas à la France qu'elle a atteint cette perfection en plusieurs genres. Si l'institution des maîtrises n'en a pas été le véhicule, ce que ce n'est pas ici le lieu de nier ou d'affirmer, au moins le fait démontre-t-il qu'elle n'y a pas fait obstacle.

A cela on me répondra que ce que payait un ouvrier, pour sa maîtrise, était en pure perte pour lui ; tandis que le *traspasso* qu'il paye en Espagne lui reste toujours, et avec bénéfice, lorsqu'il veut se retirer, outre l'économie qu'il trouve dans un loyer modéré dont le prix ne peut jamais augmenter. Ce n'est pas là une réponse satisfaisante.

1°. Chez nous, en général, le droit de maîtrise était de peu d'importance, eu égard à l'avance qu'exige un *traspasso* de 15 mille ou de 20 mille francs.

2°. Il importe peu que le *traspasso* rentre, même avec bénéfice, à celui qui le paye; par la raison qu'il n'y a nulle parité, pour lui, entre le moment où il le paye, et celui où il en sera remboursé. Le premier de ces moments est celui où il a besoin de tous ses moyens pour faire prospérer son industrie ; l'autre est celui où son ambition satisfaite le porte à chercher le repos. Parvenu à ce point, ce remboursement, qui n'ajoute que peu à son aisance, le dédommage-t-il, d'avoir, dès son début, sacrifié un capital resté mort pendant tout le temps de son activité? il eût plus rapidement prospéré, ses premiers travaux eussent été bien moins pénibles sans la nécessité d'un premier débours qui doit demeurer stérile jusqu'à sa retraite; car c'est peu de chose que l'économie lente et presque insensible de son loyer, comparée aux effets fâcheux de ce premier débours.

Cette coutume me paraît bizarre et impolitique. Je lui préfère nos anciennes maîtrises qui avaient au moins une utilité d'intention; je lui préfère même nos droits de patente, qui, s'ils n'ont pas l'utilité de soumettre les arts mécaniques à une police ennemie de la mauvaise foi, ont, du moins, celle de tourner au soulagement de l'agriculture, en contribuant à fournir aux besoins du fisc.

Quoi qu'il en soit, G... n'a pu trouver un magasin, et mes bonnes intentions pour lui restent, quant à présent, sans effet. Je lui compte quatre piastres pour qu'il ne perde pas courage et pour qu'il continue de chercher à tirer un parti quelconque de lui.

CHAPITRE XIV.

G..., sous le nom de Teulières, forme son établissement. — Usure à Madrid, mont-de-piété, douane. — Préparation à une détermination sur le parti que j'ai à prendre si mon voyage n'a pas un résultat satisfaisant.

Du 19 janvier. Ce jeune homme s'est industrié. Il a trouvé ici un de ses compatriotes, M. Estang, *calle d'Ortalessa*, N°. 14, qui tient un magasin de merceries dont il lui cède la moitié, pour exercer sa profession de chapelier. Je m'y rends, et voici comment tout se termine.

Ces jeunes gens s'associent pour un an. Estang met 800 francs dans ce commerce. G... fait la même mise de fonds. J'en remets mon mandat, sur Barthélemy frères, à Estang, qui signe avec son frère, prêtre français établi en cette ville, le cautionnement du prêt que j'en fais à G... pour trois mois, sans intérêt. Estang n'exige ni loyer, ni *traspasso*, ni frais de réparation et d'installation. Il achète pour son compte les outils nécessaires, et loge, nourrit et blanchit G... en compensation de son travail.

Par cet arrangement qui n'expose G... à aucune perte, puisqu'il n'a rien à prélever sur les ventes, même pour nourriture, je dois toujours retrouver mes fonds en marchandises, et ma confiance ne peut être trompée.

Mais si ce G..., si cet Estang sont des êtres peu délicats ? .. Non : je dois repousser cette idée ; on ne ferait jamais le bien dans ce monde si on voulait ne pas croire à la probité. Je n'ai nul besoin des huit cents francs que je prête pour trois mois. Il vaut mieux qu'ils servent à donner du pain à un compatriote, que de rester morts dans mes mains.

Du 20. L'ami Guyonnet m'avait négligé quelques jours ; j'ai été le voir. La maladie de son frère le retenait captif auprès de lui. Un procès qu'il poursuit, et dont l'issue prochaine doit lui faire rentrer une somme considérable, le met dans le cas d'avoir besoin d'une légère somme, qu'heureusement je puis lui offrir sans recourir à mon banquier.

Je lui raconte ce que je viens de faire pour G... ; cela nous a jetés dans une conversation qui m'a fait connaître l'épouvantable usure qui existe à Madrid.

On y prête sur gages à l'intérêt de quatre réaux par piastre, et par mois, c'est-à-dire, vingt pour cent pour trente jours, ou cent vingt pour cent par an. Je lui en ai témoigné mon étonnement ; voici ce qu'il m'a répondu :

« Le Mont-de-Piété prête peu ; ses fonds sont » presque toujours employés, et il n'y a guère » que le bas peuple qui y recoure, encore » n'y a-t-il pas place pour tous les deman- » deurs. D'ailleurs il faut perdre un temps infini » pour arriver à la caisse, et tout s'y fait avec » une publicité qui repousse tous ceux à qui il » reste quelque honte.

» Avant d'avoir fait enregistrer sa demande, » vu *l'appreciador*, obtenu un bon pour le prêt, » il faut perdre souvent plusieurs jours, au bout » desquels il faut aller se mettre en queue dans la » rue avec la foule des emprunteurs, y attendre » son tour pendant plusieurs heures, et quelque- » fois revenir le lendemain. »

J'ai senti tout de suite ce que ce tableau a de repoussant ; j'ai déploré l'ignorance, la négligence et l'ostentation qui dénaturent une institution si utile et qui en détruisent le bienfait, et je n'ai plus été surpris que l'usure la plus effroyable existe à côté de cet établissement, et attire à elle, de préférence, une certaine classe d'hommes qui redoutent les humiliations plus encore que le besoin.

Ce tableau m'a flétri l'âme ; je m'en soulagerai en allant quelquefois observer les progrès de G.... dans son nouvel établissement.

Du 21 janvier. J'écris, sous la date de demain, à ma mère, et, lui exposant ma position, je lui demande conseil sur le parti que j'ai à prendre. Je lui fais ces trois questions : Puis-je revenir à Marseille, et y a-t-il sûreté pour moi? Solliciterai-je un emploi à Paris, renonçant enfin au système de ne tenir par aucun lien au gouvernement révolutionnaire? Me fixerai-je en Espagne, et y attirerai-je ma famille?

Nulle nouvelle de l'ambassadeur que nous attendons; cela pend au croc mon projet dont le succès devient de moment en moment plus incertain. Il faut donc que je sois préparé à prendre un parti sur-le-champ, s'il avorte.

Don Luis est toujours animé pour moi des mêmes intentions; mais son espoir ne se réalise pas aussi vite qu'il le faudrait pour me décider sur ses offres. Dans ce pays-ci tout marche avec une lenteur désespérante. L'expression la plus usitée dans tous les bureaux est celle-ci, *verremos*, nous verrons; et avec ce *verremos* on n'en finit jamais.

Si je dois jeter mes vues sur un emploi à Paris, je veux que ma mère écrive à mes amis F. de L. et R...., ministre des finances. Je donne le croquis de ces deux lettres.

Si je dois rester en Espagne, je demande qu'on se prépare à la grande affaire d'obtenir des passeports et à vendre nos maisons et nos meubles.

La douane d'Agreda a intercepté tous les imprimés que renfermait ma dernière malle. Je la reçois enfin, mais avec mes ouvrages de moins, dont j'avais voulu avoir ici quelques exemplaires. Je vais en faire la réclamation officielle.

Si ces animaux savaient lire, aurais-je à prendre cette peine? Ils laissent passer les journaux les plus pestilentiels, et mes ouvrages, qui en sont l'antidote!.... La sotte chose qu'une douane inquisitoriale!.... Chut!.... je choque mes propres principes. Plaignons-nous, réclamons, mais ne blâmons pas. Hélas! il y a long-temps que si les souverains faisaient leur métier comme il faut, cette circulation de livres qui pervertissent toute l'Europe serait renfermée dans les bornes que prescrit le simple sens commun!

L'ambassade a donné aujourd'hui un dîner un peu splendide pour ne pas trop heurter les hideuses passions qui ont fait, en France, une fête publique du 21 janvier. J'ai dû y assister, je l'ai fait; mais j'ai eu la consolation de voir que tout s'y est passé avec décence. Pas un seul mot n'a été proféré sur le crime qu'on célèbre aujourd'hui à Paris par des réjouissances cannibaliennes. La tristesse, non pas la joie, a présidé à ce repas, et je m'en suis félicité.

On me rapporte que, l'an passé, le général Pérignon reçut l'ordre de donner, à pareil jour, une fête dans son hôtel. L'ambassadeur, révolté d'une telle idée, écrivit pour en démontrer l'inconvenance chez un prince Bourbon, et il eut le bonheur de faire rétracter cet ordre. Il se borna à donner un dîner comme celui d'aujourd'hui. Ce dîner fut tout aussi sérieux, tout aussi triste que celui d'où je sors. Il paraît que cela passera en coutume, et que l'étiquette sera ici de faire tristement un bon dîner à l'ambassade de France le 21 janvier.

CHAPITRE XV.

Ma famille s'augmente.

Du 26 janvier. Je reçois de ma mère une lettre qui m'annonce un grand événement attendu depuis bien du temps.

Ma femme est accouchée, le 13 janvier, d'une fille, et la mère, ainsi que l'enfant, se portent bien.

Quel sujet de joie, mais de recueillement, pour un père qui, comme moi, veut mériter ce nom si doux!

Mais comme cette joie est empoisonnée par ma position si précaire, si équivoque, et par l'état effrayant de l'Europe qui me permet si peu d'espérer d'y trouver le repos, sans lequel je ne saurais concevoir le bonheur! O ma mère! ô ma femme! ô ma fille! puissent mes pressentimens me tromper, et mon courage, que redouble ma tendresse pour vous, me faire surmonter les contrariétés qui, peut-être, sont à la veille de m'assaillir!

Ma femme et ma belle-mère ont mis chacune un mot au bas de la lettre que je reçois. Il est donc dans un coin du monde des êtres auxquels j'inspire encore de l'intérêt! ils me désirent, ils m'appellent. Eh! moi aussi, j'ai besoin de les voir, de les serrer contre mon cœur! Après les élections de germinal, je les rejoindrai si eux-mêmes ne viennent à moi, ou les obstacles qui m'en empêcheront seront insurmontables.

Je charge ma mère d'offrir mes services à MM. Kick, George Audibert, etc., auprès de la légation de France où ils ont des affaires pour lesquelles je puis aider à faire reconnaître la légitimité de leurs réclamations. Je la charge aussi de procurer au neveu de Perrochel son admission dans une des premières maisons de Marseille pour y apprendre le commerce. Je lui donne une liste des maisons auxquelles elle peut s'adresser avec la certitude qu'elles aimeront à m'obliger.

Incommodé par les pleurs d'une petite fille de mes hôtes, j'avais, depuis quelques jours, formé le dessein de me loger ailleurs. Mais un pareil motif me chasserait-il de ma maison, où il y a aussi maintenant une petite fille qui pleure? Non: si les bonnes gens chez qui je suis regardent comme un bien pour eux que je sois leur locataire, ne les en privons pas, parce qu'ils ont, comme moi, le plaisir d'avoir un enfant. Que celui-ci pleure tout à son aise, il me rappellera le mien.

CHAPITRE XVI.

Révélation étonnante.

Du 27 janvier. J'étais dans le cabinet de Perrochel où je me délassais, en attisant son feu, de la fatigue du classement des archives qui tire à sa fin, lorsqu'on est venu lui annoncer la visite d'un religieux espagnol de l'ordre de Saint-Dominique.

Le *padre* est introduit, et il a l'air embarrassé de ne pas trouver seul le chef de la légation de France. Il hésite d'abord, et il finit par déclarer qu'il désirerait parler à Perrochel en particulier.

« Est-ce pour affaires personnelles, ou pour affaires de l'ambassade? lui dit celui-ci. — C'est pour affaires de l'ambassade, répond le moine. — En ce cas, réplique Perrochel, vous pouvez parler. Le citoyen est un second moi-même. Il n'y a ici rien de caché pour lui. »

J'écoute le dominicain, qui, pendant demi-heure, explique en espagnol l'objet de sa visite.

L'aveugle Europe se plaît donc à courir d'elle-même à sa perte? si ce que le *padre* rapporte est vrai, il n'est pas une paix que la république lui arrache par ses victoires, qui ne cache une perfidie, et ne porte en elle de nouveaux germes de discorde!

Au dire du dominicain, qui ne manque pas de déclarer, d'abord, qu'il est l'ami de la révolution de France, l'Espagne, quoiqu'en guerre avec l'Angleterre, est secrètement d'accord avec le cabinet de Saint-James. L'occupation qui vient d'avoir lieu, de l'île de la Trinité par l'Angleterre, a été concertée avec le cabinet de Madrid; qui a voulu se ménager le moyen de prouver à la France que son alliance avec elle lui coûte cher, et prendre, de-là, occasion de faire avec l'Anglais une paix qui aurait pour base sa neutralité entre l'Angleterre et la France.

Voilà une conception qui fait le pendant de celle dont j'ai déjà parlé dans le chapitre V.

Où aboutira donc ce système de perfidie? Il est impossible de s'y méprendre, il aboutira nécessairement à dissuader, de toute alliance sur le continent, la France qui écrasera ses ennemis les uns après les autres; et enfin, à une révolution générale, qui ne laissera plus dans le monde un seul recoin où l'homme sage et juste puisse vivre en repos.

Et c'est au milieu de ce chaos que j'ai eu l'imprudence de devenir époux et père! . . ne nous en repentons pas; peut-être est-ce de là que mon destin a voulu qu'enfin le bonheur m'arrivât.

Au reste, ce rôle éternel d'Héraclite me pèse. On m'offre de m'introduire chez la comtesse de Galvez; allons-y. On y joue la comédie bourgeoise en Français; cela me rappellera mes anciens plaisirs.

J'en reviens à minuit, plus satisfait que je ne l'avais espéré. Le souvenir agréable de cette soirée mérite d'être conservé; le sommeil, je le sens, me fera grâce jusqu'à ce que je l'aie fixé sur ce cahier.

Ce n'est pas à la comtesse de Galvez que j'ai été présenté; tout uniment on m'a conduit dans sa salle de spectacle, qui n'est qu'une pièce très vaste, au fond de laquelle est un petit théâtre assez bien disposé. Le rideau de l'avant-scène était baissé; on ne devait commencer que dans un quart-d'heure; et la salle, pleine tout au plus aux trois quarts, laissait une circulation facile entre les banquettes à dos dont elle était garnie à droite et à gauche, séparées par une espace libre dans toute sa longueur.

J'y ai trouvé tout au plus cinq ou six connaissances, et j'ai pris place, avec le comte . . . . ., mon introducteur, sur un des siéges de la gauche.

Des dames occupaient le premier rang à droite

près de la rampe. La figure de l'une d'elles m'a frappé ; j'ai demandé son nom, et l'on m'a répondu que c'était madame d'Aguilar, qui, ayant la moitié de sa fortune en Espagne, où elle en jouissait d'une manière très honorable, et l'autre moitié en France, où elle l'avait perdue par son émigration, vivait à Madrid dans une grande aisance et dans une grande intimité avec l'ancienne vice-reine du Mexique, madame la comtesse de Galvez.

A ce nom de madame d'Aguilar, je me suis levé avec empressement, et me suis avancé vers elle, essayant de trouver une place dans son voisinage, dans l'espérance que j'en serais reconnu.

Mon bonheur a voulu qu'au second banc une place soit devenue libre derrière elle ; je m'en suis emparé ; elle s'est retournée, m'a regardé avec quelque attention, mais a repris sa conversation avec ses voisines. Je me suis alors incliné vers elle, et lui ayant adressé la parole en ces termes : « Madame la Marquise veut-elle bien me permettre de m'informer de l'état de sa santé ? » il s'en est suivi le colloque que je vais transcrire.

« Monsieur, vous êtes bien honnête, elle est très bonne, Dieu merci : mais, je vous prie, à qui ai-je l'honneur de parler ? votre figure ne m'est pas inconnue ; mais ma mémoire ne me dit pas où j'ai eu le plaisir de vous voir. — Madame, j'ai eu l'honneur de porter votre livrée... » A ces mots, un air de dédain et de confusion, accompagné d'un salut de tête qui annonçait que la conversa-devait en rester là, m'a prouvé que madame d'Aguilar voyait en moi une de ces métamorphoses que la révolution a produites, mais n'était pas flattée de l'audace avec laquelle un parvenu avait osé se produire ainsi auprès d'elle... « Comment, madame la Marquise, ai-je ajouté avant qu'elle eût achevé le mouvement qui allait faire cesser toute explication, vous avez oublié ce jour où, à la suite d'une représentation de la *Métromanie*, après y avoir joué dans votre société le rôle de *Mondor*, je restai avec votre livrée au bal qui s'ouvrit immédiatement; et où vous me fîtes l'honneur de danser avec moi en riant aux éclats de voir votre danseur sous ce costume ? — Ah! vous êtes M. de F.... — Précisément, madame la Marquise. Serai-je assez heureux pour que vous me permettiez d'avoir l'honneur de vous faire ma cour pendant mon séjour à Madrid ? — Ah! que je suis aise de vous voir! Certainement, Monsieur, vous me ferez le plus grand plaisir. Oh! vous nous venez à propos! Je vous présenterai à madame la comtesse de Galvez comme un sujet précieux pour la société. Je prétends que vous soyez des nôtres. Nous allons monter une pièce nouvelle; je veux que l'on vous y donne un rôle : j'espère que vous l'accepterez...... » La conversation a continué sur ce ton; nous nous sommes entretenus de nos amusements à Perpignan, en 1787, et j'ai promis d'aller faire demain ma révérence à cette dame, à quoi je ne manquerai pas.

A côté de moi, un jeune fat, nommé G . . . ., faisait l'aimable et l'important auprès des dames assises au premier rang. Malheureusement pour lui, il m'avait pour voisin : quelques mots à propos de ma part ont fait sourire à ses dépens, et l'ont rendu plus sage. Si jamais la plume comique peut encore occuper mes loisirs, je désire ne pas perdre le souvenir de cette scène, que je supprime ici : je pourrai en tirer parti.

CHAPITRE XVII.

Nouvelles Connaissances. — Arrivée du successeur du général Pérignon, — Lueur d'espoir.

Du 2 février 1798. On m'introduit chez madame Rib . . ., qui se trouve absente. Un Américain nous y reçoit, et me fait désirer de revenir dans cette maison. On m'y invite, je le promets; et retiré chez moi, je griffonne la fable qui suit :

LA FOURMI.

(*Voyez mon Recueil de fables*, *pag*. 8.)

Quelle est, ici, la fourmi à laquelle je donne le

de la *Mouche du coche?* Où diable ai-je été pêcher l'idée d'un tel sujet? Qu'importe! voilà une fable de plus dans mon sac.

Madame d'Aguilar voulait me présenter aujourd'hui à madame la comtesse de Galvez; je l'ai priée de trouver bon que je remette à profiter de sa complaisance jusqu'à l'arrivée de notre ambassadeur, qui est annoncée pour demain.

Du 3 février. Course avec notre consul-général, avec l'H..., et avec le baron de G..., au-devant de l'ambassadeur.

Journée gaie et agréable; exercice de cheval qui m'aura fait du bien.

Chemin faisant, un de nos compagnons a tué une allouette après avoir en vain donné la chasse à une infinité de corbeaux qui, plus fins que la pauvre mauviette, ne se laissaient pas approcher.

Cela m'a ramené à mes réflexions ordinaires sur la France, où je vois tant de dangers, dont se trouvent exempts ceux qui ont le bonheur d'en pouvoir demeurer éloignés. Rentré chez moi, j'ai écrit cette fable:

L'ALLOUETTE ET LE CORBEAU.

(*Voyez mon Recueil de fables, page* 96.)

Du 4 février. Journée d'ennui. La course d'hier m'a fatigué: elle m'a laissé des douleurs de reins et un grand mal de tête. Il y avait si long-temps que je n'étais monté à cheval!

Déjeûné chez l'H... Là, j'ai entendu discourir sur notre révolution; j'ai entendu juger des réputations qui ne m'en imposent guère, et je me suis convaincu qu'il est peu d'hommes dont les jugemens ne soient pas influencés par le succès. Tel a résisté à la révolution et y a succombé, il a eu tort: tel autre l'a servie et y a trouvé sa fortune, il a eu raison: celui-ci l'a laissée couler sans y prendre part, et il existe encore, c'est le plus sage. Voilà le langage universel. Mais changez les événemens; supposez d'autres fortuités et d'autres résultats, que deviendraient ces jugemens?

Les réflexions où cela pourrait me conduire me seraient fatigantes. Pour m'en distraire, cherchons-y le sujet d'une fable, et écrivons-la.

Ma tâche est finie: je transcris ma fable, et je vais me coucher.

LES DEUX RUSTRES ET LE DOCTEUR.

(*Voyez mon Recueil de fables, page* 109.)

Du 5. Je vais le matin visiter Perrochel (mes travaux à l'ambassade ayant cessé ou étant suspendus) pour me concerter avec lui sur le moment de mettre mon affaire sur le tapis.

Je trouve chez lui le nouvel ambassadeur, qui me reconnaît comme un des Français qui ont été à sa rencontre. Je lui suis annoncé comme recommandé par le ministre. Il me renvoie à quelques jours pour s'entretenir avec moi de ce qui m'intéresse.

De-là, je passe chez l'H... Nous allons nous promener au Prado, où il me fait des confidences assez sérieuses, et surtout très singulières pour moi. En rentrant en ville, il veut voir un appartement que lui a indiqué le *Diario*. Je l'accompagne; et comme il est trop considérable pour lui seul, j'accepte sa proposition de le louer en commun et de m'y loger avec lui. J'y fais transporter mes malles le jour même.

Rien de si inopiné que ce déménagement. Qui m'eût dit, à mon lever, que je ne coucherais plus dans le même lit, m'eût donné à rêver, car je n'en avais pas la moindre idée; cependant me voilà ayant pris congé de mes hôtes, auxquels, par ménagement, j'ai fait croire que je partais pour Aranjuès; et je me trouve logé chez un abbé K..., qui, mon contemporain à Paris, il y a quinze mois, y amusait avec ce qu'il appelle l'instrument du Parnasse, les badauds du taudis littéraire qui, sous le nom de Lycée des arts, se donne une si burlesque importance au milieu du Palais-Royal.

Cet abbé a avec lui une nièce jeune, robuste, à formes dures et prononcées, laquelle serait peut-être passablement jolie sans des yeux tournés, qui ajoutent au ridicule de ses prétentions musicales, assez d'accord avec celles du plus que médiocre abbé, lequel, avant de conclure, a voulu absolument nous faire entendre sa nièce et lui, espérant sans doute donner par-là plus de prix à son appartement.

La jeune musicienne est douce, douce!.... elle essayait de fixer sur moi des yeux provocateurs!... Que m'importe! assurément je ne manquerai pas à ma femme pour cette petite mais épaisse personne, qui n'a pour beauté que sa jeunesse, pour innocence que sa bêtise, pour talent que sa crédulité aux talens et aux éloges de l'abbé.

Je dîne, par invitation, avec M. Lat..., armateur de La Rochelle M. Pag..., armateur à St.-Jean-de-Luz, et le capitaine corse Sc... Me voilà bien lancé au milieu des plus grands patriotes ! car, le dernier surtout!... Ma foi, pour ce que j'ai gagné à bêler parmi les moutons, je puis bien me donner le passe-temps de vivre parfois avec les loups. Je ne hurlerai pas, comme eux, car ce serait m'y prendre un peu tard ; mais je les laisserai hurler, puisqu'aussi bien ils le feraient, que je voulusse ou non les forcer à se taire.

Du 6. Dîné avec les mêmes personnages qu'hier, il m'a été impossible de m'en défendre. Achevé ma journée chez notre consul-général, où j'ai perdu au jeu dix *duros*. Quel insipide passe-temps ! c'est acheter cher de l'ennui.

Du 7. Mes réflexions d'avant-hier m'ont suggéré une fable, que j'ai presque composée avant de me lever, je la termine, et la transcris dans ces mémoires.

LE LOUP ET LE CHIEN.

(*Voyez mon recueil de fables, page* 124.)

Perrochel m'envoie un appel pressant. Je vais chez lui de suite. Il me prie de lui faire un travail dont il a besoin sur-le-champ. Il m'annonce que je pourrai continuer, comme par le passé, et le suivre, ainsi que l'ambassadeur, à Aranjuès, où ils se rendront dans quelques jours. Ce travail fini, il me présente au général comme le collaborateur officieux de la légation. J'en suis bien accueilli, et déjà je commence à croire que je retrouverai en lui la bonne volonté de son prédécesseur.

Cependant ayant resté quelque temps dans son salon, sans me mêler à la conversation, ou m'observant assez pour n'y placer que des monosyllabes, je n'ai trop su que penser de ce que je vais recueillir.

On lui a parlé de l'extrême lenteur qu'éprouvaient les affaires à la cour d'Espagne ; il a répondu qu'en France cela n'allait guère mieux, et, là-dessus, se plaignant de notre administration intérieure, il a laissé échapper cette exclamation qui m'a frappé : « si l'on ne devait pas espérer que cela changera bientôt, il ne resterait plus d'autre ressource aux patriotes que de se brûler la cervelle. »

On me remet mes lettres de France ; je rentre chez moi pour préparer mon départ pour Aranjuès.

CHAPITRE XVIII.

Disgrâce imprévue.

Du 8 février 1818. En arrivant à l'ambassade, j'ai trouvé Perrochel et l'ambassadeur préparant leur départ pour Aranjuès. Il aura lieu demain matin. Le général a pressé Perrochel de lui remettre enfin *cette lettre dont il lui avait parlé.* Perrochel est sorti pour aller la chercher, et m'a fait signe de le suivre.

Arrivé dans son cabinet, il m'a dit que cette lettre, qu'il ne retrouvait plus, était celle du ministre qui m'avait recommandé à l'ambassade, et que l'ambassadeur la redemandait, pour en comparer le style à celles qu'il avait reçues hier à mon occasion.

On l'invitait, par celles-ci, à se tenir en garde contre moi. Le général n'a pas voulu les lui montrer, et n'en a pas dit davantage; mais, d'après cela, il est clair que je ne dois pas le suivre à Aranjuès, et qu'il faut attendre un éclaircissement.

C'est le contre-coup naturel qu'ont dû avoir les faux rapports que les espions du Directoire, dont Guyonnet m'a parlé, lui ont sans doute faits sur mon compte peu de jours après mon arrivée ici.

Ce fâcheux incident dérange furieusement mes plans, et peut renvoyer mes projets aux calendes grecques, surtout s'il faut que je me justifie à Paris, et que j'en attende une réponse.

Quel parti prendre en cette circonstance? Ma foi mon génie est à bout! Attendons encore quelque temps les réponses qui me sont dues de France, peut-être F. . . de L. . . ou Pat... me fourniront-ils des idées. J'en ai besoin, car ma tête est vide, et ne sait plus choisir entre rejoindre ma femme à Marseille, pour y reprendre mes affaires; retourner à Paris, pour y obtenir un emploi; me fixer ici, en y attirant ma famille, avec les faibles débris d'une fortune si long-temps, si souvent, si cruellement ballotée, etc.

Pour surcroît d'embarras, dans l'incertitude où je suis, ma délicatesse veut que je m'abstienne de continuer de faire usage de mon crédit sur Barthélemy frères, et j'ai engagé pour trois mois les fonds qui m'auraient suffi pour retourner en France, si c'est par-là que doit finir ce malheureux roman.

Ajoutons à cela qu'il me faut dévorer seul des chagrins si poignants. Fils, frère, époux, père tendre et sensible, ma famille souffrira nécessairement des malheurs dont je suis menacé; et mon courage semble vouloir m'abandonner!... Espérons qu'il se relèvera, et faisons ici bonne contenance.

Pour déguiser l'humeur qui perce dans mes traits, et afin d'expliquer pourquoi je ne suis pas du voyage d'Aranjuès, comme cela était annoncé à tout ce qui fréquente l'ambassade, j'en ai supposé une cause indirecte que j'ai eu l'air de confier à Lh.... et au Baron de G...., qui en ont conçu de l'inquiétude pour eux-mêmes.

À quoi faut-il que j'aie recours! Moi, le plus franc des hommes, il me faut user de dissimulation pour voiler mes chagrins et cacher ma disgrâce à l'ambassade, que personne encore ne soupçonne, mais que va dévoiler mon séjour à Madrid, ce qui me fera perdre le relief que m'a donné mon assiduité auprès d'elle.

Pour ajouter à ce malheur, c'est de France que le coup part! Quel moyen d'y porter remède, quand j'ignore la main qui me frappe, et le crime chimérique qu'on m'impute? Dans cette complication de mésaventures, il y a de quoi devenir fou. Si quelqu'événement imprévu ne vient à mon secours, je ne puis en prévoir l'issue.

J'écris à Fam.... à la Corogne, lui annonçant

que je ne puis plus rien pour son affaire, qui restera au croc s'il ne se hâte pas de venir en personne à Madrid. Je l'invite à ne pas perdre un moment, s'il veut m'y trouver à son arrivée.

Du 9. Les dangers de ma rentrée en France se démontrent plus que jamais à mes yeux, par les lettres que l'ambassadeur a reçues. L'idée de rester émigré ne m'effraye plus comme il y a un mois. C'est ce qui m'a dicté ce matin la fable suivante.

LES FOURMIS.

(*Voyez mon recueil de fables*, *page* 93.)

Ces compositions fugitives sont pour moi d'un bien grand secours ! par elles seules je suspens mes chagrins, et je retrempe les forces de mon âme.

Je me sens aujourd'hui moins abattu qu'hier; j'envisage sans crainte l'idée de quitter à jamais mon ingrate patrie, et, malgré mes faibles moyens, d'attirer près de moi ma mère, ma femme et ma fille. Peut-être, d'ici à leur arrivée, don Luis de Biguri... Ce bon ami me parlait hier encore de ses desseins sur moi... Ah! je n'y mettrai nul obstacle, si tout ceci ne change pas!

Il est trop évident que je dois cultiver une si précieuse ressource. Revenir en France serait folie. Si, à Madrid, je fais ombrage à nos tyrans, que serait-ce à Paris ? quels y seraient les garans de ma sûreté ?

Peut-être est-ce une fable que ces lettres reçues par l'ambassadeur, et celui-ci prend-il cette tournure pour m'éconduire, ne m'ayant pas trouvé à sa hauteur dans les conversations que j'ai eues avec lui depuis son arrivée. . . Raison de plus pour quitter le rôle pénible où j'ai été forcé de me condamner jusqu'ici. J'ai beau faire, je puis subir la république, puisqu'elle existe ; mais me déclarer son amant ! mais adopter le langage acerbe de ses créateurs ! non, je ne saurais m'y résoudre, ni soutenir ce personnage. Si les républicains ne veulent laisser en paix que leurs pareils, fuyons-les, il y a trop de danger pour moi à vivre en liaison avec eux. Qu'un seul instant, pour m'éprouver, ils affectent un peu de sagesse, les contredire ne sera pas en ma puissance, et je me verrai pris au piége. Je crains que cela ne me soit déjà arrivé une ou deux fois avec l'ambassadeur. . . . Lundi prochain, c'est décidé, j'écrirai à ma mère et à ma femme pour préparer leur arrivée ici.

Ajoutons à mes opuscules la fable que vient de m'inspirer ce qui précède.

LE MOUTON TRAVESTI.

(*Voyez mon recueil de fables, page* 98.)

CHAPITRE XIX.

Distractions de divers genres.

Du 12 février 1798. Dévoré d'ennui, n'ayant plus pour ressource d'aller passer tous mes momens oisifs à l'ambassade, blasé sur les jouissances de la société que je fréquente, ou plutôt, fatigué peut-être des comparaisons que j'y fais, malgré moi, de ma situation avec celle de tous ceux que j'y vois, je cherche à me distraire en me repliant sur moi-même. Madame d'Aguilar a promis de me procurer Raynal, ouvrage que je n'estime pas, mais où je veux relire encore un sujet dramatique, dont je me rappelle que j'ai autrefois conçu l'idée. Ne fît-il que tromper mes peines, ce travail de quelqu'haleine me donnera le temps d'attendre des lettres de Marseille et de Paris, sans me tourmenter d'impatience.

J'écris à ma femme et à ma mère. Je veux qu'on me rappelle à Marseille pour peu qu'il y ait pour moi la moindre possibilité de retour, ou qu'on vienne me joindre le plus tôt possible, et, dans ce dernier cas, j'ordonne la vente de tout ce que nous possédons et dont le produit me donnera le moyen d'essayer, ici ou ailleurs, de gagner ma vie honorablement, ou de suivre Don Luis sans lui être à charge.

Du 14. Déjeuné chez le comte Mora. Conversation animée de la part d'un espagnol qu'il m'a fallu écouter sans répondre, pour plus d'une raison. Inclinant à croire que je n'ai plus rien à ménager et que je n'obtiendrai rien de l'ambassade, j'ai été tenté dix fois de rétorquer les pitoyables argumens de cet illuminé; cependant je me suis contenu et l'ai laissé aller tout à son aise sans proférer un mot. En me quittant, il m'a serré la main en signe d'amitié, s'écriant qu'une *conférence* de ce genre (lui seul en avait fait les frais) soulageait le cœur et la tête.

Sans parler de ce que je pourrais dire du sujet de cette *conférence*, voilà bien une preuve que le bon moyen de faire que les autres soient contens de nous, c'est de tâcher qu'ils nous quittent contens d'eux-mêmes. Le comte Mora, homme affable et d'une aimable simplicité dans ses manières, me fait promettre de le visiter souvent, et accepte de venir dîner un jour avec moi chez L'h.., que je dois lui présenter demain. Promenade à cheval avec ce dernier.

Du 15. La marquise d'Aguilar m'annonce que madame de Galvez m'a assigné un rôle dans *Clémentine et Désormes*; je l'accepte et me mettrai à l'étude dès qu'il me sera désigné: ce sera une singularité de plus dans ma position.

Du 16. Je vais à Aranjuès, et vérifie avec Perrochel ce que c'est que la lettre reçue par l'ambassadeur à mon égard. Elle est du ministre Talleyrand, qui lui mande, par ordre de l'oncle de ma femme, qu'il doit me surveiller et se défier de mes intrigues, me faisant passer faussement pour parent de ce directeur.

Il est assez plaisant que l'on me qualifie ainsi! Je suis en effet un intrigant d'espèce rare, et l'on a bonne grâce à me dénier cette parenté, qu'il est heureux que je n'aie pas connue lorsque j'épousai ma Virginie, parenté dont je suis peu tenté de me vanter, et qu'ici tout le monde eût ignorée sans le commissaire Biguri!

Quoi qu'il en soit, l'ambassadeur ne peut plus me voir d'après cette lettre; il me le fait déclarer par Perrochel, qui accompagne cette déclaration de tous les ménagemens possibles, et qui lui-même m'engage à taire cet incident fâcheux, à quoi certainement je ne manquerai pas, et me fait en outre espérer que cela n'empêchera pas qu'on ne fasse marcher mon affaire. J'écrirai lundi à Paris pour tâcher de me ramener au même point où j'étais en arrivant ici. Les réponses que j'en recevrai régleront ma conduite.

Du 17. Visite à madame de Galvès au retour d'Aranjuès. Reproche obligeant de ce que je la vois si rarement. C'est une dame de 35 ans, d'une figure très agréable et que ne dépare pas un gros embonpoint. Son enjouement, la tournure de son esprit, son accent pur et son style fleuri pour la conversation que, quoique espagnole, elle soutient parfaitement, en très bon français, doivent m'engager à ne plus mériter le reproche qu'elle m'a fait. Elle doit m'envoyer demain la pièce où elle m'a donné un rôle : il faut tâcher de faire ma partie en homme de cœur.

Du 18. Remis de la part de mon ami Jauberton, de Paris, la lettre de recommandation que j'en ai reçue pour M. Ortega, médecin comme lui, membre de l'Académie royale, et professeur au jardin des plantes. Accueil très distingué, dont profite l'H.... qui m'accompagne. Nous sommes l'un et l'autre pris pour des savans et traités comme tels.

L'académicien nous montre dans l'esprit de vin, une végétation inconnue qui lui est arrivée la veille du Mexique, et qui semble, dit-il, faire classe, genre et espèce à part. C'est une fructification oblongue et plate, surmontée ou plutôt recouverte au-dessous de la tige, par une continuation qui part de la tige même et se termine en forme de main, dont les cinq doigts, ouverts et courbés comme pour la saisir ou la défendre, ont des phalanges à-peu-près disposées comme celles de l'homme, et ont chacun une espèce de griffe. Ces fruits appartiennent à un arbre récemment découvert, auquel on a donné en Amérique le nom de *el arbol de las manitas*, l'arbre des petites mains.

Cet arbre, dont on ignore encore les propriétés, a été transplanté dans les jardins du vice-roi, et il y prospère. C'est une acquisition pour la botanique contemplative, en attendant qu'elle tourne au profit de la botanique usuelle.

M. Ortega nous a montré encore un envoi qui lui a été fait pour un français à lui recommandé. Cet envoi n'a rien de remarquable, mais je dois noter son objet.

Ce français, ayant connu ces brocs ou cruches qu'on fabrique en Espagne, et dans lesquels, au milieu des plus grandes chaleurs, l'eau que l'on y renferme acquiert en un moment une grande fraîcheur, a désiré connaître l'espèce de terre dont on les compose, pour essayer de les naturaliser en France.

C'est de cette terre que se trouve rempli le panier que le professeur nous a montré.

Elle n'a rien de particulier. C'est une glaise commune et telle que j'en ai vu en grandes masses en Languedoc, surtout dans les terres qu'arrose le canal Riquet.

Tout l'art du potier, pour donner aux cruches dont il s'agit la propriété dont j'ai parlé, consiste dans une addition de sel qu'il fait à cette glaise avant de la mettre en œuvre.

A un quintal de glaise, on ajoute quatre à cinq livres de sel muriatique ou commun, on noye ce mélange dans une grande quantité d'eau, on le réduit par l'évaporation, à une consistance suffisante, et on manipule au rouet cette pâte sans autre préparation. Voilà tout le secret.

Le panier adressé à M. Ortega, était divisé en deux parties, dont l'une contenait la glaise naturelle, l'autre la même glaise préparée suivant le procédé ci-dessus.

Je n'y ai remarqué aucune différence, ni à l'œil ni au tact, avec ce qu'on peut voir dans une poterie de France ou d'ailleurs.

Cette visite finie, l'H..., voyant que je ne suis ni indifférent ni tout-à-fait ignorant sur ce qui concerne les arts qui s'appliquent à la connaissance de la nature, m'offre de faire avec lui un cours de l'histoire naturelle des pierres, dont il a, me dit-il, une grande connaissance.

Il a inventé le moyen de teindre à fond les pierres dures, telles que le silex qui, susceptible d'un beau poli, peut imiter parfaitement le lapis-lazuli. Il veut tirer parti de cette découverte, et il me propose de l'accompagner, dans quelque temps, à dix lieues de Madrid, chez un chimiste de sa connaissance, devant lequel il doit faire ses expériences en grand.

Je ne refuse ni n'accepte; j'ai bien peur que ce ne soit-là une manie dont mon ami serait affecté. Si le voyage ne se fait pas à mes frais, car je ne puis me permettre aujourd'hui la moindre dépense de pure fantaisie, il est possible que j'en sois, et je pense que cela est assez probable; mon compagnon d'appartement a beaucoup d'argent et n'en est pas avare; je dois savoir gré au hasard qui nous a réunis. Pour justifier cette gratitude, laissons-le raconter lui-même son histoire, telle que je l'ai recueillie dans plusieurs conversations où il m'a initié dans tous ses projets, auxquels il me témoigne journellement le désir que je ne reste pas étranger, ce qui me paraît fort éventuel.

CHAPITRE XX.

Histoire de l'H....

« Je suis né gentilhomme. J'ai de tout temps fait peu de cas de cet avantage, qui cependant, avant la révolution, était bien quelque chose.

J'ai été garde-marine, ensuite officier d'administration, ayant calculé que je ferais plus vite mon chemin dans cette carrière que dans l'autre.

La révolution changea ma destinée, et je ne fus plus rien.

Long-temps je lui fus opposé : je me trouvai à l'affaire du 10 août dans les Tuileries. Je manquai y perdre la vie parce que, comme vous savez, le roi ne voulut pas que nous écrasassions ses ennemis, comme nous l'aurions fait, s'il n'eût pas reculé devant son devoir.

Ce fut une leçon pour moi; je me détachai de ma folle passion et je me jetai dans la nullité.

Par la suite, je conçus que, dans des temps tels que le nôtre, c'était pure sottise que de s'immoler à ses préjugés, et de servir, souvent malgré eux, des ingrats, et je reconnus qu'il y avait folie à demeurer mouton quand les loups règnent.

D'après ce calcul bien simple, je me fis loup.

Je me mis à la suite de l'armée d'Italie. Buonaparte s'éloignant toujours plus de nos frontières, à mesure que ses victoires chassaient l'ennemi devant lui, sentit, en habile homme, qu'il devait assurer ses derrières. Il me chargea, avec quelques autres, de municipaliser le Milanais; et c'est à moi et à mes collègues que la république cisalpine doit son existence.

Là, j'ai appris à manier le peuple, et j'ai vu que, pour se rendre maître de cet animal dangereux, il suffit de n'en pas avoir peur.

Je fus chargé ensuite de municipaliser les états du Roi de Sardaigne; mais je m'y refusai en motivant ma résistance, qui fut approuvée; et ce refus a peut-être, lui seul, conservé un trône qu'un souffle de démocratie eût alors renversé en un jour.

Je ne vous ferai pas l'histoire de nos travaux révolutionnaires, dont le succès a été si complet;

il me suffira de vous dire que j'ai empêché la révolution d'Italie d'être sanglante et spoliatrice, comme elle l'eût été si on en eût abandonné la direction à quelques Italiens exaltés, qui voulaient qu'on les laissât faire, ou à quelques-uns de nos vrais jacobins, que j'eus le crédit d'écarter.

Je m'attachai surtout à empêcher les émigrations, et à conférer les places populaires à ceux qui, sous l'ancien gouvernement, avaient eu part à son action. Par ce moyen, je rendis ces individus esclaves de l'ordre nouveau qu'ils contribuaient à établir, et je pus, sans secousse, donner peu à peu des patriotes pour successseurs à ceux qui ne remplissaient pas leurs fonctions assez franchement.

Cependant je ne m'oubliai point, imitant en cela mes collègues qui, dans ce mouvement, cherchèrent et trouvèrent un moyen de fortune.

La révolution avait détruit la mienne en France; elle la rétablit en Italie, d'où je suis venu dans cette capitale avec un peu plus de trois cent mille fr. en argent comptant.

Pour ma part, je ne songe plus à retourner en France, d'où le repos me paraît banni pour long-temps. Mon projet même est de quitter l'Europe, où je ne vois que des germes de trouble. Ses souverains n'ont pas su s'entendre pour étouffer la révolution; ils ont cherché à y trouver chacun leurs avantages personnels, au lieu de s'unir de bonne foi aux royalistes français pour les aider en simples auxiliaires, sans aucune arrière-pensée, ou du moins sans se démasquer, comme l'Autriche le fit à Condé et à Valenciennes: ils en seront punis. La révolution finira par les dévorer. Tel est le sort inévitable de quiconque joue avec elle et tâtonne pour la réprimer.

Mon dessein est de gagner les États-Unis, où je pourrai faire un établissement avantageux avec le fruit de ma campagne en Italie. Cependant, je diffère encore, ayant l'espoir d'accroître ma fortune dans deux ou trois circonstances que je ne crois pas devoir laisser échapper.

La France menace le Portugal. Ség...., commissaire du gouvernement, va arriver ici sous quelques jours, ayant déjà fait disposer ses relais de Bayonne à Madrid; il est chargé sans doute d'une mission relative à cet objet. Si l'invasion de ce royaume a lieu, je veux faire en sorte d'être employé dans l'administration de l'armée, ce qui peut me procurer un second coup de filet qui n'est pas à dédaigner.

D'un autre côté, l'ambassadeur cisalpin, que j'ai fait ce qu'il est, et auquel j'ai sauvé la vie en Italie, m'étant entièrement dévoué, me permet de faire venir à son adresse des tabacs de France, moyennant un quart que je lui donnerai sur mes bénéfices, qui seront on ne peut pas plus considérables; en attendant mieux, je vais mettre en train cette opération.

Si vous m'en croyez, nous ne nous quitterons plus; vous coopérerez à tout ce que je ferai jusqu'au départ pour les États-Unis, et vous m'y suivrez avec toute votre famille, que je regarderai comme la mienne. »

J'ai remercié l'H...; et sans rien refuser, je n'ai rien accepté. Il ne faut pas que j'oublie que je suis ici pour une compagnie qui m'a confié des intérêts que je ne dois abandonner qu'à la dernière extrémité. Les lettres de France qui m'arriveront d'ici à un mois, me serviront de règle.

En attendant, outre mes fréquentations de l'après-midi ou des soirées, qui sont toujours remplies, je passe mon temps à jouer aux échecs ou au trictrac avec l'H..., avec un des aides-de-camp du général Pérignon, M..., avec M. de St.-Fel..., officier français au service d'Espagne, et avec le baron de G...., qui s'est fait au trictrac une rente sur moi de 4 ou 5 fr. par jour. Il est impossible d'imaginer des dés plus heureux que les siens, et plus détestables que les miens, quand nous jouons ensemble. Si cela continue, il me faudra renoncer à faire sa partie. Je ne fus jamais sensible à la perte, et tout le monde avoua de tout temps qu'il n'est pas de joueur plus égal, plus paisible, plus indifférent même que je ne le suis, heureux ou malheureux; mais toujours, toujours être maltraité par le sort, à la longue cela fatigue; d'ailleurs j'ai besoin de borner ma perte, et s'il n'y a pas de temps en temps compensation, le plaisir du jeu me reviendrait trop cher.

L'H... à part, notons le caractère de ceux que je viens de nommer et qui ne manquent pas un de nos déjeuners, ce qui fait que, depuis dix heures du matin jusqu'à deux heures après midi, nous ne nous quittons plus, et que ma chambre ou celle de l'H... ont l'air d'une académie de jeu.

Le premier me paraît un sournois qui a su ferrer sa mule et qui fait le pauvre par politique; je conçois que, prêt à rentrer en France avec son général, il ne serait pas fâché que quelque événement l'en détournât, et qu'il n'a pas grande idée du bonheur dont on peut jouir dans ce pays de révolution. Auprès du général Pérignon, on n'est pas dans l'atmosphère des fumées révolutionnaires.

Le second courtise l'H..., chez lequel il a son couvert, et où l'on fait une chère excellente, dont moi-même, lorsque j'y dîne, je suis très content pour mes 72 fr. par mois, absent ou présent. Il ne pousse pas ses vues plus loin que de profiter de cette aubaine tant que son amphitrion restera à Madrid.

Le troisième affiche le jacobinisme avec les jacobins, le royalisme avec les royalistes, et trompe d'autres yeux que les miens qui ont su appliquer, d'une manière sûre, les instructions que Guyonnet me donna pour ainsi dire au débotté. Il fait un brocantage, une espèce de commerce (je n'ose pas dire d'usure) qui le défraye de son séjour ici.

Au surplus, comme le seul désir d'échapper à l'ennui solennel qui semble avoir choisi Madrid pour la capitale de son empire, les attire chez nous, nos réunions sont très agréables : il ne m'en faut pas davantage.

On ignore encore ma disgrâce à l'ambassade. J'avais craint qu'elle ne se décélât par cela seul que je ne l'ai pas suivie à Aranjuès; mais L'h..., tout ce qui l'entoure, et toutes les personnes avec lesquelles je suis en relation, considèrent l'ambassadeur comme un homme très dur, qui peut-être ne voudra pas qu'un étranger à la légation continue d'en aider le travail. Il en résulte que ma position demeure la même, et qu'il me reste le relief que m'avait donné mon intimité avec Perrochel, par le canal duquel on me croit encore en état de rendre service à mes amis. C'est à cette idée que je dus les confidences que je reçus de l'H... le 5 de ce mois. Il craignait que l'ambassadeur n'eût ordre de l'inquiéter, au sujet de ses petits profits en Italie; il me fut aisé de me convaincre, et de l'assurer que cette crainte était sans fondement.

CHAPITRE XXI.

Nouveaux incidens, nouveaux points de vue. — Arrivée d'un personnage qui va tout brouiller à Madrid.

Du 19. Don Louis de Biguri vient dîner avec moi. Il a reçu du commissaire extraordinaire Seg... une lettre qui lui annonce son arrivée. Il pense qu'il pourra me servir pour mon affaire plus utilement que l'ambassadeur lui-même, et il promet de me présenter à lui dès qu'il sera ici. Serait-ce là une planche de salut que m'aurait réservée la fortune ? Ma foi j'ai bien besoin qu'elle s'occupe enfin d'adoucir ma situation.

L'aide-de-camp de Buonaparte avec lequel j'ai dîné le 5 janvier chez le général Pérignon, est parent de L'h... Celui-ci me fait remarquer que ses visites se sont ralenties depuis que je suis avec lui. St.-F..., présent à cette observation, nous rapporte tenir de la bouche même de ce militaire, qu'il voit avec peine mes liaisons avec son parent. Celui-ci ne fait que rire de cette boutade. C'est une singulière chose qu'une révolution! Que de nuances souvent presque imperceptibles rapprochent ou divisent les hommes! Que diable ai-je donc fait à cet aide-de-camp! Comme le fait L'h..., moquons-nous dé sa bizarrerie.

Voilà qu'à Marseille on commence à me tracasser! On menace de mettre le séquestre sur mes biens. Ma femme me demande des pièces pour prouver que je ne suis point émigré. Je les lui envoie, et, convaincu, par cela même, de la nécessité de couper court par la racine à toute persécution présente ou future, je confirme d'une manière impérative l'ordre de vendre mes maisons et mes meubles.

Mon frère m'écrit qu'il prospère dans la place que je lui ai procurée. Il vient de faire à sa femme et à ma mère un envoi d'argent, afin, me dit-il, d'égayer leur carnaval. Voilà du moins pour moi un sujet de consolation.

F. de L.... m'envoie un extrait en forme du procès-verbal du conseil des Cinq-Cents, séance du 13 pluviôse, où ce conseil a accepté l'hommage de mon hymne *à la Vengeance.* Cette pièce, que je n'attendais pas, jette de la poudre aux yeux de ceux qui m'entourent. Quel mélange singulier de sérieux, de comique, vient s'entasser dans ce journal !

Cet ami ne peut rien faire pour moi tant que je suis absent; mais il ne doute pas qu'il lui sera facile, réuni à mes autres amis, de me placer selon mes vues lorsque je serai à Paris. Il m'y reverra avec le plus grand plaisir, m'assure que j'y puis reparaître sans crainte, et n'agira qu'à mon retour.

Du 20. M. de Vil..., officier espagnol, ami de notre révolution, mais heureusement, ce qui lui fait un peu plus d'honneur, plus encore de la comtesse Galvez, chez laquelle il est logé, m'envoye, de la part de cette aimable dame, *Clémentine et Désormes*, et un billet pour aller la joindre ce soir au bal de M. le marquis de Castro Forte. L'h... en reçoit un pareil.

Du 21. Je ne sors pas d'aujourd'hui et passe la soirée chez moi, voulant me coucher de bonne heure; mon exemple gagne mon compagnon, il me voit faisant des recueils, il se met à écrire plusieurs de ses chansons qu'il n'avait que dans sa mémoire.

Ce garçon-là a des talens et de l'instruction. Il parle le latin dans la perfection, et il vous récite à volonté les beaux passages des meilleurs auteurs. Il y a donc pour moi agrément et utilité dans notre liaison, que mon caractère égal, simple, facile, et aussi, dit-il, mes poésies, lui rendent fort agréable.

Du 22. Je reçois de la Corogne une lettre de Fam... Je la communique à L'h... Celui-ci n'est pas éloigné de suivre le conseil que je lui donne de fournir aux frais de la mise en valeur des terres immenses, mais vierges encore, que Fam... possède en Amérique, où il se transporterait avec le propriétaire, et où je le suivrais avec ma famille. Mais il est à souhaiter qu'il prenne promptement un parti, sans quoi il est fort à craindre qu'il ne voye plus tôt qu'il ne le croit la fin de ses espèces. Aucune dépense ne le rebute. Il veut tout avoir, bonne table, laquais, chevaux, maîtresse. Ce matin il a arrêté, pour lui servir de majordome, une bordelaise qui, au premier mot, a accepté le marché de partager son lit. Ce ne peut être qu'une coureuse, puisque, pour 50 réaux par mois, elle se livre sans plus de façon au premier venu.

Elle espère sans doute accroître ce salaire par des tours de main. Je veux rendre à mon ami le service de lui éviter d'être volé. A son insu, je veillerai pour lui, et j'attendrai que cette fantaisie l'ennuie pour lui donner des conseils qu'il ne suivrait pas aujourd'hui.

Au reste, si ce n'est pas un vain projet que notre départ pour l'Amérique (don Luis en est encore au même point que le premier jour de son arrivée, il faut bien jeter mes vues ailleurs), je veux le hâter autant que je pourrai, car mon homme, en voulant courir après de nouveaux profits, pourrait fort bien ressembler à ce chien qui lâcha sa proie pour en attraper l'ombre; et alors, adieu nos projets.

Du 27. Mes fonds s'écoulent insensiblement: si mon séjour ici se prolongeait encore un mois, il me serait impossible de ne pas user encore une fois de mon crédit sur Barthélemy frères. Modérons-nous et supprimons le jeu pour éviter cette nécessité, les neuf cents francs que j'ai à reprendre chez le chapelier G... devant suffire, et au-delà, aux frais de mon retour en France si, dans un mois, mon affaire n'est pas en train, ou si, soit don Luis, soit L'h..., ne sont pas près de cingler vers l'Amérique.

Il faut un tems de révolution et un ébranlement comme celui qu'a causé le 18 fructidor, pour concevoir un état d'incertitude comme celui où je me trouve.

Comment se peut-il que je conserve ma gaîté et que je songe à jouer la comédie dans une telle situation? Il n'y a pas à rire je crois dans ce qui m'est arrivé depuis un mois et demi... Cependant, heureux effet de mon caractère! je ne suis pas véritablement abattu. Nul ne peut remarquer ce qui se passe en moi, quoique je ne m'occupe pas de le dissimuler, et je puis faire diversion aux bouffées de tristesse qui parfois me saisissent, en rimant quelques fables dont les sujets me sont fournis par mes observations de la journée.

L'acharnement avec lequel on tourmente ces misérables émigrés, tandis qu'avec moins d'aveuglement et plus de sagesse il serait si aisé de les employer d'une manière utile sans qu'ils pussent devenir dangereux, m'a, par exemple aujourd'hui, dicté la fable suivante, où l'héritier peut être comparé au gouvernement républicain, héritier de la monarchie dont aucun des débris ne devrait être dédaigné, si nos gouvernans étaient animés d'un véritable patriotisme. Écrivons ma fable, et demandons à mon chevet ses bienfaits accoutumés.

L'HÉRITAGE DE VERRE.

L'h... trouve cette fable mauvaise, je la supprime et n'y pense plus.

Du 28. Je sais mon rôle imperturbablement; me voilà donc prêt pour une première répétition qui aura lieu après-demain chez madame de Galvez.

Du 2 mars 1798. J'ai fait merveille à la répétition. Courage! je soutiendrai, je l'espère, la réputation que m'a faite madame d'Aguilar.

Du 5. Écrit à ma femme. Plaintes fondées des reproches qu'elle m'adresse. Exprimé ma crainte qu'il n'existe entre elle et ma mère des froideurs que sa dernière lettre me fait pressentir. Renouvelé l'ordre de vendre tout ce que nous avons en France et de venir me joindre ici.

Je propose à A..., entre lui à Paris et moi à Madrid, un plan de mouvement de banque qui peut nous conduire fort loin, s'il entre dans mes vues.

L'h..., qui était sorti pendant que je faisais mes lettres, rentre et me donne le regret de ne pouvoir les retirer, la dernière surtout, de la poste où je viens de les envoyer.

Ség... est arrivé hier soir. Il a fait appeler Perrochel, avec lequel il a conféré jusqu'à minuit, et il est parti ce matin pour Aranjués, sans avoir paru à l'ambassade. L'ambassadeur en est furieux. Il a témoigné à Perrochel son humeur qui s'étend jusqu'à moi, à cause de mes liaisons avec ce secrétaire de la légation. Le consul général vient d'informer L'h...que l'ambassadeur a fait éclater publiquement sa haine injuste contre moi; il l'a prié, en conséquence, de m'engager à m'abstenir, pendant cet orage, d'aller au consulat. Il craint même que ma co-habitation avec L'h... ne puisse nuire à celui-ci, et il l'engage à y réfléchir...

Que puis-je contre cette nouvelle tempête? la supporter avec courage, toute accablante qu'elle est, puisqu'il n'est pas en mon pouvoir de la conjurer.

J'écris à l'ambassadeur la lettre qui suit, où se trouve rappelé le prétexte dont il colore la déclaration qu'il a faite, que, loin de seconder mes projets, il agirait pour les faire échouer :

» Citoyen Ambassadeur,

» Je me flattais que si une calomnie avait provoqué l'invitation que vous avez reçue de me surveiller en cette capitale, mes ennemis cachés n'auraient retiré de leur lâcheté d'autre fruit que de voir porter à faux les traits qu'ils m'ont lancés ; car ma conduite, exempte de reproches, n'a rien à redouter d'aucune espèce de surveillance.

» J'apprends cependant que vous avez fait éclater publiquement de l'animadversion contre moi, et qu'un rapport infidèle qui vous a été fait en est la cause.

» Dans tout cela, je n'ai qu'un malheur, c'est de ne pas vous être assez connu ; sans cela, vous me rendriez toute justice.

» Je ne dois pas laisser sans désaveu ce qui vous a justement irrité.

» On a mal rendu une conversation où, pour ne pas dévoiler moi-même la position où me laissa vis-à-vis de vous votre départ pour Aranjuès, sans que j'eusse l'honneur de vous y suivre, j'ai dit, en parlant de l'objet qui m'a amené à Madrid, que je ne comptais point m'en occuper de suite, persuadé que les affaires particulières ne seraient point votre première occupation, et que je ne voulais point vous être importun dès le début de votre importante mission.

» Un propos aussi simple, qui n'a eu que moi pour objet, peut-il vous offenser ? Je m'en accuse et m'en blâme moi-même, si vous en jugez ainsi.

» Mais si on l'a envenimé, si on y a ajouté un mot de plus, j'en appelle à votre justice, et je vous prie de réduire à sa juste valeur le rapport mensonger qui vous a été fait.

» Vous n'êtes certainement pas, citoyen Ambassadeur, de ces hommes malheureusement nés, pour qui le plaisir de nuire est un besoin; vous voyez en moi une victime d'une série de malheurs accablans et non mérités : quel avantage trouveriez-vous à les accroître? Un père de famille qui n'intrigua jamais, qui ne fit de mal à personne, qui n'eut d'ennemis que parmi ceux dont il ne fut jamais connu, ne mérite point votre haine. .

» S'il m'eût été permis de vous suivre à Aranjuès, comme vous m'en aviez flatté, déjà, j'en suis certain, je jouirais de votre estime. C'est assez pour moi d'être privé d'un si précieux avantage; n'augmentez pas mes regrets et mon infortune, en conservant des préventions que je ne mérite sous aucun rapport.

» Quoi qu'il en puisse être, rien n'altérera le sentiment de ce que je dois à un homme de votre caractère, et si je ne puis réussir à détourner de moi votre animadversion, n'accusant que mon mauvais sort, qui ne veut pas cesser d'éprouver ma constance, je supporterai ce malheur de plus sans murmure, car chacun est le maître de ses affections.

» Toutefois si, sans des rapports étrangers, vous daignez me permettre de me faire connaître à vous, comme je mérite de l'être, accordez-moi l'honneur d'une audience particulière. Je vous intéresserai peut-être; je vous étonnerai du moins par ma franchise; peut-être même aussi vous prouverai-je que je suis digne de votre protection.

» Salut et respect.

» F..... »

CHAPITRE XXII.

Changemens inopinés. — Nouveaux soupçons. — Danger sérieux. — Discorde dans ma famille. — Je renonce à tous mes projets et décide mon retour en France.

Du 6 mars 1798. Don Luis de Biguri vient me chercher dès le matin pour me conduire à Aranjuès au commissaire-extraordinaire Ség..., auquel il a parlé de moi et qui souhaite me voir. Nous partons accompagnés du citoyen Ju..., secrétaire de ce commissaire.

Nous rencontrons à une lieue d'Aranjuès Ség... retournant à Madrid. Nous rebroussons chemin et nous y revenons à sa suite.

Le soir je me rends à son auberge avec don Luis. J'y trouve Perrochel, auquel il achève de rendre compte en particulier du résultat de deux conférences qu'il a eues avec le Prince de la Paix; après quoi il s'entretient de ce qui me concerne.

Je lui développe mes vues et lui expose mon plan et mes moyens d'exécution. Il trouve cette idée merveilleuse, convenable à l'Espagne comme à la France, et il se fait fort de faire accepter mes propositions; mais ce ne peut être de suite. « L'objet de ma venue ici, me dit-il, est à-peu-près rempli. Dans quatre jours, au plus tard, je repars pour Paris; c'est de là que je vous servirai. Je connais tous vos associés, ce sont mes amis, je me concerterai avec eux, je prendrai même dans votre affaire l'intérêt que Drouillet et Compagnie ont refusé. Prenez patience, restez ici où je ne vous perdrai pas de vue; avant un mois votre affaire sera en bon train. »

J'ai voulu lui parler de l'ambassadeur et de l'annonce qu'il a faite de ses dispositions à m'entraver.

Moquez-vous de lui, me dit-il, à mon arrivée à Paris je lui taillerai des croupières. Je ne serai pas huit jours sans faire ordonner son rappel.

J'appris alors, ou du moins on me dit que l'ambassadeur, prévenu dès long-temps de l'arrivée d'un commissaire extraordinaire, et considérant cela comme un outrage que lui faisait le ministre Taleyrand, avait écrit au Directoire qu'il ne correspondrait plus avec ce ministre, et n'aurait plus de rapports qu'avec les directeurs : prétention absurde qui déjà avait fait jeter les hauts cris contre lui, et qui caractérisait, chez cet ambassadeur, la plus stupide présomption, puisqu'il croyait pouvoir violer ainsi impunément tous les principes, et puisque, malgré le désavantage de son éloignement et l'avantage de position qu'avait sur lui son robuste adversaire, il osait lutter avec un homme tel que M. de Taleyrand.

J'appris encore, ou l'on voulut me faire croire (et ce fut dès le lendemain un sujet de risée dans tout Madrid) que l'ambassadeur s'était fourré dans le cerveau qu'il ferait tourner la tête à la reine d'Espagne; qu'il avait fait le Céladon auprès d'elle lors de ses premières présentations; que sur quelques mots polis qu'il en avait obtenus, il n'avait pas douté qu'il était appelé aux plus brillantes aventures; et qu'il l'avait écrit à un des directeurs, son ami, en lui disant qu'il espérait bientôt faire, par cette voie, la pluie et le beau temps à la cour d'Espagne. Cette lettre, m'ajouta-t-on, l'avait déjà couvert de ridicule à Paris, lorsque arriva celle où il prétendit se soustraire à l'autorité du ministre; en sorte que Ség... ne craignait qu'une chose, c'était que son rappel, dont lui Ség... serait désespéré de n'avoir pas le plaisir d'être le provocateur, ne fût déjà ordonné lorsqu'il arriverait à Paris.

Pour compléter ce tableau bouffon, Perrochel ajouta que pendant le séjour à Aranjuès, l'ambassadeur allait tous les soirs, enveloppé d'un grand manteau et pimponné comme une poupée, soupirer à l'espagnole sous les fenêtres de la reine.

Dois-je, d'après cela, renaître à l'espérance de voir le plan qui m'a conduit ici, réussir après tant de temps si mal employé? Laissons aller les événemens: mais je doute fort qu'ils s'arrangent aussi bien que Ség... me l'annonce! l'éloignement, les dissipations de Paris, l'entraînement des affaires nouvelles...., que sais-je?... Le plus sûr, je crois, est de ne pas trop faire fond sur cette planche-là. Encore un coup, laissons aller les événemens, et que ma voile soit préparée pour tous les vents.

Du 7 mars. Dîné avec Ség... chez Drouillet et compagnie. Il leur garantit que mon affaire réussira..., ils en doutent... et moi aussi...; mais laissons aller.

Du 8. Dîné chez Morga-Daguirre et compagnie avec Ség...

Plus je vois de près le personnage...; mais peut-être suis-je le seul à le suivre d'un œil observateur, tandis que tous ceux qui le fréquentent, saluent aveuglément en lui le mérite de l'homme à argent, que recommande à leurs regards une mission extraordinaire, ignorée même de l'ambassadeur du gouvernement qui l'envoie.

L'h... me conseille de me lier fortement à lui, puisqu'il m'ouvre les bras, pour m'en faire un bouclier contre l'ambassadeur. Mais je crains de me lancer dans une intrigue, et rien au monde ne me répugne autant. D'ailleurs je ne vois pas trop comment donner une base à cette liaison. Ce n'est pas assez que cette haine commune dont l'ambassadeur nous honore, et qui, sans lui, n'existerait pas contre moi. Il faudrait que, de mon côté, je pusse lui offrir quelque utilité actuelle, positive; or, quoique ce ne fût pas impossible, selon l'objet de sa mission dont je n'ai nulle idée, il n'y croirait peut-être pas et se donnerait sur moi l'avantage de s'ériger en protecteur... Passe pour la protection! mais quel fruit en retirerais-je? le succès de mon plan de finances avec l'Espagne? mais s'il peut avoir lieu par lui, j'ai fait tout ce qu'il y a à faire pour cela. Puisqu'il veut s'y intéresser, mes associés de Paris le stimuleront assez sans que je m'en mêle d'ici. Une place?... il est beaucoup mieux, si j'en suis réduit là, que je le revoie à Paris comme une ancienne connaissance; j'y serai mieux en état d'en tirer parti.

Du 12. Les lettres que je reçois de Marseille me défendent d'y reparaître. Les plus forcenés révolutionnaires y occupent toutes les places, et leur rage s'est réveillée contre moi à un point extraordinaire. Ma mère se félicite de m'avoir demandé à temps des pièces pour prouver que je ne suis point émigré. Sans ce secours, mes biens n'échapperaient pas au fatal séquestre. Elle me conseille de viser à un emploi en France ou en Espagne, mais me conjure de fuir Marseille comme la peste.

Ces craintes de femme ne m'en imposent pas. Si je reviens en France, comme je commence à prévoir que je ne puis tarder à m'y déterminer, c'est par-là que j'y rentrerai. Les brigands qui y règnent savent qu'ils ne m'ont jamais intimidé, et, plus d'une fois, ma contenance les a fait pâlir devant moi. Mais, selon ma coutume, que je ne veux point réformer, j'attends tout du bénéfice du temps, et je m'abandonne au flot qui m'emporte; voyons où il me conduira. Puisse-t-il bientôt me rapprocher de ma mère, de ma femme, de mon enfant, et me laisser enfin jouir de quelque repos au milieu de ces trois êtres qui me sont si chers!

J'écris à ma femme, je lui présente comme probable ma prochaine résolution de quitter Madrid, ce qui ne change rien aux ordres que j'ai donnés de tout vendre à Marseille; je la charge de m'instruire du résultat des prochaines élections, d'après lesquelles je jugerai, mieux que par ses rapports, de l'état du Midi; j'annonce que j'attendrai qu'elles soient terminées avant de quitter ce pays, l'époque des élections étant celle qui met en jeu toutes les passions, toutes les haines qui se calment peu de temps après.

Du 16. Le dernier courrier ne m'ayant point apporté de lettres, je m'attendais à ne point en écrire moi-même aujourd'hui, et j'espérais demain être en état d'annoncer positivement, lundi prochain, à Paris et à Marseille, que j'avais enfin pris une dernière résolution. Mais cette quiétude dans laquelle je m'assoupissais a bientôt été déroutée.

Je me suis logé chez L'h... il y a 40 jours, de la manière la plus inopinée; j'en sors aujourd'hui encore plus brusquement. Me voilà dans un vrai tandis que me cède, pour un ou deux jours, un homme que je connais à peine; et cet homme couche dans le lit dont je suis sorti ce matin, sans que rien pût me faire présumer que je n'y coucherais plus.

Que mon sort est bizarre, et que les événemens qui me frappent sont singuliers!

Hier, un certain Pom... de ....., poussé en Espagne par la loi du 19 fructidor, vint me consulter sur une recherche que l'inquisition faisait de sa personne, à l'occasion d'une misérable peinture obscène sortie de chez lui. Je traitai son inquiétude de folie, lui faisant remarquer que l'inquisition n'existe presque plus que de nom en Espagne, et qu'assurément, à tout ce qu'elle laisse dire et faire à Madrid, il est aisé de voir qu'elle n'est pas bien maligne. Cependant, pour ne pas le heurter jusqu'à un certain point, j'offris et fis consentir L'h... à lui donner asile pendant quelques jours, et je fis dresser dans ma chambre un lit de camp pour ce nouvel hôte.

C'est lui qui me succède, et je loge chez lui à sa place; voici ce qui y a donné lieu.

L'h..., en rentrant pour dîner, m'a dit avoir des choses très sérieuses à me communiquer; j'ai voulu qu'il ne se gênât pas devant Pom... de..., et il m'a parlé en ces termes :

« Le consul-général m'a envoyé chercher ce » matin à votre occasion; il faut que nous nous

» séparions. L'ambassadeur, irrité de vos fré-
» quentations avec Ség... (il a cessé toutes rela-
» tions avec Perrochel par le même motif), est
» plus acharné que jamais contre vous, et sa haine
» s'étendra jusqu'à moi si nous ne cessons de vivre
» ensemble. Le consul a été chargé de ne pas me
» le laisser ignorer. Séparons-nous donc pour
» quelque temps. Nous n'en serons pas moins
» bons amis; cela n'empêchera pas que nous ne
» nous voyions tous les jours, et que vous ne
» dîniez ici quand vous serez libre; mais il faut
» que l'ambassadeur apprenne que vous ne logez
» plus avec moi.

» Votre lettre à ce général avait produit son
» effet; il l'avait trouvée mesurée et sage; mais
» il apprit bientôt que vous étiez allé à Aranjuès
» chercher Ség..., et que vous en étiez revenu
» avec lui; cela a ranimé toute sa colère. Il vous
» croit ligué avec ses ennemis, et il ne gardera
» avec vous aucune mesure.

» Qu'il eût été à Aranjuès, dit-il, passe! je
» pourrais ignorer ses motifs et les croire loua-
» bles ou du moins innocens; mais rencontrer
» sur son chemin l'homme qui est venu ici m'en-
» lever toute considération! retourner sur ses pas
» avec lui! voilà ce qui ne peut me laisser aucun
» doute. C'est ainsi que raisonne ce diplomate.
» C'est un homme vindicatif et capable de tout;
» ainsi, tenez-vous sur vos gardes. Il a eu un ins-

» tant le dessein de demander au Prince de la » Paix un ordre pour vous faire conduire par » quatre alguasils jusqu'à la frontière de France; » d'après cela, peut-être, trouverez-vous à » propos de ne pas séjourner plus long-temps à » Madrid.

» Il est certain qu'il a acquis de l'influence à » la cour d'Espagne, charmée, peut-être, de » nourrir la division qu'elle sait régner dans » notre légation; Perrochel a eu la faiblesse de » lui dévoiler toute la mission de Ség...; il ne » s'est servi de cet acte timide que pour l'acca- » bler davantage; il lui a déclaré que s'il ne » donnait pas sa démission, il le destituerait » lui-même, et il a cessé de le voir.

» Au reste, vous et moi, nous avons couru » un bien autre danger. Nous avons été dénoncés » au gouvernement espagnol comme des agita- » teurs soudoyés par le Directoire. Il était ques- » tion déjà de prendre contre nous des mesures » sévères; le coup a été détourné par un con- » seiller d'état, ami des Français, qui, sans nous » connaître, a pris notre défense, et s'est rendu » notre garant. Ce conseiller est un de ces hom- » mes comme il y en a tant en Espagne, et qui, » dans un mouvement tel que le nôtre, seraient » les premiers à y figurer. Voilà ce qui nous a » valu son appui. D'après tout cela, votre départ » me paraît nécessaire; ne fissiez-vous qu'aller

» passer quinze jours à Tolède, je vous conseille » de vous éloigner de Madrid. »

J'avais écouté L'h.... sans l'interrompre. J'ai été surpris, mais non effrayé de son discours. Sans lui faire aucune objection, j'ai sur-le-champ pris la résolution irrévocable de rentrer en France; et pour ne pas l'associer à la haine injuste et même ridicule que me porte l'ambassadeur, j'ai résolu de changer de gîte le jour même. J'ai demandé à Pom... de... son logement, où je ne redoute pas l'inquisition comme lui, et je l'ai installé à ma place auprès de L'h...

Il n'y a pas de milieu, le récit de L'h... est vrai ou faux, exact ou exagéré. Quel qu'il puisse être, j'ai dû prendre le parti de le quitter sans hésiter. Dans le premier cas, je le dois, comme ami; dans le second, je ne dois pas lui demeurer importun, et le détour qu'il prend me trace ma conduite.

Me voilà donc plus isolé que jamais, et à la veille de quitter Madrid!.... Mais l'heure arrive d'aller chez madame de Galvez, où je débute aujourd'hui sur son théâtre. Je fais ma toilette, et me rends à mon poste.... Quelle bizarrerie! quelles chaînes vous impose la société! je suis en belle posture vraiment pour aller me produire dans la plus haute compagnie de cette capitale! Si je puis soutenir mon rôle!.... Pourquoi non? tenons ferme jusqu'au bout. Un tel effort ne doit pas être au-dessus de mes forces.

Me voilà de retour, étourdi des applaudissemens dont j'ai été accablé. Cette bonne madame d'Aguilar nageait dans la joie en recevant les remercîmens de madame de Galvez et de toute sa société pour m'avoir introduit dans cette maison.... Cela ne m'enivre guère! Mon sort n'en est pas devenu meilleur, parce que j'ai eu une soirée d'étourdissement.... A demain les affaires. Le sommeil charmera mes peines sur ce mauvais grabat comme ailleurs.

Du 17. Plus d'hésitation sur mon départ; il faut que je rassemble mes moyens. Il ne m'est plus permis de prendre des fonds chez mon banquier. Ma créance sur le chapellier G...., garantie par son associé Estang, doit me suffire avec ce qui me reste; elle n'est pas échue, mais je dois trouver à la céder : que ce soit-là mon premier soin.

N'est-il pas étrange qu'il y ait ici un esprit cornu qui me considère comme un intrigant, comme un homme suspect; moi, qui jamais ne me mêlai que de mes affaires? moi, qui ne figurai jamais que lorsque je fus attaqué personnellement? moi, qui n'eus jamais aucune espèce d'ambition? moi, qui, loin de vouloir avoir jamais rien à démêler avec les coureurs de places, content de mon obscurité, ne recherchai jamais que mon repos et la nullité qui en est le plus sûr garant? La nullité! ils se récrieraient à ce mot, ceux qui me persécutent, si je le proférais devant eux! Ah! ils ne sont pas faits pour me juger; il s'en faut bien qu'ils en soient dignes!

Je n'échangerais certainement pas mon patriotisme pour le leur. Le mien consiste à laisser faire, sans prétendre que je ferais mieux.

Les ai-je jamais entravés? S'ils règnent, ai-je été leur compétiteur? Qu'ils sont inconséquens! Eh! si tous les Français étaient ardens comme eux; si, comme eux, ils étaient éminens dans leurs talens et dans leur zèle, où serait leur mérite à eux, et quelle raison de préférence y aurait-il en leur faveur pour ces places qu'ils aiment tant? Pour qu'ils soient quelque chose, ne faut-il pas que le grand nombre ne soit rien? Pourquoi donc, quand je veux n'être rien, me veulent-ils compter pour quelque chose?.... C'est une vilaine race que cette race humaine! *me pudet generis humani*, disait je ne sais plus quel père de l'église: comme lui, je le répéterais, si j'avais le temps de philosopher; mais la philosophie et une bourse vide à la veille d'un long voyage, sont deux choses qui s'accordent mal au temps où nous vivons. En France même, où nous nous piquons d'être Romains ou Grecs, un Bias avec sa besace, un Diogène dans son tonneau, ne sevaient pas long-temps amis avec le ministre de la police.

Voilà bien des épreuves par où me fait passer le sort !

A deux cents lieues de ma famille, séparé d'une femme que j'aime, d'une mère qui n'a d'appui que moi, avide d'embrasser une fille que je n'ai pas vue depuis sa naissance, il est incertain si je dois aller droit à elles, et même si je ne vais pas me jeter dans un gouffre en retournant en France, où le nouvel ennemi, que je n'ai sûrement pas provoqué, me poursuivra peut-être encore !.... Malgré cela, quel bonheur ! je conserve ma tête, ma raison, mon sang-froid, mon courage, et jusqu'à ma gaîté qui ne m'a pas abandonné.

Ah ! conservons ce caractère, conservons mon désir de la nullité. Qu'un jour je puisse dire comme Montaigne : « Ils accusaient ma cessa- » tion dans un temps où quasi tout le monde » était convaincu de trop faire. » Qu'un jour, surtout, d'après moi seul, je puisse me vanter d'avoir supporté gaîment des contrariétés aussi dures que celles que j'éprouve.

Défions donc le sort, et cédons au vent qui me repousse en France comme il m'en avait amené.

Ce n'est pas le moment de la roideur ; réservons-la, en cas d'attaque en France, pour m'en armer contre d'injustes agresseurs, quelque puissans qu'ils soient.

Je partirai le plus tôt possible. Je l'annonce, pour qu'on cesse de m'écrire ici, à ma famille à Marseille, à Fam.... à la Corogne, à mon frère à Mézières, et, à Paris, à mes associés, à F. de L'...., à Ab.... et à B....

J'écris aussi au ministre de Louis XVIII, le ch. de V...., pour l'informer de la prochaine reprise de ma correspondance avec lui, interrompue par le 18 fructidor, dont je lui donnai le récit. Je lui fais connaître l'état où je laisse l'ambassade de France à Madrid.

J'ai vu Ség..., il part dans deux jours pour Paris. J'ai rendez-vous chez lui pour demain à dix heures.... S'il pouvait m'emmener avec lui! j'aurais besoin de ce lénitif....; mais quelle apparence!.... A demain.

Du 18. Je n'étais point assez malheureux! Il faut que mes chagrins s'accroissent par tout ce que j'ai de plus cher!

Des lettres que je reçois de ma mère et de ma femme me poussent à bout dans ma patience.

Ma femme a été près de périr par des attaques nerveuses qui ont épuisé ses forces, et l'ont obligée à confier son enfant à une mercenaire. Pour surcroît de malheur, ma mère et elle ne se voient plus; ce que je redoutais tant est arrivé; la division existe dans ma famille au moment même où, plus que jamais, elle devrait se maintenir dans la plus parfaite union.

Ma pauvre femme! tes dangers m'ont fait frémir; mais ton injustice envers ma mère me désole. Ah! courons vite en France, et réparons tant de malheurs, ou qu'ils cessent enfin pour moi par le triomphe de mes persécuteurs. Ce qui se passe à Marseille me fait une loi d'y aller en droiture. Commençons par guérir les blessures du cœur avant de songer à toute autre affaire. Je vais au rendez-vous que m'a donné Ség.... Je ne lui demanderai pas de m'emmener avec lui: il me l'offrirait de lui-même que je ne l'accepterais point.

Pris congé de Ség.... mes dispositions de départ ne me permettant pas de le revoir.

Le citoyen Hériss..., cousin du général Pérignon, part pour France. Je le vois; je m'accorde avec lui; je suis son compagnon de route.

J'arrête, pour cent francs à nous deux, un cabriolet, qui en huit jours nous conduira à Valence. Reste à m'occuper de recouvrer mes neuf cents francs empêtrés chez le chapelier G....

J'ai proposé à L'h... de se charger de cette créance; il a hésité et m'a renvoyé à demain. Ce sera sans doute un refus!

Cela me guérira-t-il de ma folle confiance dans les hommes, dans les événemens? je l'ignore. Reste qu'il faut songer à me pourvoir ailleurs. Toutefois voyons à demain. A tout événement, ne voulant pas, coûte qui coûte, recourir à un nouvel usage de mon crédit sur Barthélemy frères, je verrai ce soir chez Aguirre et compagnie, où je suis sûr de trouver Ség..., s'il ne me prêterait pas un millier de francs que je lui rendrai à Paris; cela me paraît très faisable, je laisserai alors mes titres pour les 900 fr. non échus à Drouillet et compagnie, qui m'en feraient remise après l'encaissement.

Je reviens de chez Aguirre et compagnie, et n'ai pu y trouver Ség... Il est parti inopinément ce soir à six heures, laissant ici son secrétaire jusqu'à son retour, qu'il annonce comme très prochain. Voilà une espérance détruite! Ce ne sera pas la dernière sans doute; le roman ne serait pas complet s'il ne finissait pas par une catastrophe.... Mais il ne peut pas y en avoir une; en désespoir final, il faudra bien que ma répugnance à recourir à Barthélemy frères, se taise.

Au moment de me jeter dans mon lit, L'h... entre et se venge de mes soupçons. Je lui ai demandé le service pour lequel il a eu l'air d'hésiter, en présence de gens qui pouvaient le rapporter à l'ambassadeur; il a dû, par prudence, me répondre comme il l'a fait. Mais il n'a pas voulu me laisser passer la nuit, incertain de ses dispositions; et il vient m'offrir sa bourse où je puis prendre tout ce que je voudrai. Je me borne à y prendre mes 900 fr., et lui remets mes titres sur G....; ainsi je n'ai pas perdu cet ami. Cela me fera passer une bonne nuit.

CHAPITRE XXIII.

Leçon sévère. — Départ de Madrid.

Du 19. L'h.... chez lequel je vais en me levant, m'annonce qu'il a fait appeler Estang et son associé G..., pour leur annoncer qu'il est propriétaire de mon titre sur eux. Il croit devoir leur demander des sûretés, il les attend; et il est fort aise que je sois présent à l'arrangement qui va avoir lieu. Ces bons jeunes gens ne font nulle difficulté de donner à L'h... les satisfactions qu'il désire, quoi qu'il n'y ait nul droit. Estang lui dépose des marchandises dont la valeur surpasse 900 fr. Je puis donc partir tranquille; je ne lègue à mon ami aucun embarras.

M. Boyer, curé de Thézeis, me charge de lui envoyer, par la poste, à l'adresse *del segnor conde de la Cimera, calle del Barquillo*, tous les ouvrages intéressans qui paraîtront en France;

il me donne une indication à Paris, pour le remboursement de mes avances.

Il me fait prendre note du désir qu'il a, que je puisse lui faire composer, pour un grand seigneur de Madrid, une bibliothèque de dix à douze mille volumes des plus belles éditions. Il me prie de m'en occuper à Paris, et de lui adresser un catalogue, que je ferai composer à ses frais, des ouvrages dont je croirai convenable de la composer. Je promets de m'en occuper, si je le puis, mais, à tout le moins, de transmettre sa commission à un libraire qui correspondra avec lui pour cet objet.

Tous mes arrangemens sont faits; libre jusqu'à ce soir, je me donne, pour tout aujourd'hui, le plaisir du *far niente.*

Ce plaisir n'a pas duré long-temps!

Vers les quatre heures, revenant de dire adieu au comte Mora, je rencontre sur mes pas Estaug. Je crois voir sur sa physionomie quelque chose d'extraordinaire. Je l'appelle à moi, il m'aborde d'un air inquiet, il hésite à m'avouer ce qui le fait courir les rues, lui qui ne quitte jamais son magasin; et il finit par me dire qu'il est à la recherche de G...., lequel, une heure au plus après m'avoir quitté chez mon ami L'h...., a disparu, emportant environ 600 fr. d'argent, qu'il a volés dans le comptoir, et pour 900 fr. de galons en or pour la chapellerie.

Quel malheur pour ce brave Estang qui, ce matin, s'est exécuté de si bonne grâce! mais aussi quel bonheur, pour L'h... et pour moi, que l'acte de prévoyance dont ce diable d'homme a eu l'idée si singulièrement opportune!

Quels reproches j'ai à me faire d'avoir si aveuglément accordé ma confiance à un inconnu! En cela, cependant, qu'ai-je fait autre chose que m'abandonner à mon obligeance habituelle? Mon cœur m'a égaré et peut-être aussi ma passion politique. Ce G.... se disait persécuté pour ses opinions par suite du 18 fructidor; il fuyait la France comme ennemi de la révolution, y laissant après lui une jeune épouse et une fille. Son sort était à-peu-près semblable au mien: pouvait-il ne pas m'intéresser? Je me suis abandonné à lui, je l'ai sauvé de la misère, je lui ai assuré une existence qu'il ne tenait qu'à lui de rendre heureuse; et il me paie de mes bienfaits par la plus criminelle bassesse, par un vol effronté auquel je n'ose regarder de trop près, de peur d'être forcé de m'avouer que j'en suis presque le complice!

Remercions le ciel de n'avoir pas perdu mes neuf cents fr.; je n'aurais pas même été digne de pitié, tant j'aurais mérité mon sort.

Quelle leçon! quelle leçon! est-elle assez sévère? Qu'elle serve, du moins, à me corriger une bonne fois! Que ce caractère trop franc, trop sensible, ou plutôt trop facile, se roidisse enfin tout de bon contre la perversité humaine! Oui, soyons désormais en garde contre les méchans, les intrigans et les fripons.

Il m'était dû par Estang, en sus de ses engagemens, soixante-quinze fr. que je me proposais d'aller lui demander ce soir; mais j'y renonce, tant je suis affecté du malheur que vient d'essuyer ce pauvre homme.

Tous mes adieux sont faits : je ne dis pas quel serrement de cœur a éprouvé le bon Luis de Biguri en m'embrassant les larmes aux yeux et ayant l'air, sans oser me le dire, d'accuser mon ingratitude.... Secouons, secouons ces liens qu'il faut que je relâche, secouons-les.... mais ne les brisons pas. J'ai beaucoup souffert à Madrid; mais de doux souvenirs m'en resteront toute la vie.

Adieu Madrid, adieu bonnes gens qui m'y avez aidé à porter mes chagrins..... Ce n'est pas à Dieu que je donne les autres; toi, surtout, beau Lindor d'Aranjuès, ce n'est pas à Dieu que je te donne... (1) A demain mon départ.... mon cœur s'est dilaté en écrivant ces derniers mots.

---

(1) A quoi tiennent les événemens! Si le général Pérignon eût été rappelé deux mois plus tard seulement, en moins de deux ans j'acquérais, pour ma part, une fortune de trois ou quatre millions, et la France eût regorgé d'or et d'argent après la chute de ses mandats. Le beau Lindor est arrivé; tout s'est dissipé en fumée.

LIVRE SECOND.

Retour en France.

CHAPITRE PREMIER.

Introduction sans importance.

Le 20 mars 1798. C'est après avoir déjeuné chez L'h.... avec une trentaine de Français ou d'Espagnols qui ont voulu me dire un nouvel adieu, au moment du départ, que nous sommes montés dans notre léger cabriolet, le citoyen Hér... et moi.

Un jeune toulousain nous accompagne à pied en suivant notre voiture. Il m'a prié de le lui permettre, et je lui fais porter son petit bagage. Pour cette fois, peut-être, pourrai-je, sans inconvénient, faciliter, par une complaisance qui ne peut guère tirer à conséquence, le retour d'un de mes compatriotes dans ses foyers. En cas d'événemens, je note qui il est; il se nomme

Fages : son père est traiteur à Toulouse aux quatre coins des Augustins.

Le 27. J'arrive à Valence à l'auberge des Quatre-Nations, tenue par un marseillais qui se nomme Coste cadet.

Mon voyage a coûté, pour ma part, quatre-vingt-dix-huit fr. Fages, qui nous a été d'un grand secours dans les *Ventas* où il faut se servir soi-même, a vécu sur cette somme aux frais du citoyen Hér.... et de moi.

Le citoyen Hér.... se hâte, en arrivant, de demander un bâtiment pour Barcelonne ; on lui en procure un qui partira demain. Il arrête son passage pour 5 duros (26 fr. 50 cent.), nourriture comprise.

Si j'en trouve un pour Marseille à un prix proportionnellement aussi raisonnable, j'y arriverai riche ! Assurément, si j'avais su cela, je ne me serais pas tant inquiété pour retirer mes 900 fr. des mains de G.... ou plutôt d'Estang.... Mais tout est pour le mieux, dans ce meilleur des mondes ! J'aime encore tout autant les avoir dans ma cassette que de les avoir laissés là-bas.

Je ne prends encore aucun parti pour mon départ ; j'ai des amis à voir ici, des recommandations à présenter, par conséquent de nouvelles connaissances à faire. Prenons langue, et respirons un peu avant que de rien décider.

Je me sens tenté de m'embarquer pour Marseille; le désir si naturel de revoir ma mère, ma femme, et de faire connaissance avec ma fille, me pousse violemment à cette imprudence : dois-je céder à ce désir? dois-je lui résister?

Je ne puis me dissimuler que mon retour à Marseille n'est pas sans quelques dangers; ma mère, ma femme s'accordent pour m'en éloigner. Sa situation politique m'est inconnue; j'ignore quels sont les hommes qui y commandent. Si ce ne sont pas des hommes aux yeux desquels le citoyen qui obéit aux lois de son pays n'ait point à redouter d'injustes préventions, j'y courrai le risque d'une persécution nouvelle.

N'ai-je pas éprouvé, dix fois pour une, combien certains cerveaux brûlés y sont, à mon égard, stupidement injustes?

L'an passé, le hasard m'y ramena de Paris à l'époque des élections, et voilà qu'un tas d'imbéciles, je pourrais dire même d'ingrats, font courir le bruit ridicule que j'arrivais pour me faire nommer; tandis que, dans le même temps, je faisais tous mes efforts pour m'empêcher de l'être dans le Var, à quoi je ne réussis qu'avec beaucoup de peine.

Cette année, le 18 fructidor a pourvu à ce qu'on ne puisse me supposer les mêmes vues: mais, reparaissant à la même époque, je puis craindre de me voir accuser d'être venu pour intriguer contre le parti dominant; et cette absurdité trouverait, sinon des crédules, du moins des gens qui feindraient de l'être pour se donner le droit de me persécuter.

Rien de si inopiné, cependant; rien de si naturel, rien de si détaché de toute arrière-pensée que ma rentrée en France en ce moment. Sans l'injustice de notre ambassadeur, très certainement je n'en aurais pas eu la moindre tentation....

Laissons passer un jour ou deux avant de me déterminer.

Comme républicain, ma conscience ne me reproche rien; je suis en règle : on ne peut me faire que de mauvaises tracasseries. Si le besoin de revoir ma famille ne s'appaise pas dans mon cœur et si j'y cède, ayons assez de confiance dans la force des droits dont je suis armé pour ne rien craindre en en faisant usage.... Mais les poignards des assassins !... Pour cette crainte-là je la repousse dès ce moment et sans retour. Elle est hors de mon caractère, et je n'ai pas encore, Dieu merci, perdu la confiance dans mon courage, qui si souvent fit mon salut...Encore un coup, ne décidons rien aujourd'hui. Une espèce de fièvre s'est emparée de mon âme à la seule idée de la possibilité de me retrouver en quelques jours dans les bras de ma femme; laissons-lui le temps de se calmer pour raisonner mes déterminations à froid.

Du 28. Je dis adieu à M. D'her..., je dois lui

écrire à Toulouse, poste restante; il m'écrira à Marseille; c'est ainsi noté de part et d'autre.

J'ai été présenter mon passeport à notre consul M. Lanusse, et lui faire une visite d'honnêteté; trop occupé à son courrier, il me prie de repasser pour le dernier objet dans un autre moment.

J'ai vu mes amis Bouvier et Pereymond; accueil comme je l'espérais. Le frère de ce dernier, commissaire des guerres en Espagne, est à sa campagne, peu éloignée de la ville; on me propose d'aller l'y voir, ce dont il me saura un gré infini: je ne dis ni oui ni non, cela dépendra du temps que je passerai à Valence.

Je présente une recommandation de Drouillet et Compagnie à MM. W... y LL... qui me retiennent à dîner pour demain.

Visite pour le même objet à MM. Lassale et Compagnie, et à MM. Simian et Compagnie; invitation chez chacun d'eux : j'obtiens de revenir prendre leur jour, si je puis séjourner assez long-temps pour répondre à leur accueil affable.

Tous, successivement me conseillent de ne pas m'embarquer avant l'équinoxe; Pereymond est de cet avis; je me résous, en conséquence, à ne partir que dans huit jours.

Cependant ce ne sera pas pour Marseille que je m'embarquerai. Je me trouverais pris comme un rat dans la souricière si, au moment de l'arrivée de mon bâtiment, cette ville était dans une crise qui m'exposât à quelque fâcheux incident, n'y ayant plus pour moi moyen de reculer. Je me rendrai à Sette ou à Agde, ports pour lesquels on m'assure qu'il y a des occasions fréquentes, et d'où je pourrai beaucoup mieux juger s'il me convient ou non d'aller où m'appellent avec tant de force toutes mes affections.

Le parti auquel je me fixe invariablement est d'autant plus sage, que, d'ici à mon départ, on aura, à Valence, des nouvelles de France concernant les élections, ce qui n'est pas pour moi sans intérêt.

Pour ne pas avoir traversé la Manche et les royaumes de Murcie et de Valence comme un ballot, disons, puisque me voilà seul et inoccupé, disons un mot de mon voyage. Je reviens sur mes pas. Le chapitre qui suit va me reprendre aux portes de Madrid.

CHAPITRE II.

La Manche.

Une superbe route nous a conduits à Aranjuès. A une lieue et demie de cette résidence, un superbe pont jeté sur le Tage, contraste, par sa longueur, avec l'exiguité de ce fleuve, qui n'a encore là aucune consistance, et ne mérite que le nom de ruisseau.

Après avoir passé ce pont, on entre sous une superbe allée d'arbres de très belle venue, que l'on ne quitte plus jusqu'à Aranjuès.

Laissons d'autres voyageurs décrire cette résidence royale, son beau ciel, ses superbes eaux, ses sites enchanteurs, ses innombrables promenades, etc., etc. J'ai vu, mais si rapidement que je n'esquisserais que faiblement tous ces objets qui m'ont fait le plus grand plaisir. D'ailleurs ce n'est guère à cela que je consacre mes cahiers ; à quoi bon les surcharger de ce qu'on peut trouver dans tous les livres sur l'Espagne ?

Après avoir passé les montagnes qui couronnent Aranjuès, et sur lesquelles Florida Blanca a essayé une plantation d'oliviers qui existent encore depuis près de vingt ans, mais qui m'ont paru d'une végétation languissante et prête à s'éteindre, on s'enfonce dans la patrie de *don Quixotte*, dont le vin justement renommé fait les délices de la capitale.

Dans la Manche, comme dans la Castille, on traverse de grandes étendues de pays sans arbres et sans aucune espèce de culture. On en est cependant plus fréquemment et plus agréablement dédommagé par des terroirs assez considérables couverts de vignes et d'oliviers.

La plupart de ces terroirs offrent assez généralement des points de vue comparables à ceux de la Provence. Les bois sont des bouquets de pins épars çà et là; les terres en culture offrent à-la-fois l'olive, le raisin et les grains de toutes les espèces.

Du reste, même sécheresse, peu ou point de ruisseaux, rarement des pluies; tel est ce pays, dans un espace de près de vingt-cinq lieues.

Les villages s'annoncent dans le lointain avec avantage; ils embrassent une grande étendue, et l'œil trompé les prend d'abord pour une petite ville ou pour un gros bourg. On approche, et le charme cesse; on les traverse, on s'y arrête, et l'on n'éprouve plus qu'un pénible sentiment de pitié. Ce n'est qu'un amas irrégulier de misérables cabanes qui occupent beaucoup de terrain, parce que l'industrie des demi-sauvages qui les habitent, n'a pas été jusqu'à calculer que tout ce que l'homme usurpe dans l'air pour son habitation, en y faisant plusieurs étages, était gagné pour sa subsistance qu'il tire de la superficie du sol, que son intérêt lui commande de ne pas surcharger sans nécessité d'édifices qui ne produisent rien.

Sur le même rez-de-chaussée et sous le même toit, chaque ménage végète pêle-mêle avec ses bestiaux, dans des niches bâties en terre et dispersées sans ordre et sans plan dans ce vaste espace qui, de loin, promettait une ville où l'on finit par ne plus trouver que le plus misérable hameau.

Le silence de la mort et l'immobilité de la paresse règnent dans ces masures éparses et isolées les unes des autres : aussi le voyageur, attristé d'un aspect si morne, ne se promène-t-il pas autour de son auberge sans être tenté de croire que quelque fléau récent a détruit la population de ces huttes qui lui paraissent inhabitées.

Bientôt après il aperçoit quelques êtres vivans ; il les voit accourir à lui : mais sa tristesse s'en accroît. Ce sont des misérables que le bruit de sa voiture a arrachés à leur nonchalance, et qui, couverts de lambeaux de vieux vêtemens ou de débris de peaux de moutons, viennent lui demander l'aumône. Leur nombre s'accroît de moment en moment, et pour peu qu'il cède à la fatigante pitié qu'il en éprouvera, il en sera bientôt obsédé. Hommes, femmes, enfans, vieillards, tout le village en un mot sera à ses trousses, le poursuivant de ses lamentables supplications.

Rien n'est peut-être si hideux que cette mendicité et l'aspect dégoûtant de ces populations entières que l'arrivée d'une voiture fait sortir de ses tanières, par l'espoir d'acquérir une misérable pièce de cuivre. Cependant la campagne que cultivent ces malheureux, est riante et semble annoncer l'abondance. Les productions y sont riches et variées : on y recueille du vin excellent, du safran, de l'huile, toutes sortes de grains. Pourquoi tant de misère chez ces cultivateurs? Pourquoi surtout, dans les intervalles d'un village à l'autre, d'immenses terrains tout aussi excellens sont-ils incultes et déserts ?

C'est parce qu'en Espagne, d'une part, les grands propriétaires, beaucoup trop nombreux, sont tout-à-fait insoucians sur le sort des colons qui cultivent leurs terres, où ils ne paraissent jamais, ce qui fait qu'on ne voit presque nulle part une habitation capable de les recevoir, et que, de l'autre, rien n'y favorise l'industrie de la classe qui vit de ses bras, rien n'y encourage la population.

Ce n'est pas sans étonnement que j'ai vu des oliviers en plein rapport presque aux portes de Madrid. J'ai souvent ouï dire, en Provence, que cet arbre précieux ne pouvait réussir à plus de quinze lieues des côtes maritimes; voilà un démenti matériel donné à ce préjugé de nos pays méridionaux. Ce ne sont pas des plantations nouvelles, des essais non encore éprouvés que j'ai vus dans ma marche. Des *essais!* l'Espagnol en est incapable.

Jamais je ne vis en Provence des troncs plus vieux que ceux que j'ai rencontrés en plusieurs contrées de la Manche; j'ai remarqué même que les racines de ces arbres antiques s'élèvent de plus d'un pied au-dessus du niveau du sol, en sorte que le cultivateur est forcé de les rechausser par un amas de terre exhaussée qui forme une espèce de piédestal sur lequel l'olivier paraît implanté comme nos orangers en caisse.

Ces racines se seront-elles élevées ainsi d'elles-mêmes, ou bien le terrain s'est-il affaissé par l'effet du temps? Cette dernière conjecture me paraît la plus vraisemblable, mais s'il fallait la préférer, ne faudrait-il pas en conclure que la surface du globe diminue sans cesse, puisque en un, deux ou trois siècles, pendant le temps enfin qu'ont végété ces arbres encore vigoureux, les plaines de la Manche se seraient affaissées d'un pied? Je livre aux savans mon observation et sa conséquence, laquelle ne répugne pas à ma raison.

Les pluies et leurs écoulemens ne peuvent en effet, ce me semble, dépouiller continuellement les terres de leurs parties les plus subtiles, sans qu'à la longue cette perte devienne sensible. Les récoltes annuelles leur enlèvent des quantités énormes de matière solide et de sels végétatifs; conçoit-on que les engrais ou les arrosemens, soit naturels, soit artificiels, réparent suffisamment ces pertes?

Mon imagination s'abandonne peut-être à un rêve qui semble tenir du délire; mais elle ne s'étonne pas de l'idée qu'il est une période au-delà de laquelle l'Europe épuisée ne pourra plus nourrir ses habitans.

Ne sait-on pas que les terrains vierges de l'Amérique sont, communément, plus estimés que ceux que la culture a déjà fatigués? Ne sait-on pas qu'il est des productions, telles que le café, par exemple, qui les épuisent plus promptement que d'autres?

Quoi qu'il en soit, la Manche a tous les élémens qui peuvent constituer un peuple heureux et riche; cependant la misère y règne et ses produits n'arrivent peut-être qu'à peine à la moitié de ce à quoi il paraît probable qu'ils ont été poussés jadis, et pourraient l'être encore si le gouvernement employait pour cela les moyens convenables.

Là, comme à Madrid, un mécontentement sourd bourdonne continuellement aux oreilles du voyageur; dans quelques cantons on ne songe même pas à le déguiser.

« Quand est-ce que nous serons Français aussi, nous autres? Nous autres aussi, nous voulons être Français. » Telle est l'apostrophe que m'adressa, en propres termes, un paysan espagnol à l'une de nos stations; et un soupir approbatif d'une vingtaine d'assistans me prouva que ce n'était pas là un vœu isolé et sans conséquence.

Dans presque toute la Manche, on n'a ni ruisseaux, ni fontaines. Des puits ou des citernes y fournissent une eau saumâtre et séléniteuse qui n'est pas supportable. En revanche, pour environ deux sous ou deux sous six deniers de France, on a la valeur d'une bouteille d'excellent vin....

Je suspends pour aller chez MM. W... y LL..., où je suis attendu pour dîner.

Il est impossible d'être accueilli comme je l'ai été; à la fin de la soirée, lorsque j'ai voulu me retirer, une voiture de la maison m'attendait à la porte; M. W.... qui m'a, à toute force, accompagné jusqu'à la portière, m'a annoncé qu'elle serait à mes ordres pour tout le temps de mon séjour à Valence. J'ai eu beau faire et dire, il m'a fallu y consentir; j'ai été prévenu, en même-temps, que mon couvert m'attendait tous les jours et qu'on me saurait gré de la préférence lorsque je procurerais à MM. W... y LL... le plaisir de m'avoir à dîner.

Je reprend mes *memento.*

Les bois, comme je l'ai déjà dit, sont rares dans la Manche, surtout vers Madrid. Aussi le combustible qu'on y emploie presque généralement, n'est-il autre chose que du fumier desséché dont on aide la combustion avec quelques branchages. Croira-t-on que ce même fumier est

13

en usage dans Madrid même pour le chauffage des fours à pain ?

Je parlerai plus particulièrement dans la suite de la forme des cheminées; quant au pain, nous avons été avertis à Ocagna, à deux lieues déjà d'Araujuès, de nous en pourvoir pour plusieurs jours. Sans cette précaution, nous eussions beaucoup eu à souffrir de la qualité pitoyable de cet aliment dans tout le reste de la Manche, à une ou deux exceptions près, qui nous ont procuré l'occasion heureuse de renouveler notre provision.

CHAPITRE III.

Royaume de Murcie.

En quittant la Manche, nous sommes entrés dans le royaume de Murcie.

La partie que nous en avons traversée, répond peu à l'idée qu'on doit avoir de cette riche contrée de l'Espagne, à laquelle la nature semble avoir prodigué toutes ses faveurs, et dont j'ai vu, il y a cinq ans, un échantillon à Carthagène.

Le nord de ce royaume, à travers duquel nous avons passé pour arriver dans celui de Valence, est hérissé de montagnes âpres et stériles, ou de bois qui me représentaient assez bien les sauvages revers de notre montagne de Cuges en Provence.

On y trouve des terrains cultivés, mais en petit nombre et de peu d'étendue; presque pas de villages, ni même de hameaux. On y rencontre seulement, de loin en loin, quelques habitations isolées, dont quelques-unes servent d'asile aux voyageurs sous le nom de VENTA. C'est un des noms que les Espagnols donnent à leurs auberges, et qui est affecté à celles qui sont isolées et en plein vent, ce qui me persuade que sa racine étymologique est le mot *ventum*, et non pas le verbe *venire*, comme je l'ai entendu soutenir.

Il n'est pas possible de se figurer le mal-être qu'on y éprouve et l'espèce d'hospitalité qu'on y reçoit.

Par une large porte ouverte sur le chemin, les voitures entrent dans la grande et unique salle que forment les quatre murailles. Elles vous descendent devant une cheminée qui se trouve au centre, et qui est la cuisine commune des hommes et des animaux. Cette cuisine sert à ces derniers, car c'est là que l'on cuit les remèdes des chevaux ou mulets malades, et la nourriture des quadrupèdes ou des oiseaux domestiques, en même temps que le voyageur y prépare ses alimens.

Un large plateau rond en maçonnerie est le foyer commun; autour de ce plateau sont bâtis et adossés à un mur circulaire d'environ trois pieds de haut, des bancs ou de pierre ou de brique, où fument les voyageurs en attendant de cuire leur souper.

Sur un grand feu toujours entretenu, sont trois ou quatre trépieds, qu'il faut se disputer sitôt que l'un d'eux devient libre, et sur lequel vous reposez la poële qu'on vous a fournie pour préparer ce que vous avez pu vous procurer hors de la maison.

Cette poële, des grils dégoûtans, des pots grossiers et incommodes où quelques-uns ont le courage de faire un potage dont ils emportent les restes dans des bouteilles pour le lendemain, de longues cuillers de fer, des plats, et quelquefois, mais bien rarement, des assiettes de la plus grossière matière et de la forme la plus absurde, des vases pour les boissons, dont le ventre et l'ouverture sont énormes et le cul tout au plus de la grandeur d'une piastre, des verres immenses, mais uniques pour chaque coterie, et qu'on n'ose essuyer, tant ils sont minces et légers, mais dont se passent ceux qui boivent de préférence à même des vases dont je viens de parler, des morceaux de bois qui ressemblent assez aux spatules de nos pharmaciens et qu'on appelle des cuillers, une nape étroite et toujours sale, en quelques endroits, mais en petit nombre, des serviettes d'un pied carré, sales aussi; voilà les seuls ustensiles qu'on vous fournit, encore faut-il, pour chaque article, renouveler la demande vingt fois et attendre un quart d'heure au milieu d'un tumulte inimaginable, des cris des uns, des juremens des autres, du tracas que donnent les bêtes de somme ou de trait, de la fumée de tabac qu'exhalent les cigarres et de celle du foyer commun qu'on nomme *la cocina*, la cuisine.

Cette fumée qui remplit tout l'atmosphère supérieur et qui quelquefois, selon les vents, descend jusqu'à l'air qu'on respire, s'échappe par une ouverture horriblement large pratiquée au-dessus du foyer. Elle est formée par les quatre murailles prolongées fort au-dessus des toits vers lesquels elles se dirigent en se retrécissant en forme d'entonnoir.

La pluie tombe perpendiculairement sur le foyer, que rien n'en garantit; et comme le génie de ces hôtelliers n'a pas encore pu aller jusqu'à concevoir l'utilité des couvercles, que nous croyons indispensables dans nos cuisines, cette pluie et la suie qu'elle entraîne tombent dans vos pots, dans vos poëles, et augmentent le volume de vos ragoûts.

Ne pleut-il point? toujours quelques flocons de suie se détachent de ce vaste entonnoir renversé, sous lequel cuit à découvert votre soupe, et vous en faites votre profit.

La force du feu enlève-t-elle quelques branches réduites en cendres, mais non encore pulvérisées, et leur gravité les ramène-t-elle dans votre poële? ne songez pas à les en retirer: à chaque instant cela se renouvelle, et vous feriez murmurer d'impatience ceux qui attendent votre trépied.

Mais avant d'avoir pu en jouir vous-même, que de soins n'a-t-il pas fallu!

Les lois fiscales ou les droits seigneuriaux du pays ne permettent à votre hôtellier de vous fournir que le sel, le toit, le feu et l'eau, qu'il faut que vous puisiez vous-même. Si vous arrivez dans une *venta*, il faut avoir tout apporté avec vous, ou vous n'aurez rien, absolument rien à manger.

Si c'est dans un village que se fait votre station, un des manans qui remplissent aussi votre cuisine, soit comme mendians, soit comme officieux, vous fera promener au moins une heure dans la peuplade pour acheter, là le pain, là la viande, quand il y en a; là les œufs, là la graisse, ici l'huile, ici le vinaigre, ailleurs les ognons et *los pimientos*, ailleurs encore le vin, etc. Nulle part, vous ne trouverez deux de ces objets dans le même endroit; encore remarquerez-vous, aux précautions qu'on prendra pour vous vendre la graisse, par exemple, que vous ne remplissez quelques-uns de vos besoins qu'au moyen d'une contrebande dont vous vous rendez le complice.

Enfin tout est-il préparé, et votre souper est-il cuit? vous n'êtes pas encore hors de tout embarras.

Il vous faut une place à un bout de la table commune; vous attendrez donc que d'autres vous la cèdent; mais si, comme les Espagnols, pour vous éviter la peine de supporter vous-même, pendant le repas, la queue de votre poële, vous ne la placez pas sur deux morceaux de bois que vous vous serez procurés, et que vous y disposerez en croix pour l'y reposer; si surtout vous répugnez à manger à la gamelle avec vos compagnons, armez-vous de patience, car une nouvelle épreuve vous attend lorsqu'il faudra vous procurer un plat et des assiettes.

Si vous désirez vous rafraîchir par une salade, ayez la complaisance d'attendre que vous vous soyez avancé au moins d'une journée dans le royaume de Valence, car jusque-là vous devez vous estimer heureux si, après avoir fureté tout un village, vous pouvez obtenir un ognon, tant le jardinage est méprisé du sobre Espagnol!

Vous êtes enfin parvenu à souper! vous voilà

donc repu. Cependant, fatigué de votre voyage et de tant de soins, le repos vous est nécessaire... Attendez, s'il vous plaît, que tout le monde ait soupé comme vous. Les gens de la maison doivent leurs services à ceux qui se trouvent arriérés; vous vous coucherez quand on aura pu vous désigner votre grabat.

Comme tout a un terme, on vous montre enfin votre lit dans la pièce commune; mais quel lit! un vieux matelas, aussi dur qu'une planche, étendu sur une couche de paille, vieille aussi, et une couverture de laine, épaisse de six lignes, quoiqu'il ne lui reste plus que la trame. En quelques endroits on vous offrira des draps, car on n'en trouve pas partout; si vous les acceptez, félicitez-vous de les trouver humides, ils sortent du lavoir; s'ils ne le sont pas, gardez-vous de les visiter, pour plus d'une raison, et, afin de vous délasser, couchez-vous tout vêtu, vous en aurez moins de peine pour obéir à votre *mayoral* (votre conducteur) qui, dès quatre heures du matin, viendra vous réveiller pour vous mettre en marche à six heures.

Dans cet intervalle de deux heures, si vous aimez le chocolat, on vous en offrira, sans que vous en fassiez la demande, une assez bonne tasse dont vous ne serez pas mécontent. C'est dans cette préparation que l'Espagnol excelle. Jamais en France on ne vous le versera ni mieux fait ni avec plus de précaution. Avant d'avoir rempli votre tasse en entier, on aura dix fois sur nouveaux frais agité la chocolatière pour ne vous verser que de la mousse.

Ne soyez pas surpris de cette perfection donnée au chocolat; le gouvernement, pour l'intérêt de ses colonies, a sans doute inspiré, de longue main, le goût de cette boisson à sa nation, car il n'est pas dans la péninsule un seul individu qui n'en use, au moins une fois dans les vingt-quatre heures. Un Espagnol se croirait perdu s'il en était privé un seul jour. Hommes, femmes, enfans, riches, mendians, tout prend le chocolat, à la ville comme à la campagne. Cela suppose une importation de caçao pour cent millions de francs au moins; si jamais l'Espagne perd ses colonies, quel tribut à payer tous les ans ne lui aura pas légué la politique qui, en lui implantant ce goût universel, lui a fait un besoin de première nécessité de cette denrée exotique!

Pendant qu'on prépare le déjeûner, n'entrez pas dans la cheminée, si vous craignez la fumée du tabac. Tout fumera, excepté vous, tout, sans aucune exception. Le hasard a-t-il amené dans votre auberge des dames dont la mise, la figure, la jeunesse vous aient intéressé, et avec lesquelles vous ayez lié connaissance, charmé de retrouver à parler le langage de la bonne société? vous les verrez, dans cette cheminée, causer avec les voituriers, rire de leurs plus obscènes saillies, et porter à leur bouche, pour l'achever, leur cigarre à demi-fumée, qu'ils leur présenteront toute humide de leur salive. C'est une galanterie espagnole dont il faut que vous vous accoutumiez à supporter le spectacle sans répugnance.

Au reste, sur ces bancs de pierre où ces dames commencent si gaîment leur journée, usez de quelque précaution, si, surmontant votre dégoût, vous voulez vous asseoir auprès d'elles. Ces bancs ont servi la veille, et servent tous les jours de table de cuisine à tous les voyageurs ; car la table à manger, qui est la seule qui soit dans la maison, n'a pu servir à cet office qu'à ceux qui, les premiers, ont été en possession de la cheminée.

Vos mulets sont enfin attelés ; la voiture est à l'ouverture de la cheminée. Il faut partir, mais, avant tout, compter avec votre hôte. C'est un prix fait, et vous marchanderiez en vain. Quatre réaux par tête, ou 1 fr., *para la cama* (pour le lit) ; 8 réaux *para la casa y la assistencia* (pour la maison et l'assistance qu'on vous a donnée).

Je viens de peindre trois ou quatre des couchées de la route depuis Madrid. Les autres ont un peu moins mérité cette teinte sauvage ; mais la nuance est si peu sensible que je n'ai pas dû la distinguer. La différence la plus saillante consiste en ce que, dans quelques-unes, on nous a fourni des fourchettes, et quelles fourchettes! deux fois je n'ai pu m'en servir, tant elles étaient couvertes de vert-de-gris enduit de graisse. Dans une *venta*, j'ai voulu en demander. *Si serva V. M. de los cinco*, m'a corné aux oreilles l'hôtesse en me montrant les cinq doigts de sa main, ce qui veut dire : *Servez-vous des cinq*.

J'oubliais de vous dire que vous ne devez pas perdre de vue un instant ce qui vous appartient. J'avais prêté à notre cuisinier Fages mon couteau de voyage que j'avais conservé jusque-là, depuis Châtellerault, et dont j'avais refusé cinq *duros* à Madrid; il le posa un instant sur une chaise à côté de lui pour remuer sa poêle; il disparut et est resté perdu.

Vous croirez que, si vous vous trouvez marcher en caravane, avec quelques officiers, quelques hommes titrés, quelques négocians espagnols, ces *senores* penseront de ce train de vie ce que vous en pensez vous-même; vous croirez encore que si, ne comprenant pas parfaitement le mauvais patois de votre hôte ou de tout autre de la cohue, vous disputez avec lui avec vivacité, ces compagnons de route prendront votre défense ou essaieront, d'une manière quelconque, d'adoucir vos désagrémens : détrompez-vous. Le premier jour ils lieront conversation avec vous, l'un d'eux peut-être vous dira, en assez bon français, qu'il a voyagé en France, et il vantera les commodités qu'on y trouve; mais, au premier signe de mécontentement qui vous échappera, il le considérera comme un outrage fait à sa nation, et il ne vous adressera plus la parole : je vous trompe... il pourra arriver qu'on vous demande 20 réaux, que vous finirez par réduire à 10; mais pendant que vous débattrez, il vous dira, avec esprit et délicatesse, et d'un ton ironique, que 20 réaux ne font que cinq piécettes et non pas sept piécettes et demie. Mais répondez d'un ton sérieux au mauvais rieur, malgré ses épaulettes et sa bandouillère, que vous n'avez pas besoin de ses impertinences pour savoir défendre votre bourse contre des voleurs, il ne répliquera rien, l'*hôte* deviendra plus docile, il en passera par ce que vous voudrez, et sur la route votre officier prendra le prétexte de vous demander une prise de tabac pour rentrer en grâce avec vous.

Quelles mœurs! quelle hospitalité on reçoit dans ce pays où les Maures avaient jadis naturalisé les arts, la générosité, la politesse et la galanterie! et le gouvernement connaît cet état de barbarie! et il ne fait rien pour le faire cesser! Que dis-je?... il fait tout au contraire pour le maintenir.

A côté de cette inconcevable prohibition faite aux aubergistes, d'avoir dans leurs maisons rien d'utile aux voyageurs qu'ils y attendent, y a-t-il espérance de mieux?

Je ne crois pas que, chez les peuples les plus sauvages, on pût remarquer rien de comparable au tableau que je viens de faire. Chez eux, où l'hospitalité serait du moins donnée, non pas vendue, ils donneraient ce qu'ils auraient avec bienveillance; ici, à chaque nouvelle demande, c'est un nouveau mauvais propos qu'on essuie. Chez les sauvages il serait impossible que la cuisine fût plus rebutante, plus sale, surtout moins monotone que chez les Espagnols. Ceux-ci semblent ne connaître qu'un apprêt; voici, dans huit jours de route, le seul ragoût que j'aie vu préparer pour eux. Retenez la recette.

Prenez une poële, et frottez-la avec la *rodilla* ou torchon, plus noir que la poêle elle-même. Versez-y votre huile ou votre graisse, et mettez sur le feu. Ayez une grosse tête d'ail ou deux, suivant le nombre des mangeurs; séparez les gousses, et, sans les éplucher, jetez-les avec leur enveloppe dans la poële. Prenez ensuite du riz, criblez-le pour tout triage dans un mauvais crible de paille, et jetez-le aussi dans votre poële. Ensuite, si c'est du *bacalao* (de la morue) que vous avez, fixez-la avec votre pied contre la terre; de vos deux mains arrachez-en des morceaux que vous jetterez sur la braise pour les ramollir. Une fois ramollis, jetez-les dans la poële; couvrez le tout d'une ou deux grosses poignées de *pimiento* (poudre de poivrons rouges); salez; ajoutez un peu de safran; remplissez votre poële d'eau, et laissez bouillir: votre ragoût est fait.

Si vous avez de la viande, du *carnero* (du mouton), au lieu de *baccalao*, déchirez-la par morceaux avec un couteau, et mettez-la dans la poële de la même manière. Je ne garantis pas ce ragoût mangeable, puisque, grâce à notre suivant Fages, je n'y ai pas goûté; mais le parfait cuisinier espagnol n'en pourrait donner la recette plus exactement que je ne viens de le faire.

Avant d'entrer dans le royaume de Valence, faisons quelques réflexions sur ces étranges mœurs.

CHAPITRE IV.

Réflexions et observations générales.

Du 29 mars. Les mœurs que je viens de décrire ne peuvent, je le répète, être comparées à rien de ce qui existe en Europe, et il y a de quoi gémir quand on pense que le gouvernement lui-même entretient cette barbarie par sa fiscalité.

Ce désordre, ce tumulte, cette fatigue à laquelle sont condamnés des voyageurs déjà harassés de leur marche, n'existeraient en aucune manière, si un aubergiste prévoyant avait chez lui des provisions rassemblées d'avance pour les arrivants, et se chargeait de préparer en commun leurs repas.

Il ne faudrait ni plus de temps ni plus de peine pour une préparation générale qu'il n'en faut pour chacune des préparations particulières que font les coteries qui arrivent successivement. Pourquoi une idée si simple n'a-t-elle pas frappé ce peuple routinier? Pourquoi ne peut-elle être exécutée ?

Le désordre actuel résulte de ce que chacun fait pour soi ce qu'un seul pourrait faire pour tous; mais la réforme sera à jamais impossible tant qu'une loi fiscale empêchera un hôtellier d'avoir chez lui aucun objet de consommation.

Cette division du travail à laquelle Schmitt, avec tant de raison, attribue les miracles de l'industrie humaine, n'est pas même soupçonnée dans cette portion de l'Espagne. Tout s'y fait au rebours du simple sens commun.

Au lieu d'y voir un aubergiste travailler ou faire travailler ses gens pour le voyageur fatigué, c'est celui-ci seul qui travaille. L'autre, avec tous ceux de sa maison, n'est occupé qu'à fournir tels ou tels ustensiles que cinquante individus lui demandent à-la-fois à grands cris.

Que l'étranger ne compte pas sur les bons offices de son conducteur espagnol; une fois entré dans l'auberge ce conducteur ne pense plus qu'à lui; dès que vous êtes descendu de sa voiture, vous êtes là, pour lui, comme si vous n'existiez pas; s'il ne vous avait jamais vu, son indifférence ne pourrait être ni plus complète ni plus imperturbable.

Si, mettant pied-à-terre, vous le priez de vous aider à ranger votre valise dans quelque coin, il vous répondra brusquement, mais avec le plus grand phlegme, qu'il s'est engagé à vous porter, non à vous servir de valet. Lui demandez-vous si vos effets courent quelque risque en demeurant sur sa voiture? il ne répond de rien, il a assez à faire du soin de ses mules.

Dans tout le cours de ma route, je n'ai pas rencontré une seule prairie. Les bêtes de somme n'y sont nourries qu'avec la paille hâchée et avec divers grains, orge, avoine, fèves et autres semblables. C'est cette paille à moitié digérée qui, dans la partie qui avoisine Madrid, sert d'aliment aux feux domestiques.

Il est vrai que les routes vous dédommagent autant qu'il est possible de vos pénibles stations. Construites avec intelligence, avec solidité, elles égalent tout ce que l'Europe peut avoir de plus parfait en ce genre.

Nulle part je n'ai vu plus de chaussées, plus de levées, plus de parapets, plus de ponts, plus de grands ouvrages de maçonnerie, pour adoucir la pente des collines, corriger l'enfoncement des vallées, etc.

La plupart des ponts existent sans rivières, ni ruisseaux, ni torrens. Très souvent, sous leurs arches même, j'ai vu le terrain cultivé. Il en est cependant qui sont d'une étendue inconnue peut-être sur les plus grands fleuves de l'Europe.

Un de ces grands ouvrages m'a instruit que l'Espagne doit ces modernes constructions à son roi actuel, qui, au mérite d'imprimer cet air de grandeur à des travaux d'un usage public, joint celui d'avoir exécuté ces améliorations, qui en enfanteront d'autres, au milieu des embarras de la guerre désastreuse de 1793. Telle est la date que porte l'inscription d'une superbe chaussée, où l'on ne lit que ces mots : *Reinando Carlos, IIII*, 1793.

Notons que j'ai vu sur ma route un pont dont la construction est presque achevée, et sous lequel est creusé le lit où devra couler la rivière à laquelle il est destiné. En attendant, cette rivière coule dans le bassin que lui a donné la nature; on l'en détournera pour la faire passer sous ce pont quand il sera fini; tous les travaux sont déjà préparés pour cette opération.

La multiplication de ces superbes routes sera le moyen le plus efficace pour secouer la paresse de l'Espagne et pour lui donner un mouvement de vie. Mais tout est lent chez ce peuple indolent que toute novation effarouche.

Les chemins que j'ai parcourus sont bien propres à encourager le roulage, à faciliter les transports, à multiplier les communications, à provoquer, pour les liquides, l'usage de la tonnellerie : cependant il n'y a encore rien de changé aux anciens moyens du commerce, même de Valence à Madrid; du moins le changement est-il presque insensible. La plus grande partie, je devrais même dire la presque totalité des transports, se fait encore à dos d'ânes ou de mulets.

Vous rencontrez fréquemment des convois de deux ou trois cents de ces quadrupèdes, chargés de grains, farines, vins, huiles, oranges, etc., pour les provinces voisines ou pour la capitale, et, au reste, tous les liquides, même ceux voiturés par charrettes, sont renfermés dans des outres qui souvent donnent au vin un très mauvais goût. Madrid ne reçoit pas autrement toutes ses boissons. Je ne me rappelle pas d'y avoir vu un seul tonneau.

Une chose digne de remarque, c'est que ce sont précisément les approches de cette capitale qui offrent l'aspect hideux des plus misérables peuplades. Plus je m'approchais, en arrivant de France, plus le pays devenait désert et sauvage, et plus aussi les stations offraient moins de ressource aux voyageurs. Plus je m'en suis éloigné, pour gagner

Valence, plus le malaise, auquel j'ai dû m'accommoder dès que j'ai eu dépassé Aranjuès, a été diminuant de *venta* en *venta*. On dirait qu'on s'est efforcé d'entourer Madrid d'un désert où sont dispersées çà et là quelques peuplades de sauvages.

J'ai cherché à m'expliquer cet état de choses, et je n'ai pu y parvenir. Je conçois seulement qu'il n'est nullement favorable à la sécurité dont il me paraît important qu'un gouvernement prévoyant fasse jouir la ville où il a établi sa résidence et le centre de son action.

En effet, dans le cas d'une invasion qui aurait franchi la ligne des défenses naturelles ou artificielles de la péninsule, quelle ne serait pas la situation de Madrid sous les murs duquel l'ennemi pourrait arriver en quelques marches, n'ayant plus qu'à traverser des pays incapables d'arrêter ni seulement de retarder sa marche, en lui opposant une résistance quelconque.

Dans le cas de troubles civils, même inconvénient : les plus faibles partis pourraient parcourir sans obstacle les vastes solitudes qui l'environnent, et venir l'insulter jusqu'au pied de ses murailles.

Ces considérations m'entraîneraient trop loin.

J'en resterai là, et demain je continuerai mon voyage. J'ai le royaume de Valence à traverser :

tâchons d'avoir fini le travail auquel je me livre avant de me remettre en route.

CHAPITRE V.

Royaume de Valence.

En quittant le royaume de Murcie, on entre dans celui de Valence, et l'on ne peut faire deux cents pas dans celui-ci sans le remarquer de soi-même.

D'âpre et inculte qu'elle était, la campagne devient tout-à-coup riante et animée, un printemps continuel y règne, et les arbres, ornés en tout temps de leurs feuilles, récréent la vue et l'imagination du voyageur.

Jusqu'à Valence, on voit, à chaque pas, s'augmenter, de moment en moment, le charme de ce jardin continuel où tout annonce une population riche et laborieuse.

A l'exception des caroubiers et des palmiers qui, surtout les premiers, y sont aussi nombreux que les oliviers, et qui varient de la manière la plus pittoresque la perspective des plaines de cet heureux royaume, je retrouvais partout la Provence dans ses plus agréables points de vue.

Quant aux cultures annuelles, elles sont à-peu-près les mêmes dans les deux pays, avec cette différence que les charmantes prairies provençales sont remplacées ici par des risières inconnues sur les bords du Var ou de la Durance.

Il est triste d'être forcé de dire que, dans ce beau pays, sous ce climat délicieux, se retrouvent, à l'égard du voyageur, les mêmes mœurs que je viens de décrire dans les chapitres précédens; toutefois il est juste d'avouer que la teinte en est adoucie. En effet, on y a et moins de peine pour se procurer ses besoins, et plus de ressources pour les satisfaire.

Puisque je parle encore des auberges, il faut que je consigne ici une remarque singulière que j'ai faite dans une *venta*.

Les murailles qui formaient la vaste enceinte de cette salle unique où vivent pêle-mêle les hommes et les animaux, étaient blanchies à neuf et ornées de peintures (Dieu sait lesquelles!) représentant des saints, des vierges, etc.

Dans les panneaux étaient écrites, en castillan, des sentences sur la mort, le péché, et autres sujets de cette gaîté-là.

Celle au-dessous de laquelle était plantée l'unique table de la maison, présentait à-peu-près ce sens:

« C'est chose inutile de me montrer ton blason.
» Apprends que les rois, que les ducs, que les
» évêques, les cardinaux, les riches, les pau-
» vres, nous naissons tous égaux. »

J'ai trouvé cette inscription très à sa place dans un tel taudis et au-dessus d'une telle table. C'était bien là, en effet, le théâtre de la plus hideuse égalité qu'il soit possible de se figurer. Égalité de misère, égalité de grossièreté ou de sauvagérie, égalité de saleté, de couardise; voilà ce qui y attend le voyageur.

Ce n'est sans doute pas de cette sorte d'égalité que l'on a prétendu nous parler en France, si j'en excepte Marat, Babeuf et leurs pareils, qui paraissaient n'en pas concevoir d'autre; sans cela l'Espagne n'aurait rien à demander à notre révolution, elle serait plus près du niveau que nous ne le serons jamais.

Aussi n'est-ce pas à coup sûr de cela qu'a entendu parler le rustre philosophe qui a présidé à la décoration de la *venta* dont je viens de parler; mais comment se fait-il que cela n'ait frappé aucune des autorités du pays?... Cette diable de révolution française s'infiltre partout, et, si l'on n'y prend garde, l'Espagne elle-même... Mais je me trompe fort, ou elle n'y prendrait pas racine... N'oublions pas le *quiero bibir como a bibido mi padre* du demi-bourgeois demi-manant des environs d'Irun.

Entrons enfin dans l'agréable ville de Valence.

CHAPITRE VI.

Ville de Valence.

Quand on a parcouru les deux Castilles, la Manche, le nord du royaume de Murcie; quand on a habité le triste et solennel Madrid, on ne peut voir sans plaisir cette ville industrieuse et populeuse qui, placée sous le plus beau ciel, offre le mouvement le plus vif et annonce un commerce actif et créateur.

Elle est à l'Espagne ce que Lyon est à la France; aussi, comme Lyon, est-elle exposée à souffrir beaucoup des guerres qui paralysent ses travaux et laissent ses ouvriers sans pain.

En ce moment ses fabriques de soie languissent; une partie de sa population est dans la misère; malgré cela elle a la physionomie du bonheur, et une seule de ses rues semble valoir tout Madrid pour le commerce de détail. On ne trouverait pas dans Madrid, qui renferme cent vingt mille âmes, un magasin de soieries, de merceries, etc., comme l'un des plus ordinaires de Valence dans le même genre, quoique la population de Valence n'aille pas au-delà de quatre-vingt-dix mille habitans, et rien dans la capitale n'approche des brillans étalages des orfèvres valenciens.

La ville est assez mal percée; toutes ses rues sont sinueuses et irrégulières ; ses places sont petites et peu aérées ; ses maisons sont pour la plupart mal bâties, bien qu'on y remarque d'assez beaux édifices dans le goût moderne ; mais on pardonne aisément à tout cela en faveur du mouvement qu'on retrouve partout.

On évalue à quinze cent mille livres pesant les soies que produit le royaume de Valence, et tout cela est ouvré sur les lieux, plus les organsins, qu'on tire du Piémont, et les soies d'Italie qu'on importe, la récolte locale, dont la sortie est probibée, ne pouvant suffire à ses consommations ou à celles de la Péninsule.

Si Valence avait un port, ce serait la plus importante des places du royaume, parmi lesquelles elle figure cependant avec honneur par son commerce d'eau-de-vie, par ses huiles, ses ris, ses fruits, et par ses chanvres, qui sont d'une grande ressource pour la marine royale de Carthagène.

Jusqu'à ce jour son commerce maritime s'est fait par sa plage incommode et souvent dangereuse du Grao, distant d'une demi-lieue.

Le gouvernement s'occupe, depuis quelques années, d'y creuser un port. Déjà l'un des môles est assez avancé. Cet ouvrage honorera le règne de Charles IV, et donnera à cette ville une importance considérable.

Son terroir est délicieux et ses promenades sont assez agréables; mais elles sont dans un bas-fond le long du Guadalquivir, ce qui lui donne beaucoup d'humidité. Les bords de cette rivière sont charmans; cinq ponts jetés sur elle à peu de distance l'un de l'autre, n'ôtent rien à son agrément.

Les églises et les couvens occupent une grande partie de son enceinte. Il en est peu de remarquables; cependant sa cathédrale, quoique écrasée, n'est pas sans quelque beauté.

A l'église de Saint-Jean, place *del Mercao*, j'ai observé avec plaisir un plafond à fresque qui m'a paru d'une bonne composition. Un des prêtres de cette église, qui a eu la complaisance de me servir de *cicerone*, m'a assuré que cette peinture, ouvrage de Palamino, était très estimée. C'est la seule qui, dans tout ce que j'ai vu, ait attiré mon attention.

La façade de cette église m'eût assez satisfait sans une rangée de petites fenêtres qui règnent dans toute sa largeur, immédiatement au-dessus de son portail et de ses colonnes surchargées de riches décorations.

Ce bizarre assemblage de l'architecture monumentale et de l'architecture domestique choque désagréablement la vüe, et donne à la partie supérieure de l'édifice l'aspect d'un donjon ou d'un colombier.

En face de cet édifice est une ancienne mosquée des Maures, d'une construction légère et hardie, où tout se trouve en consonnance avec le goût de ces temps reculés. Les ornemens dans le genre gothique en sont simples, mais imposans. Il n'y a de ridicule qu'une croix qu'on a incrustée dans le milieu de la façade, à la place du croissant que sans doute les Maures y avaient placé.

L'intérieur, soutenu par huit colonnes en spirale sans base et sans fronton, atteste l'antiquité de l'édifice et l'enfance de l'art à l'époque de sa construction; cependant le vaisseau en reçoit un air de hardiesse et de simplicité qui ne choque nullement la vue.

Les cannelures des colonnes se continuent dans les contours de la voûte pour se réunir à son centre, comme le feraient les branches de huit arbres qui lui serviraient de support.

C'était autrefois la bourse de Valence. Aujourd'hui, comme à Madrid, il n'y a plus de bourse, ce dont on n'a pas su me dire la raison. Maintenant c'est le marché des soies. Chaque courtier y a son bureau et ses armoires; mais une place est réservée pour les particuliers qui veulent vendre par eux-mêmes sans ministère de courtier : c'est ce que m'a appris une inscription qui désigne cette place ainsi réservée.

La juridiction du commerce tient ses audiences dans une dépendance de cet antique bâtiment.

A l'issue de mon dîner chez M. W..., son associé M. LL... m'a accompagné dans ma voiture, qui est la sienne, à toutes les promenades du pays. Je n'en avais vu qu'une partie, mais c'était la plus agréable et la seule couverte; je n'ai donc rien à ajouter sur cet objet.

Chemin faisant, j'ai fait à mon complaisant conducteur plusieurs questions dont j'ai tiré des instructions que je recueillerai dans le chapitre suivant.

CHAPITRE VII.

Mœurs et industrie.

Sur quatre-vingt-dix mille âmes que Valence nourrit dans sa seule enceinte, on compte de huit à neuf mille moines ou moinesses. Ainsi sur dix habitans il y en a un que les neuf autres nourrissent pour n'avoir autre chose à faire que prier Dieu. Je suis forcé d'en convenir avec mon conducteur; il y a là abus de la religion. Quel fléau, pour un pays où tout invite au travail, tant la nature se plaît à le payer de ses moindres efforts par les plus riches dons qu'on obtient d'elle avec une facilité égale à son infatigable libéralité!

Il est à croire que la révolution de France n'aura pas été sans utilité, sous ce rapport, pour le reste de l'Europe; mais aussi il est bien à craindre qu'on n'aille partout trop loin à cet égard. L'homme sait rarement s'arrêter à un juste milieu, lorsque, surtout, c'est la passion qui le pousse et le guide. Il serait difficile de nier l'utilité d'un certain nombre de ces saintes retraites, surtout dans l'état de corruption où sont parvenues toutes les nations de l'Europe! Mais ce n'est pas ici le lieu de discuter une question de si haute importance. Je me borne à dire qu'à cet égard on était arrivé partout jusqu'à l'abus, et cet abus se trouve poussé, en Espagne, à un degré intolérable. Aussi ai-je vu tous les Espagnols instruits désirer une sage réforme, qui, par des moyens lents, mais sûrs, soulagerait leur pays du mal qu'il en éprouve. Malheureusement plusieurs, et c'est le plus grand nombre, vont jusqu'à désirer à haute voix la destruction entière de ce qu'ils appellent la vermine sociale qui s'engraisse et croupit inutilement dans les cloîtres, pour ne pas dire plus.

On a fait grand fracas en France de la dissolution de nos moines. Mais qu'était-elle en comparaison de la dissolution des *frailes* espagnols? Il n'y en a ici presque pas un seul qui n'ait, en ville, sa maison et sa concubine ; et c'est la besace qui nourrit tout cela !

Concevez que tous les capitaux qu'un zèle religieux mal éclairé a prodigués depuis des siècles à l'hypocrisie et à la crapule, au-delà de ce que réclamait l'entretien décent de quelques couvents, que je persiste à croire utiles, eussent été employés à des objets que la raison et la politique pussent avouer, eussent en un mot profité à l'industrie et non à la paresse et au libertinage en capuchon; vous serez étonné de la prospérité à laquelle vous verrez, d'un coup-d'œil, que se serait élevée cette belle portion de l'Espagne.

Si elle n'est pas, comme plusieurs autres provinces, plongée dans la misère et dans l'inertie, ce n'est pas que la même cause n'agisse chez elle aussi puissamment qu'ailleurs pour l'appauvrir sans cesse ; mais, sous un aussi beau climat, sur un sol si favorisé, il n'était pas possible que l'homme fût indifférent aux jouissances qui s'offraient à lui de toutes parts et qui devaient être le prix d'un peu de travail.

C'est ce peu de travail si bien récompensé qui, tenant en éveil l'émulation des Valenciens, les a excités à des travaux plus grands ; de-là la prospérité de ce pays, malgré la lèpre mystique qui le couvre. Que Valence ait un port, que ses moines cessent de dévorer inutilement les richesses que crée son industrie, elle n'aura rien à envier aux villes les plus florissantes.

Le Guadalquivir n'est ici qu'un faible ruisseau; mais à vingt lieues plus haut, c'est une rivière navigable. Voici comment on m'explique ce phénomène d'un fleuve arrivé à son embouchure ayant perdu toutes ses eaux.

Dès qu'il entre dans le royaume de Valence, il reçoit des millions de saignées pour les besoins de l'agriculture, qui l'appauvrit, pour s'enrichir, au point de le rendre méconnaissable à ceux qui l'auraient vu à vingt lieues plus près de sa source.

On a dessiné, dans une carte du pays, tous les arrosements auxquels fournit cette rivière. La description des veines du corps humain présente infiniment moins de ramifications dans tous les sens. De tels détails sont très honorables pour les Valenciens.

Ce peuple est cependant en état de permanence et non d'accroissement; mais c'est sans aucun doute à son gouvernement qu'on en doit des reproches.

On n'a ici nulle idée de l'encouragement des arts; aussi n'y font-ils nul progrès d'une génération à l'autre. Le fils fait ce qu'il a vu faire à son père, et s'embarrasse peu de le surpasser. De-là l'inférieure qualité des soies du pays qu'une filature mieux entendue pourrait égaler à celles de France et d'Italie. Les organsins qu'on tire du Piémont y arrivent tout dévidés, parce qu'on n'a pu façonner les dévideurs du pays à manier des écheveaux plus longs que leurs machines qu'ils n'ont pas l'esprit ou le courage d'agrandir.

J'ai noté, à-peu-près, tout ce que cette ville m'a paru offrir d'intéressant à recueillir. J'oubliais toutefois le bel édifice de la douane et quelques-unes de ses portes, ouvrages modernes qui se ressentent de la magnificence imprimée par la race régnante à tout ce qui est sorti de ses mains.

Achevons le tableau par l'esquisse des monuments de la superstition qui vous frappent à chaque pas, car on en voit dans toutes les rues.

CHAPITRE VIII.

Monuments de superstition. — Anecdotes.

Sur le mur le plus apparent de plusieurs maisons, on lit, et souvent gravé en or sur un beau marbre, que tel ou tel saint personnage, ou y a pris naissance, ou y a vécu, ou y a rendu son âme à Dieu.

Passe pour cela! cela sanctifie peut-être ceux qui habitent ces maisons et édifierait les passans s'ils lisaient ces pieux *memento* dont personne ne s'occupe, si ce n'est l'étranger oisif comme moi. A Montpellier la tradition des bonnes gens vous montre la maison où naquit S. Roch qui, peut-être, valait bien tous ces saints espagnols; mais, sur cette maison, il n'y a point d'inscription, et le Saint, je crois, ne s'en trouve pas plus offensé que son fidèle compagnon.

Ici on n'est pas si insouciant; mais ce qui va, ce me semble, un peu trop loin, c'est que tels et tels évêques ont accordé à plusieurs de ces maisons des immunités, des priviléges, que reconnaît, qu'avoue, que maintient la puissance civile.

Cela dégénère en abus matériel. Abus au préjudice des citoyens qui n'ont pas eu de saints dans leurs maisons; abus au préjudice des autres saints qui, même ceux du premier ordre, sont cantonnés dans leur apanage céleste et n'ont pas sur la terre un domaine ainsi favorisé.

Quand la religion s'égare chez un peuple jusqu'à ce point, il est à craindre qu'elle ne soit qu'en montre et en superficie.

En d'autres endroits j'ai remarqué de grossières images de bienheureux ou de madones placées dans des niches dont quelques unes se ferment la nuit comme une armoire. Le nom du saint est écrit à l'entour, et, au-dessous, on lit l'énumération des maladies contre lesquelles les prières du saint ou de la vierge, *dont on invoque dévotement l'image*, sont souverainement efficaces auprès du bon Dieu.

Une de ces inscriptions devant laquelle je me suis arrêté, mentionnait dix à douze sortes de maladies. Je croyais lire l'enseigne d'un de ces empiriques qui, à Paris, font circuler leurs avis dans tous les lieux publics pour attirer les dupes en leur promettant une guérison radicale.

Remarquez bien que je vous parle *de l'invocation à l'image qu'on a sous les yeux*. Il ne s'agit pas, en effet, de celle qu'on pourrait adresser au saint lui-même, à la vierge elle-même. Cette invocation n'aurait pas la même vertu, et les inscriptions dont je parle ne manquent pas de vous en avertir. *Essa imagen*, cette image, vous disent-elles, doit être invoquée, etc. Eh! comment le concevoir autrement, lorsqu'on voit la vierge, qui jamais n'est que la même personne, être représentée sous mille formes différentes, et, sous chacune d'elles, vouloir être vénérée d'une manière particulière, habiter préférablement certains lieux, et opérer dans chacun de ces lieux des miracles spéciaux?

On invoque telle vierge dans un naufrage, telle autre dans les maladies, telle autre au milieu des voleurs.

L'une, enlevée de sa première demeure, y est revenue dans la nuit transportée avec sa niche par un ange; l'autre a révélé à un inspiré qu'elle voulait un temple en tel endroit; celle-ci veut qu'on lui récite tant d'*ave*; celle-là ne se plaît qu'au rosaire, etc., etc.

Là, on la vénère sous les traits d'une négresse qui caresse son négrillon, et on la nomme *Notre-Dame la noire*; ici on l'habille en bergère, et sous le nom de *la divina pastora*, on la dit uniquement occupée de la conservation des troupeaux. On n'en finirait pas si l'on voulait épuiser la récapitulation.

Tout cela prouve que le superstitieux espagnol ne pense pas un seul instant à la vierge elle-même en se prosternant au pied de son image, et n'a nulle idée nette du culte qu'il lui rend.

Et on appellerait ce culte abrutissant une religion digne de l'homme et de son auteur!... Mais remarquez par quels moyens honteux un clergé ignorant a propagé cette superstition pitoyable.

Au-dessous ou autour de ces inscriptions sacrées, dignes tout au plus de servir d'enseigne à un apothicaire, on lit, dans différens cadres entourés de festons ou de guirlandes, que tel évêque a accordé vingt jours d'indulgence à celui qui récitera en l'honneur de *essa imagen* (de cette image) un *pater* et un *ave*; que tel autre évêque a confirmé cette faveur et l'a augmentée de vingt jours de plus en doublant la dose de la prière ; qu'un troisième..., etc.

Que signifient ces jongleries pieuses, et quelle sagesse y a-t-il à parler d'indulgence pour un acte indifférent en soi, si l'épuration intérieure ne l'accompagne? N'est-il pas à craindre que, toujours dupe des mots, le peuple qu'on accoutume à mettre tant de prix à de vaines pratiques, ne s'accoutume à croire qu'il peut impunément se livrer à toutes ses passions, commettre tous les crimes, puisque pour un *pater* et un *ave* il en sera absous?

Voilà, en effet, où en est la religion de l'Espagne; c'est celle de tout son clergé, et je pense même lui faire, en la lui accordant, beaucoup d'honneur, car, sans cela, que faudrait-il penser de lui en voyant tous les jours huit ou dix mille moines se séparer le matin de leurs concubines pour aller célébrer le plus auguste des mystères, et le soir reprendre le cours de cette vie scandaleuse? Il n'y a que l'admission de leur confiance dans le pouvoir des indulgences qui puisse convertir en mépris l'horreur qu'ils devraient inspirer, soit à raison de leur sacrilége volontaire, s'ils sont croyans, soit à raison de leur basse et vile hypocrisie, s'ils ne le sont pas.

En voici d'une autre espèce, et qui prend sa source dans l'orgueil effréné de l'homme plus encore que dans la religion.

Allant de mon auberge à la poste, une des rues

aboutit à un mur devant lequel je me suis arrêté. Une madone y est nichée ; à côté est une grande croix peinte à fresque, et je lis au-dessous : « Ici mourut repentant... un tel..., chanoine » de... Passant, prie pour le repos de son âme. »

Vous conviendrez que cela est tant soit peu impertinent, et que ce M. le chanoine aurait bien dû prévoir en mourant, que lorsqu'on est, par exemple, dans une situation comme la mienne, on a tout autre chose à faire que prier Dieu pour quelqu'un qu'on n'a jamais vu.

Si je pouvais quelque chose sur lui, je lui demanderais le moyen de gagner en repos mon pain quotidien, car je veux le gagner, je ne veux pas qu'on me le donne ; secondement, comme unique gage de ce repos, je lui demanderais... Chut ! je vais rentrer en France ; si ce cahier allait se perdre, des idées de ce genre pourraient être cause qu'on m'y ferait un mauvais parti... J'ai tort, très grand tort de m'égayer sur un pareil sujet ; changeons de ton, s'il est possible... Mais le moyen de reprendre mon sérieux. Voici une autre drôlerie qui ferait, comme on dit, rire un mort.

Au coin d'une rue, un bas-relief en marbre me fait lever la tête ? Qu'y vois-je ? une femme épouvantée qui se jette au pied d'un autel, et qui regarde avec effroi un monstre horrible, lequel la menace de la porte de la chambre où elle s'est réfugiée.

Ce monstre a des pieds de satyre, une queue en serpent, un corps velu, un membre enflammé, un visage d'orang-outang, mais cornu, des ailes de chauve-souris, des bras comme un squelette, et des griffes de dragon. A ces traits on a déjà reconnu sans doute le diable, et l'on devine qu'un miracle le retient à la porte et l'empêche de saisir sa proie. Or, voici quel est ce miracle; voici comment un beau marbre noir, au-dessous de ce bas-relief, donne l'histoire de cet événement écrite en lettres d'or. Je n'ai osé la copier au milieu de la rue, dans la crainte de m'attirer quelque désagrément, et ma mémoire n'a pu retenir douze à quinze longues lignes en espagnol pour les consigner dans mes notes; mais je suis sûr d'en avoir retenu le sens.

Une jeune esclave maure habitait cette maison où vivait un saint personnage. Le diable la convoita et lui fit mille peurs pour chercher *à la jouir* (c'est ainsi que je traduis *gosar la* que porte l'inscription). Cette jeune fille observa qu'elle n'était à l'abri des poursuites de son ennemi que lorsqu'elle se trouvait dans une des chambres de la maison, et cette chambre elle la prit pour son refuge toutes les fois que le démon vint l'obséder; ce qui démontra aisément que cette chambre, à la porte de laquelle le démon s'arrêtait toujours, était habitée par un saint, lequel en effet fut déclaré tel lorsque le miracle eût été constaté.

Je ne crois pas qu'il ait jamais été rien inventé de plus ridicule qu'une pareille fable. Assurément il n'y a pas de miracle à voir la jeune maure rebelle au monstre qui voulait *la jouir*; s'il y en a un, dans cette folie, c'est que le diable, qu'on dit si fin, ait pu espérer l'apprivoiser sans échanger sa forme hideuse contre une autre moins repoussante, par exemple celle du saint personnage dont la jeune fille aimait tant à fréquenter la chambre.... Mais n'allons pas plus loin; si j'allais découvrir, par hasard, la véritable source de ce miracle, ce serait un scandale de plus dans le monde, et il en a déjà assez... Ne troublons pas le repos des saints, *iste requiescat in pace*, que celui-ci repose en paix!

M. Belon m'invite à dîner pour demain; sa visite m'arrache à mon travail stérile; ma voiture est prête : allons passer ma soirée chez MM. W....y LL....

CHAPITRE IX.

Soirée musicale.

J'ai trouvé les deux familles se disposant à aller entendre la répétition d'un *miserere* qui sera chanté la semaine prochaine à la cathédrale. J'ai cédé ma voiture à des amis de la maison, et je suis monté dans celle des dames que j'ai accompagnées chez le maître de chapelle qui a composé ce *miserere*.

Je n'ai point eu à regretter cette partie de la soirée ainsi employée. C'est vraiment de la bonne et très bonne musique que j'ai entendue. Ce jeune compositeur a étudié et parfaitement saisi le génie des grands maîtres modernes. Sa symphonie est brillante sans être trop ambitieuse; son chant est très mélodieux et bien accentué; ses accords sont heureux et touchans; ses expressions savamment variées ont un caractère noble, tantôt grave et sévère, tantôt plaintif et tendre, mais éminemment religieux. Un verset, chanté en accord, sans accompagnement, m'a paru d'un effet céleste. Si, dans l'ensemble, j'ai retrouvé parfois quelques réminiscences des meilleures pièces de Gluck, de Piccini, de Grétri même, elles étaient si bien fondues qu'il est bien possible qu'elles ne soient pas un plagiat. Au reste, c'en serait un, que je n'en reconnaîtrais pas moins avec plaisir le mérite de cet abbé, que je trouve trop rétréci pour son talent dans le cercle de la musique mystique, et qui, j'en suis certain, jouerait un rôle très brillant dans la musique dramatique.

J'ai appris que cet artiste, jeune encore (il a au plus 35 ans), a des ennemis acharnés parmi ses confrères en mi, fa, sol. Ceux-ci l'accusent de vouloir innover en musique; il les laisse crier et écrire contre lui (car on en est déjà à la guerre de plume), et il va son train.

Tout cela me paraît dans l'ordre. Si cet abbé n'était qu'un compositeur médiocre, ses confrères l'applaudiraient, le prôneraient, pour en être à leur tour prônés et applaudis. Mais sa supériorité les offusque, *inde iræ*. O bien heureuse médiocrité! c'est pour toi qu'est fait le bonheur! l'envie sommeille au bruit de tes succès; l'esprit de coterie se charge de ta gloire, et tu ne l'acquiers pas au prix de ton repos!

La grande affaire des salons de Valence, c'est la polémique qui s'est déchaînée contre ce maître de chapelle; il y a deux partis prononcés, dont l'un le porte aux nues, et l'autre le met au-dessous de zéro. Cela rappelle nos Ramistes et nos Lullistes. Cette méchante espèce qu'on appelle les hommes, ne saurait vivre en paix... Ah! qu'on se batte ici à coup de plume pour des opinions musicales, mais qu'on en reste là! Plût à Dieu que nous y fussions encore! Dieu préserve ces Valenciens de nos disputes politiques! ils nous surpasseraient, à coup sûr, en extravagances atroces. Ce peuple-ci est vif, passionné, irascible, et il est familier avec le *cucillo*, le couteau, ce qui, Dieu merci! est loin des moeurs de nos Français.

Cependant quelles n'ont pas été chez nous les conséquences de nos misérables débats politiques? Sans eux, serais-je ici sans comprendre pourquoi j'y suis, et sans savoir ce que je deviendrai quand j'en sortirai? Cependant ai je embrassé ou heurté tel ou tel parti? me suis-je agité le moins du monde, si ce n'est lorsqu'on m'a attaqué; et les attaques que j'ai reçues les ai-je méritées? Je n'en provoquerai certainement pas de nouvelles; mais puis-je me flatter d'en être exempt pour l'avenir?... Où diantre me laissai je entraîner, à propos de musique!... Où?... à réciter la fin de ma soirée. C'est une conversation politique qui l'a terminée, écrivons-la. J'y ai joué un rôle assez singulier pour la conserver dans ces notes.

On est un peu illuminé chez MM. W...y LL...! A l'exception d'une sœur du premier, âgée de soixante-trois ans, et qui, depuis l'âge de six ans, a vécu dans le couvent de Crest, en Dauphiné, jusqu'à ce que la révolution, qui a fait tomber son voile, l'ait eu chassée de cette retraite... Une heure sonne! remettons la suite à demain.

CHAPITRE X.

Conversation politique.

Du 30 mars 1798. Au retour de chez le maître de chapelle, la conversation est tombée sur la France et sur l'Angleterre.

Là, je devais être à mon aise. Je hais l'anglais autant que je désire le bonheur de la France... même républicaine, autant aussi que je hais la révolution. Je pouvais craindre de ne pas trouver les autres *à la hauteur*, plutôt que de ne pas m'y trouver moi-même; cependant cela n'a pas eu lieu, et mes opinions se sont trouvées celles de tous les assistans.

Mais la religieuse a, je ne sais comment, ramené la conversation à sa passion de tous les instans, à ses regrets de son couvent, d'où, après soixante ans de bonheur, elle a été chassée par des impies, comme elle les appelle.

J'ai tâché de consoler cette très excusable dévote, en lui exposant les abus auxquels un zèle religieux, mais aveugle, avait conduit toute l'Europe. J'ai essayé, et je suis presque parvenu à lui faire sentir, que le sort qu'elle a éprouvé était inévitable, et enfin je l'ai forcée de convenir qu'elle ne devait pas murmurer contre la Providence qui, sans doute, avait eu ses raisons pour permettre tout ce qui s'est fait. J'ai ajouté (mais ici la bonne dame ne m'a répondu que par un long soupir, accompagné d'un roulement de tète qui exprimait son incrédulité), j'ai ajôuté, dis-je, que notre patrie commune (cette religieuse est française) profiterait beaucoup, inévitablement, d'une réforme, dont la génération actuelle a grandement souffert, et ne méritait pas de porter tout le poids, mais qui ferait le bonheur de celles qui viendront après elle.

Pendant ces exhortations, qui ont paru faire quelque impression à celle qui en était l'objet, le reste de la famille applaudissait à mes raisonnemens, et son assentiment à la révolution ne me paraissait nullement équivoque.

Cela m'a fait de la peine.

Qu'un Français, quoique établi chez l'étranger, s'affectionne pour la république, je ne l'en blâme pas. C'est son devoir peut-être; je suis même tenté de croire que c'est aussi le mien. A quel titre, en effet, lui ou moi aurions-nous le droit de vouloir autrement que la masse de nos compatriotes?

Mais que ce sentiment, louable, ou du moins excusable, dégénère en un aveuglement servile qui nous fasse approuver toutes les horreurs, tous les déchiremens par où nous avons dû passer pour arriver à une république, voilà ce que je ne saurais voir de sang-froid.

La seule excuse que peut avoir un Français qui, pendant ces temps malheureux, a vécu hors de France, c'est que, n'ayant vu tous nos maux que de loin, il n'a pu en avoir une idée bien saine, surtout s'il n'a eu sous les yeux que ces journaux impudens qui se sont fait un métier de diviniser tous les crimes et de colorer de spécieux prétextes les excès les plus révoltans, les lois les plus indignes de ce nom, les mouvemens révolutionnaires les plus désastreux.

C'est ce que j'ai exprimé dans la suite de cette conversation.

Après avoir lancé mon trait à la religieuse qui, sans doute, m'a mis, *in petto*, au rang de nos grands patriotes, j'ai attaqué de front mes approbateurs, et je leur ai prouvé qu'ils étaient, par leur éloignement, dans une mauvaise position pour bien juger la France. J'ai soutenu qu'il n'y avait qu'un tigre qui pût avouer, sans frémir, sa terrible révolution et s'y attacher; j'ai établi enfin que tout homme sage devait se borner à vouloir aujourd'hui son gouvernement actuel, mais qu'il fallait se défier de ceux qui le voulaient avant qu'il ne fût établi.

Avoir voulu, ai-je dit, détruire l'ancien gouvernement, fut, à mes yeux, un crime; vouloir renverser celui-ci, en serait un par la même raison. S'il est mauvais, ce qui est possible, il se renversera lui-même, un honnête homme n'a que faire de s'en mêler.

Tout honnête homme doit être convaincu que le peuple ne peut-être heureux au milieu des troubles. Tout changement produit des troubles; il doit donc se tenir en garde contre le désir des changemens.

Il n'est pas de gouvernement exclusivement, absolument préférable à un autre; tous sont bons ou mauvais relativement, et il n'y a que des fous ou des méchans qui, de gaîté de cœur, voulant forcer une nation entière à se plier à leurs rêveries, puissent jouer son bonheur aux dés, pour satisfaire leur amour-propre, qui leur dit qu'eux seuls ont raison, ou leur intérêt, qui les pousse à s'enrichir des malheurs publics.

J'ai été royaliste, ai-je ajouté, jusqu'à l'établissement de notre constitution actuelle; mais, depuis lors, sans me lier pour l'avenir, je suis républicain; et, à chacune de ces époques, je fus de bonne foi ce que je me dis être.

Ce serait peut-être un danger de l'avouer ainsi en France; mais je suis convaincu que tous les Français qui ne sont pas des factieux me ressemblent, du moins quant à mon opinion, si ce n'est pas quant à mon courage.

J'ai fini par persuader mes auditeurs d'un fait

certain vainement contredit par les ambitieux qui, depuis huit longues années, ne font autre chose que se disputer les emplois, regardant la république comme leur patrimoine; c'est qu'en France il n'y a aujourd'hui véritablement pas de royalistes, comme auparavant, à certaines époques, il n'y avait pas de républicains. Non que je veuille dire qu'il n'y a pas de royalistes d'opinion, c'est-à-dire, des penseurs sages et modestes qui, ayant réfléchi pour eux et non pas pour la foule, sur la nature des gouvernemens, croyent en silence que la royauté ne mérite pas les anathèmes que des passions aveugles ont fulminés contre elle, et qui en conséquence regrettent nos Bourbons dont ils salueraient le retour avec enthousiasme; mais ceux-là ne seront jamais royalistes d'action, et, par la force même de leurs principes, ils seront le plus solide appui du gouvernement existant, s'il remplit lui-même les conditions de sa conservation.

De tout cela j'ai tiré cette conséquence, c'est que toutes les fois qu'on nous parlait, en France, d'une conspiration royale, il fallait en conclure l'imminence d'une lutte prochaine parmi les révolutionnaires des diverses nuances, pour le partage du pouvoir. Pour cette espèce d'hommes, tout se résout en combats d'ambition. C'est une secte qui nous tourmentera long-temps encore;

cette secte est la vermine indestructible de tout système de gouvernement ayant pour base des élections et des assemblées délibérantes. Pour la bien caractériser, on pourrait l'appeler la secte des *ôte-toi de là que je m'y mette.*

De tout cela il est résulté que je n'ai contenté personne; que la religieuse a continué de me croire un patriote robuste, dans toute la force du sens qu'elle donne à ce mot; et que les autres m'ont classé parmi les frondeurs et les aristocrates, comme le feraient les farouches rédacteurs du seul journal français qu'a pu me prêter cette maison, du *Journal des hommes libres.*

Je n'ai rien éprouvé là que ce qui m'est mille fois arrivé, ce qui m'arrivera mille fois encore en France.

Supposez que ce cahier tombât, par un hasard quelconque, entre les mains d'un de nos puissans; il serait peut-être mon arrêt de mort. Présentez-le à l'inquisition dans ce pays-ci, toute insignifiante qu'elle est maintenant, il est probable qu'elle ne me traiterait pas mieux.

Que faut-il en conclure?

C'est, je crois, que, placé entre les deux extrêmes, je suis incontestablement sur la ligne de la sagesse et de la raison.

J'ai quelques visites à faire avant le dîner chez M. Belon; je ferme mon cahier et je sors.

Après le dîner je rentre chez moi uniquement pour noter mes remarques de la matinée. Je pense, qu'à moins d'événemens qui me soient personnels, ce seront les dernières pendant mon séjour à Valence.

Ce matin j'étais chez Péreymond, lorsqu'un abbé est venu y porter la nouvelle d'une cédule royale qui expulse d'Espagne tous les Français qui ne seront pas avoués par l'ambassadeur de la république. Voilà un exploit du successeur de Pérignon. Que je dois m'estimer heureux d'avoir quitté Madrid!

Nous nous sommes rendus chez M. Simiau, Péreymond, l'abbé et moi, pour éclaircir cette nouvelle; d'autres ecclésiastiques s'y sont trouvés, et voici l'étonnante conversation qui y a eu lieu.

CHAPITRE XI.

Cédule royale. — Expulsion des Français. — Colloque intéressant.

Un Abbé. — Qu'allons-nous devenir? Nous n'avons nul asile en Europe, et pas un sou pour nous transporter où que ce soit.

Un autre Abbé. — Ne nous inquiétons pas du lendemain, l'évangile nous le commande.

Moi. — Aide-toi, bonhomme, et je t'aiderai. C'est aussi ce que dit la Providence.

Le deuxième Abbé. — Je ne veux m'inquiéter de rien. Si, au commencement de la révolution, nous étions arrivés tout d'un coup à une situation comme la nôtre, il y aurait de quoi perdre la tête; mais Dieu a permis que nous fussions accoutumés, par degrés, à tout souffrir; aujourd'hui rien ne doit nous surprendre. Remercions-en la Providence qui, peu à peu, nous a donné des forces suffisantes pour supporter les maux que sa sagesse incompréhensible nous réservait.

Moi. — Ah! M. l'Abbé, la Providence pouvait bien avoir une autre sagesse! Je ne vois pas ce qu'elle gagne à avoir souffert la révolution.

L'Abbé. — Nous ne connaissons pas ses desseins; nous devons souffrir et nous taire. Peut-être est-ce pour notre bien qu'elle nous soumet à ces persécutions.

Moi. — Mais depuis tant de temps! avec tant de constance! l'Abbé, c'est un peu trop! trop surtout à mes yeux, plus mondains que les vôtres.

L'Abbé. — Il y a bientôt dix ans que nous souffrons avec toute la France; mais qu'est-ce que dix ans, aux yeux de Dieu qui est éternel?

Moi.—Oui, ce n'est rien pour lui, le fait est certain, quand il s'agirait de dix siècles. Mais nous ne sommes pas éternels, comme lui; ses desseins, comme vous le dites, ses desseins s'accomplissent sur des machines périssables dont tous les momens sont comptés, et dont, par conséquent, les souffrances non méritées doivent être de quelque conséquence.

L'Abbé. — Le chrétien ne meurt pas. Il passe de cette vie de misère à une vie de gloire et de bonheur. La mort ne doit pas m'effrayer quand je suis assuré qu'elle n'est qu'un passage à un mieux éternel; ainsi, du moins pour moi, votre observation est sans force.

Moi. — Soit! mais, pour moi, elle reste entière. Votre Providence, en faisant régner le méchant et opprimer le juste, me tend un piége qui peut m'être funeste. Elle m'expose à la tentation de douter de son action sur les destins des hommes. Quand je vois les désordres moraux qu'elle permet, il me faut souvent des efforts pour ne pas la nier.

L'Abbé. — Vous me prouvez, par-là, que ma confiance en elle est véritablement fondée. Tant d'âmes vulgaires lui rendront hommage dans la prospérité, pour la calomnier dans l'infortune, qu'elle a dû mettre à l'épreuve celles qu'elle devait combler de ses bienfaits. Vous me parlez de l'oppression du juste et du triomphe du méchant;

mais concevez-vous donc une meilleure pierre de touche des cœurs fidèles et résignés à sa volonté ? Elle retarde souvent ses vengeances ; mais elles arrivent enfin, et sa puissance en est d'autant plus éclatante. C'est ainsi que les parens du Lazare, impatiens de sa résurrection, obsédaient sans relâche Jésus, qui la leur avait fait espérer, et qui, ayant mis leur foi à l'épreuve pendant deux jours, ne fit son miracle que le quatrième, afin que la putréfaction du cadavre démontrât la réalité de la mort qui l'avait frappé. L'Europe révolutionnée, ébranlée dans sa religion et dans son repos, est ce cadavre symbolique. Peut-être sa putréfaction n'est-elle pas encore assez généralement reconnue ; peut-être Dieu veut-il encore prolonger ses souffrances, augmenter le chaos où elle s'abandonne, pour ne la ramener à son état naturel que lorsqu'il ne paraîtra plus possible de l'espérer, afin que la force de son bras se manifeste avec plus d'éclat. Quoi qu'il en puisse être, le devoir d'un chrétien est la résignation, et je m'y abandonne. Un chrétien a du moins cet avantage sur les impies du siècle. Heureux, en apparence, l'incrédulité de ceux-ci n'est qu'en montre ; croyez qu'ils ont souvent de terribles retours sur eux-mêmes ; leurs remords, gardez-vous d'en douter, sont des bourreaux perpétuels auxquels ils ne peuvent point échapper. Le chrétien, au contraire, par l'image de cette vie future, qui lui promet une éternité de bonheur, par sa confiance dans un Dieu juste et bon, trouve dans sa religion une source intarissable de consolations, et sa mort même, il la voit arriver sans frémir, comme le terme désiré d'une vie de douleur et de peines.

Moi. — L'abbé, c'est très touchant tout ce que vous me dites; mais cela n'empêche pas qu'une cédule royale ne vous chasse de l'Espagne. Cette résignation, que je dois admirer en vous, ne remplira pas votre bourse lorsqu'il vous faudra voyager; ne vous fera pas trouver tout de suite un asile où vous puissiez méditer en repos, quoique dans la misère, sur cet avenir que vous embrassez au-delà de la vie; et voilà ce qui me fait de la peine pour vous; car enfin il viendra demain, peut-être, un moment où vous ne saurez vous-même que devenir.

L'Abbé. — Je ne le sais pas même aujourd'hui; cependant vous ne m'en voyez point effrayé. Je suis aussi tranquille que je vous le parus hier avant cette nouvelle fâcheuse. La religion me donne de la force, me laisse encore de l'espoir quand vous n'en voyez plus pour moi. Je dis tous les matins à Dieu : *Fiat volontas tua;* je ne dois pas démentir ce vœu par ma conduite.

Moi. — Mon cher abbé, vous me confondez. Cette volonté de Dieu me paraît bien bizarre, humainement parlant, car, enfin, songez donc que c'est un Bourbon qui vous chasse, vous, resté fidèle à son parent, assassiné par ceux-là même dont il épouse les passions, et dont vous êtes la constante victime.

L'Abbé. — Louis XIV reconnut Cromwel, assassin d'un roi auquel il s'était allié par les nœuds les plus saints : la fin de son règne fut une chaîne de malheurs et d'humiliations; le plus vertueux de ses descendans a péri d'une mort affreuse, et le reste de sa famille est tombé dans le plus inconcevable abattement. Peut-être est-ce une punition, dont Dieu a voulu frapper Louis XIV, et que sa justice a cru devoir étendre jusqu'à ses descendans. Ne prenez pas à la lettre cette conjecture que je hasarde; mais le triomphe prolongé de Cromwel a-t-il empêché Charles II de ressaisir ses droits? Le Bourbon qui règne en Espagne imite son aïeul! Ce n'est pas à moi de le juger; je vois en lui l'instrument de la Providence qui, peut-être, l'a dès long-temps voué aux coups de sa main vengeresse; je tremble pour lui, pour sa race.... mais j'obéis, je me tais, et je me soumets à mon sort sans murmure. Que peut-il m'arriver? De mourir? A vos yeux est-ce donc le plus grand des maux? Laissez cette opinion aux scélérats, et sachez mieux juger de ce moment inévitable. La mort est le réveil du juste, et non pas, comme dit Roberspierre, un sommeil éternel. Je vais plus loin; dans cet amas de calamités qui nous frappent, je vois une faveur du ciel. Le bonheur éternel est devenu plus facile à acquérir pour quiconque est resté chrétien. C'en est un moyen sûr que de supporter sans murmure des maux non-mérités ; j'en trouve l'occasion, que ne m'eût pas offerte, peut-être, l'état paisible de la France: voulez-vous que je n'en fasse aucun cas, et que je la laisse échapper?

Moi. — A la bonne-heure! mais pour dix qui en profiteront comme vous, mille, cent mille, un million n'y trouveront qu'une occasion de chute; et Dieu, qui connaît la faiblesse humaine, ne devait pas les y exposer.

L'Abbé. — Il faut espérer que ce que vous dites n'aura pas lieu, et que le nombre des chrétiens forts surpassera celui des faibles. Il faut surtout s'en rapporter, pour eux, aux ressources incalculables de la miséricorde divine, et, au surplus, faire individuellement son devoir.

Moi. — Vous me prouvez, l'abbé, que votre religion est au-dessus de tous les biens de l'homme; cependant si je voulais m'ériger près de vous en impie, je pourrais vous faire remarquer de bien fâcheuses conséquences de certains aveux que vous m'avez faits, tel est, par exemple, celui du retard que Dieu met, pour sa plus grande gloire, à la répression du désordre; tel est encore celui de la vengeance réfléchie qu'il exerce, pour les fautes de leurs aïeux, sur des descendans innocens, etc., etc.

L'Abbé. — A tout cela j'aurais ma réponse.

Moi. — Je le crois. Mais cette religion dont vous êtes le respectable apôtre et le martyr édifiant, bien peu de ses ministres la rendent recommandable comme vous le faites. Par exemple, en Espagne, voit-on aucune trace de la pureté qu'elle acquiert dans votre bouche? Pour ma part, je vous avoue que, telle qu'elle y est pratiquée, elle m'a indigné. De grossières superstitions, d'absurdes pratiques prétendues pieuses, voilà ce qu'elle m'a montré. Tout-à-l'heure, en passant devant une église, j'ai vu un morceau de bois peint qu'on avait suspendu à la porte, et qui représentait un homme nu sortant du milieu des flammes, et levant les mains vers le Ciel; et, au-dessus de cette pitoyable image, j'ai lu ces mots: *Oi se saca alma.* Aujourd'hui, on retire une âme. C'est du Purgatoire qu'il est question: ne dirait-on pas que ces prêtres espagnols ont la clef de ce Purgatoire; qu'ils fixent à leur gré le jour, l'instant où une âme doit en sortir; que cet acte de miséricorde sera matériellement visible dans leur église; et que, par leur tableau suspendu à leur porte, ils invitent les passans à entrer pour en être les témoins? Convenez que tout cela est dégoûtant, et qu'une religion ainsi avilie.....

L'Abbé. — Ce qui vous blesse, dans tout cela,

m'a moi-même offusqué. Le zèle de l'ignorance a introduit ces absurdes pratiques, et la coutume les perpétue quand la raison les désavoue, parce qu'il est difficile de revenir sur ses pas, pour ce qui tient aux préjugés du peuple, quand on s'est une fois égaré. En France, cela n'existait pas; le clergé y était plus instruit, le culte plus décent, et la religion plus réelle, quoique moins en parade. Aussi le clergé espagnol ne nous aime-t-il pas. Notre présence accuse son ignorance et sa dissolution; et je suis sûr d'avance qu'il verra avec joie notre expulsion.

Moi. — Voilà ce que je ne conçois pas; car enfin votre sort peut, au premier moment, être le sien.

L'Abbé. — Cela n'est que trop vrai! cette possibilité-là est imminente. Si cela arrivait, si l'Espagne éprouvait des malheurs semblables aux nôtres, peut-être faudrait-il, dans cette calamité même, reconnaître le doigt de Dieu. Je vous ai déjà dit qu'on ne peut éviter ses vengeances; je vous ai cité Louis XIV mettant sa main dans la main sanglante de Cromwel; je vous ai présenté à cet égard des conjectures : comparez les faits, et jugez ce qui peut arriver. Il n'est pas impossible qu'après avoir si long-temps éprouvé les prêtres français, la Providence veuille les soustraire à des malheurs nouveaux prêts à les assaillir en Espagne, et les réserve pour un temps plus heureux.

Moi. — Jolie manière de vous mettre en réserve, que de vous chasser de l'Espagne, quand il n'y a pas un coin en Europe où le gouvernement Français n'ait déclaré qu'on ne devait pas vous recevoir! et, prenez-y garde, ce gouvernement a les moyens de vous y persécuter, comme il n'est pas possible de douter qu'il n'en conserve la volonté!

L'Abbé. — A tout cela, que puis-je répondre? Ce gouvernement est injuste et cruel, c'est à Dieu seul à juger entre lui et nous.

Moi. — Ma foi, mon cher abbé, vous me poussez à bout! cette patience-là je ne la digère pas; elle m'étouffe; c'est un aliment trop crû pour mon faible estomach. Quand je vois des émigrés, des prêtres paisibles persécutés avec un tel acharnement, sans moyens de subsistance, et éternellement en butte, quoique dans l'étranger, à un système affreusement absurde qui ne veut les souffrir nulle part, comme si, pour le bon plaisir de quelques puissans du moment, ils pouvaient cesser d'être; je ne puis contenir mon aversion pour de telles horreurs, mon mépris pour les gouvernemens qui en sont les complices, et j'exècre mon siècle, l'Europe entière je la hais; et, quant à votre Providence..... Changeons de conversation, s'il vous plaît, cela me fait bouillir le sang.....

CHAPITRE XII.

Réflexions. — Conseil non compris, et resté inutile. — Anecdotes.

Du 31 mars, écrit à ma femme, et fait pressentir ma venue à Marseille.

Écrit à L'h... à Madrid; donné mon adresse à Marseille pour la continuation du renvoi de mes lettres. Désigné celles qu'il pourrait recevoir d'Ab... de Paris, afin qu'il les remette à Drouillet et compagnie, auxquels je donne l'autorisation de les ouvrir, et envoie ma procuration pour qu'ils signent les endossemens des remises qui s'y trouveraient, avec prière de me suppléer pour les opérations qui devraient s'en ensuivre.

Écrit à don Louis de Biguri; donné mon adresse à Paris, chez Enfantin frères.

Écrit à Ab..., à Paris, pour contremander les opérations que je lui avais indiquées.

J'ai du temps de reste : plaçons ici une réflexion consolante qui me prouve qu'il est pour moi une Providence qui me sert, me protége lorsqu'elle a l'air de me frapper. Ma vie entière le démontre.

Il est plus que probable que, depuis la révolution, je ne dois ma conservation jusqu'à ce jour qu'aux malheurs qui me sont arrivés.

Sans ma fuite de Montpellier après le 14 novembre 1791, j'aurais péri plus tard avec le vertueux Durand.

Sans le courage qui me fit accepter, en juillet 1793, la mission périlleuse d'aller insurger les départemens restés soumis à la Convention, je n'aurais pas quitté la France, et j'aurais péri à Marseille.

Sans ma sortie de France, je n'arrivais point à Toulon.

Sans mon arrivée à Toulon, je ne sauvais point ma famille.

Sans le vol qui me fut fait à Livourne, je ne rentrais pas en France, je restais émigré.

Sans ma rentrée en France, je n'aurais point épousé ma Virginie; je ne serais point époux et père.... Mais, hélas! puis-je bien m'en féliciter!

Sans les attaques que j'ai reçues à Marseille après mon mariage, et que je repoussai à coups de bâton, au milieu de la bourse, je n'aurais pas brisé les verroux sous lesquels 180 malheureux, du nombre desquels était mon frère, gémissaient dans les cachots du fort Lamalgue.

Sans les efforts que ce succès exigea de moi, je n'aurais pas fait, à Paris, les amis qui m'y ont été si utiles, et qui peuvent me l'être encore plus que jamais.

Sans le projet trop chimérique qui me ramena de Marseille à Paris, le 18 fructidor (1) m'eût surpris à Marseille, je serais perdu peut-être sans

(1) La révolution a eu des journées horriblement fameuses; mais aucune n'a égalé, pour ses funestes conséquences, celle du 18 fructidor. Il n'en est qu'une que l'on puisse lui comparer, c'est celle du 5 septembre, qu'un jour l'histoire appellera le 18 fructidor de la monarchie.

Bien autrement féconds en désastres incalculables que tous ceux qui les ont précédés, ces deux coups d'état ont eu des résultats à-peu-près égaux; leurs contre-coups ont été ressentis dans toute l'Europe.

Le 18 fructidor enfanta l'Empire, d'où s'ensuivit l'ébranlement de tous les trônes du vieux continent; il a fallu quinze ans pour en neutraliser la maligne influence.

Le 5 septembre, à son tour, a enfanté les *Carbonari*, les révolutions de Naples et de Turin, le 13 février, la démoralisation de notre jeunesse, et le fléau qui dévore aujourd'hui l'Espagne. Qui oserait assigner le terme des malheurs qui en seront la suite, tant que ceux qui ont proclamé comme une journée de salut celle où fut commis ce crime politique, pourront, grâce à la faiblesse de nos lois, conspirer, sans danger, contre le trône légitime, contre la religion, contre le repos de l'univers entier, et compter des amis dans tous les rangs de l'administration, dans toute la hiérarchie de la force publique civile et militaire?

Remarquons, toutefois, que nous avons été condamnés à subir l'apologie du 5 septembre, mille fois prononcée impunément à la tribune législative par les ennemis de la restauration; mais que, du moins, le Directoire eut la pudeur de jouir en silence de son 18 fructidor, dont il n'osa pas consacrer la commémoraison par des fêtes publiques, comme ses devanciers avaient consacré celle du 14 juillet, du 10 août, du 21 janvier.... Il y a de quoi frémir

ressource à l'heure qu'il est; je n'aurais pas procuré une bonne place à mon frère, et je ne serais pas venu en Espagne.

Sans mon voyage inutile à Madrid, mon séjour en France, que rien ne peut plus attaquer, m'eût exposé aux plus grands dangers; peut-être aurais-je fini par aller périr dans les déserts de la Guiane.

En dernier lieu, enfin, sans les brutaux procédés du nouvel ambassadeur, qui m'ont brusquement décidé à rentrer en France, la cédule royale qui expulse les émigrés eût atteint ceux à qui j'avais prêté mon argent, que je n'aurais songé à demander qu'à l'échéance; et qui sait si moi-même, grâce à la malveillance de l'ambassadeur, je n'aurais pas perdu la position que me donne mon passeport ?

Que l'image de ce danger, écarté de moi par une puissance invisible que nos sages du siècle appellent le hasard, ranime mon courage et mes espérances.

A chaque pas, tout me révèle l'insuffisance de la prévoyance humaine, au milieu du chaos de

---

à songer que, même l'épouvantable journée du 2 septembre, pâlit à côté de ce 18 fructidor et de ce 5 septembre; et que c'est après le règne des cent jours, que ce 5 septembre a rallumé les torches de la révolution!

(*Note de l'Éditeur.*)

l'Europe; puisque donc ce qu'on appelle la prudence n'est aujourd'hui qu'un guide incertain et aveugle, continuons à m'abandonner sans résistance à l'impulsion des événemens.

Voici une belle occasion pour cela! Je désirais partir lundi; j'arrive du Grao avec Péreymond, et ce jour-là précisément doit partir un bâtiment pour Sette ou pour Marseille. Le capitaine a le choix, et c'est le vent qui décidera pour l'un ou l'autre port. Pour le coup, c'est bien le hasard qui me poussera où il voudra, et je n'y mettrai pas du mien.

Moyennant dix piastres pour moi, et quelques unes de plus pour Fages, qui s'embarquera comme mon domestique, je serai transporté en Provence ou en Languedoc; je n'ai plus qu'à aller conclure le marché avec M. Lassala, armateur du navire...... Mais voilà qu'un patron arrivé de Marseille vient ébranler ma résolution.

Il en est parti le 4 mars, et à cette époque on se disait tout bas que le règne de Roberspierre avait été moins affreux que ce que l'on voyait aujourd'hui. On y comptait 3000 individus en arrestation, et chaque jour on en fusillait 4, 5, 6, plus ou moins.

Un tel récit, pendant lequel ce patron, les larmes aux yeux, témoignait son regret d'être allé à Marseille, et protestait qu'il n'y retournerait plus jusqu'à un nouveau changement, un tel récit devrait me détourner de partir lundi, si le bâtiment qui m'est offert ne peut pas s'engager à me conduire à Sette.... Mais mon parti est pris; je m'embarque sans plus attendre. Dieu me conduise où il voudra.

Que risquai-je? que peut-on m'imputer à crime? ne suis-je pas muni d'un passeport que l'on doit respecter? me vit-on jamais prendre part à aucun tumulte, quelque couleur qu'il ait eue? ai-je jamais conseillé, favorisé aucun excès? ne les ai-je pas, au contraire, détestés hautement, blâmés avec éclat? Depuis qu'elle existe enfin ai-je dit un seul mot, ai-je fait un seul geste contre la république?... Partons, partons: j'aurais trop à rougir à mes propres yeux de céder à la peur, que, Dieu merci, jusqu'à ce jour, je n'ai pas connue un seul instant. Dans aucune supposition je ne suis attaquable; mes forces physiques et morales pour repousser une agression injuste sont encore entières; plus d'hésitation. Je partirai lundi.

Du 1er. avril. — Péreymond l'aîné, arrivé hier de la campagne exprès pour me voir, me fait présent de trois tourterelles de Barbarie qui sont superbes. Je les accepte pour ma femme. Si je débarque à Sette, je n'y manquerai pas de moyens de lui envoyer ce petit cadeau symbolique.

Dîné chez M. Simian, avec les frères Péreymond et le président de *La Sala*, tribunal qui répond à ce que nous appelions le parlement.

Ce magistrat est, de tous les hommes en place que j'ai eu l'occasion d'approcher en Espagne, le seul qui m'ait paru entièrement vierge d'idées révolutionnaires; en sorte qu'à côté de lui j'ai passé presque pour un patriote enragé.

Heureusement un certain Br...., français d'origine, est survenu, et m'a remis à la place qui m'appartenait. Ce Br...., tout en se disant neutre, (comme si la neutralité était chose possible, et même permise entre des assassins et leurs victimes) est un de ces imprudens qui désirent en secret pour l'Espagne le sort de la France.

Placé entre ces deux extrêmes, j'ai pu jouer dans la conversation mon rôle naturel; mais, telle est la difficulté de ce rôle, selon les cas, je n'ai satisfait ni l'un ni l'autre de ces exagérés.

C'est bien là ce qui m'est arrivé millefois depuis neuf ans! A aucune époque le parti dominant ne m'a cru digne de le servir; et, à l'exception de celle de la coalition départementale où tout bois pouvait faire flèche, comme on dit, tant il y avait peu d'unité de but, jamais on ne m'a employé ni pour ni contre la révolution, parce que j'ai toujours fui les coteries et voulu rester isolé.

Aussi, lorsque j'ai vécu hors de France, ai-je été tracassé par les vieux émigrés; et, dans l'intérieur, ai-je été persécuté comme leur partisan.

En dois-je conclure que j'ai eu tort? que cette

position je devrais la quitter pour me jeter dans l'un des deux extrêmes ?

Oh ! non, bien certainement non. Je ne réussirais pas à me constituer républicain actif ; trahi bientôt par ma maladresse à mentir à ma conscience, je perdrais l'avantage que me donne ma position passive. Je dois laisser hurler les loups, tant qu'ils ne feront que hurler, mais me tenir toujours prêt à leur faire tête en cas d'attaque. Quelque système de terreur qui puisse exister, je me sens le courage de le braver, même à Marseille, et la force d'en réduire les instrumens à l'impuissance de me nuire..... Voilà bien de la présomption ; mais j'espère la justifier.

Du 2 avril. Visite de l'abbé de Tauriac. Il me demande conseil sur sa conduite à raison de l'expulsion des émigrés et des prêtres. Je le renvoie sans consolation, n'ayant pu lui faire concevoir ce que pourrait un caractère ferme contre les injustes persécutions dont l'Europe se rend la complice.

Il m'a pris pour un fou, lorsque je lui ai dit que si je me trouvais dans la position d'être chassé d'un pays, où je serais déjà misérable, sans avoir les moyens de me transporter nulle part ; ayant, au contraire, la certitude de ne trouver ailleurs que nouvelles persécutions, et plus grande misère ; je me considérerais comme un ballot de coton ou de laine, et j'en aurais l'insensibilité et l'immobilité. Qui me voudrait ailleurs serait obligé de m'y rouler, et je redeviendrais immobile là où l'on cesserait de me communiquer un mouvement quelconque. Me nourrirait-on? je mangerais; ne me nourrirait-on pas? je mourrais de faim sans me plaindre. Voudrait-on me mettre en prison? je m'y laisserais traîner, et je remercierais mes traîneurs de m'avoir enfin assigné un asile. Par une telle conduite, si je ne forçais pas mes injustes persécuteurs à reprendre quelque chose d'humain, au moins leur donnerais-je, à moi seul, plus d'embarras que tous les autres émigrés ensemble. Tant pis pour eux, s'ils n'entendaient pas la leçon.

L'abbé ne l'a pas entendue.

C'est en effet une rigueur bien gratuite, bien odieuse que celle qu'on exerce envers de pauvres diables qui ne demandent qu'à végéter en repos!

Quoi! ces républicains si fiers, si arrogans, si sûrs de leur fait, font assez peu d'honneur à cette république qu'ils se vantent de tant aimer, pour ne pas être tranquilles sur sa durée tant qu'il y aura un coin du monde où une poignée de misérables émigrés digèreront en paix! Et les rois de l'Europe se plient à ces passions féroces! Et un Bourbon s'en rend le complice!...

Mais, me dira-t-on, ce n'est pas par crainte des émigrés qu'on les tourmente ainsi; c'est par vengeance; c'est... Fi! vous me faites horreur! Eloignez-vous de moi, que je respire un autre air que le vôtre....

Ceci me ramène aux réflexions que je retrouve sur mes notes, sous la date du 27 février dernier.

J'y parlais du lâche et tyrannique abus que, hors de France, nos pentarques et leurs valets diplomatiques font, contre nos malheureux émigrés, de l'ascendant que leur arrogance a su conquérir sur l'Europe avilie et frappée de stupeur... Ah! qu'il serait plus grand, plus généreux, plus français de chercher les moyens d'éteindre nos haines coupables; de tirer un parti quelconque, puisque la paix continentale existe, de cette foule de malheureux qui, quoi qu'on en dise, sont nos concitoyens; et d'absoudre la révolution de tous les maux qu'elle a causés, en cessant de vouloir que tous les liens du sang, de l'estime, de l'amitié, restent brisés, de français à français, ce qui est impossible! mais c'est un vœu perdu! je les connais trop bien les hommes de mon tems! leurs passions haineuses, incessamment avides de sang et de larmes, ne se tairaient pas même à la voix de leur propre intérêt... J'avais fait le 27 février une fable que je supprimai, L'h... la trouvant mauvaise. Je la refais et la transcris ici.

L'HÉRITAGE DE VERRE.

(*Voyez mon recueil de fables, page* 211.)

A la bonne heure! voilà une fable de plus....

Singulier passe-tems pour une position comme la mienne !... Mais que pourrais-je faire de mieux ici ? J'ai, par cette récréation, qui ne nuit à personne, atteint sans ennui l'heure du dîner où m'a invité Péreymond : se moque de moi qui voudra, je me tiens très heureux d'avoir cette ressource contre l'oisiveté à laquelle je me vois condamné. Je vais m'habiller et répondre à l'invitation qui m'est faite.

A ce dîner, grandes discussions sur l'interprétation à donner à la cédule royale contre les émigrés. Cela me donne occasion d'entendre parler de l'ex-archevêque de Valence, *Monsignor Fuero*.

Ce prélat accueillit avec un admirable empressement nos prêtres fugitifs. *Opportet Episcopum esse hospitalem*, écrivit-il sur toutes les portes de son palais, qui bientôt fut rempli de ces nouveaux hôtes que lui procuraient les malheurs de la France.

A mesure qu'il lui en arrivait, quoiqu'il ne sût plus où les loger, il les faisait établir chez lui comme il pouvait. « Ma maison est pleine, di- » sait-il, mais mon cœur ne l'est pas. »

Pour prix d'une si belle conduite, victime d'une intrigue de cour, sacrifié à l'intendant qui, pour le perdre, suscita à Valence une émeute contre les Français, ce prélat a été forcé de résigner son évêché, qui lui donnait un revenu de

1,600,000 réaux. Il lui a été laissé une pension de 12,000 piastres dont il a affecté 10,000 à des œuvres de bienfaisance locale, ne s'en réservant que 2,000 pour vivre dans un village où il s'est retiré.

Ces exemples de vertu héroïque ne sont pas rares, m'assure-t-on, parmi les évêques Espagnols, et cependant ils sont, pour la plupart, sortis des plus basses classes de la société, ce qui prouve de quoi serait capable cette généreuse nation si elle était bien dirigée.

Celui dont je viens de parler, dans sa jeunesse, était *Soupero*, c'est-à-dire, du nombre de ces étudiants qui suivent les universités, n'ayant pour subsister que les aumônes et la soupe qu'on distribue aux portes des couvens.

Je retrouve donc en Espagne l'austérité des mœurs de l'église primitive, à côté de la superstition des siècles d'ignorance qui l'ont suivie.

L'Evêque actuel ne voit aucun prêtre Français. Il les accueillait, dit-on, à son ancien diocèse de Ségovie ; mais à Valence ce qu'y a éprouvé son prédécesseur l'a mis sur la réserve, et ces fugitifs y sont sans protecteur... si ce n'est la Providence. La Providence, qui dicte au roi d'Espagne une cédule pour les chasser de ses états!... Que ne suis-je parti il y a huit jours! Je n'aurais pas vu cette horreur! A chaque instant, il faut le répéter, *me pudet generis humani.*

Passé ma soirée chez M. W.... Je veux noter une particularité du récit qu'on m'y a fait de l'émeute de Valence contre les Français, émeute fabriquée par le marquis de Laroque, auquel on a donné le nom de Roberspierre Valencien, pour caractériser la manière dont les biens des Français, alors expulsés d'Espagne, par des motifs tout opposés à ceux qui en chassent aujourd'hui les émigrés, furent mis en séquestre et conservés à leurs propriétaires. Ce que j'ai à citer peint bien le peuple de tous les pays.

Un nommé M. de Valence était en disgrâce auprès du marquis de Laroque. Celui-ci, pour le perdre, l'accusa de correspondance avec les Français. Ce ne fut pas assez pour lui de donner à la correspondance de M. de Valence un objet criminel (remarquons, pour être juste, que ce récit m'est fait dans une maison où l'on ne pense pas tout-à-fait de la révolution ce que j'en pense), il fit circuler, parmi le peuple, que ce Valence avait dans sa maison un souterrain au moyen duquel il communiquait avec la Convention et faisait passer des vivres aux Français. Et le bon peuple avala cette absurdité! Ne nous en moquons pas... Ne fûmes-nous pas plus d'une fois tout aussi ridicules par nos pitoyables crédulités? Est-il une plate supercherie dont nos badauds ne puissent être pipés à chaque instant?... Rappelez-vous cette nuée de brigands tombés des nues dont Mirabeau épouvanta toutes nos provinces en 1789.

Je me couche, et désire ne plus rien écrire de mon séjour ici. Depuis deux jours je mâche à vide; j'en suis enfin moi-même fatigué.

Du 3 avril. Je reviens du Grao, où j'ai été pour connaître l'instant précis de mon départ. On me le fait espérer pour demain.

Je n'ai pu y voir mon patron; mais j'ai parlé à son beau-frère, marin comme lui, et qui, sous sa grossière écorce, a eu avec moi une conversation si étonnante que je veux essayer de la conserver. J'écrirai en français cette conversation, quoiqu'elle soit en espagnol, dans mes cahiers.

CHAPITRE XIII.

Le politique en jaquette et en bonnet de laine. — Dernière soirée à Valence.

Le Patron. — Avez-vous des nouvelles de France?

Moi. — Non, Monsieur.

Le Patron. — On en rapporte beaucoup de

choses ; mais je ne puis me résoudre à les croire.

Moi. — Qu'est-ce donc que l'on dit ?

Le Patron. — On dit qu'une nombreuse armée de Français va venir en Espagne pour conquérir le Portugal. Cela ne convient pas à l'Espagne. Nous sommes tranquilles ; nous avons eu assez de guerres depuis cinq à six ans. Le Roi ne consentira certainement pas à accorder un tel passage à la France.

Moi. — Mais c'est pour vous que cette conquête se fera ; les Français ne viennent que comme vos auxiliaires.

Le Patron. — A quoi nous servirait cette conquête ? L'Espagne est déjà assez grande. Le Roi doit penser à son commerce, à son agriculture, par où s'augmentera sa population, *y nada otro*, et rien de plus.

Moi. — Je conviens que vous avez raison. Mais il paraît que, pour forcer l'Angleterre à la paix, on a cru nécessaire de lui enlever le Portugal, dont les ports lui étant fermés, elle ne pourra plus tenir la mer.

Le Patron. — Quel besoin avions-nous donc de faire la guerre à l'Angleterre. Après la sottise d'avoir fait la paix avec la France, il ne nous manquait plus que celle-là pour achever de nous ruiner.

Moi. — Quoi ! vous appelez une sottise d'avoir fait la paix avec la France ?

Le Patron. — Et la plus grande qu'on ait pu faire. La France était perdue si l'on eût tenu bon deux mois encore. Elle était à cette époque comme un loup enragé qui se voit cerné de tous côtés, et qui mord, qui menace du moins tout ce qu'il trouve à sa portée, mais qui, peu après, mourra de sa propre rage. J'ai souvent été en France depuis, et ce que je vous dis, je l'ai entendu dire à toutes les personnes de bon sens.

Moi. — Vous aurez parlé à des royalistes, sans doute; car, eux excepté, je ne conçois pas qui aurait pu vous faire un aveu aussi ridicule.

Le Patron. — Bah ! des royalistes ! il n'y en a pas plus en France que des républicains. Il n'y a plus que des honnêtes gens fatigués et des coquins infatigables. Il peut se faire que tout ce qu'on y a fait soit bien fait, *pero no el matar el rey y el perder la religion*, mais non pas de tuer le roi et de perdre la religion.

Il y a cependant en France des âmes religieuses plus que dans le reste de l'Europe. Cela ne peut durer. Tout est violent dans le gouvernement. Il est impossible que le peuple ne donne fin un jour ou l'autre à tant de troubles, *tantos alborotos*.

Moi. — Vous vous trompez. On n'a aujourd'hui en France qu'une opinion, c'est de garder la république puisqu'on l'a, sans remonter aux causes qui l'ont amenée. C'est ce qui arrivera en tout pays après tout changement politique, quel qu'il puisse être ; le gros de la nation désire et finit par espérer qu'il sera le dernier ; chacun s'arrange en conséquence. Or, une telle disposition générale produirait difficilement l'effet que vous pensez.

Le Patron. Pardonnez-moi, car si l'on s'est d'abord résigné à la république, ce dont je suis moi-même convaincu, ce n'a été que par l'espoir d'y trouver le repos et la fin des persécutions du gouvernement contre les gens de bien. Mais, quand on verra qu'il n'y a rien à gagner de ce côté ; quand on verra que le gouvernement ne veut pas se fier à la résignation des honnêtes gens ; quand on verra qu'il ne cesse de persécuter, comme royalistes, des gens devenus de bonne foi républicains ; alors les idées changeront, les dispositions changeront, et les rigueurs du gouvernement, aujourd'hui sans objet, s'accroîtront à tel point que la nation entière périra, ou, qu'au moindre relâche, elle exterminera ses assassins.

Moi. Je conçois cela très possible ; mais vous partez d'une base qu'on peut vous contester. Ce sont ces rigueurs sans objet dont vous accusez le gouvernement.

Le Patron. Sans objet? Je me trompe, j'ai voulu dire sans raison. Par exemple, à Marseille, d'où j'arrive, il y a en ce moment trois mille détenus ; on en fusille cinq ou six par jour. Assurément, il n'y a pas de raison pour une telle boucherie ;

mais les bouchers ont un objet : c'est évidemment d'inspirer la terreur à tous les gens honnêtes pour les éloigner des assemblées à l'époque des élections (1). Ne me parlez pas de ces pays à élec-

---

(1) Comme les idées libérales donnent du ressort au génie! Quelles vastes ressources elles savent créer pour conduire à leur but ceux qui ont le bonheur d'en être illuminés! Voyez comment les libéraux de 1798 avaient déjà laissé loin derrière eux ceux de 1790, 1791, 1792, dans le perfectionnement de l'art électoral! Ceux-ci n'y savaient autre chose que se presser aux assemblées primaires, pour en imposer, par leurs cris et par leurs menaces, aux aristocrates qui, n'aimant pas le bruit, leur laissaient ordinairement le champ libre. Tout au plus, lorsque, comme à Montpellier, le 14 novembre 1791, cette tactique ne produisait pas tout son effet, les voyait-on déserter les assemblées, y revenir bientôt en furieux, en chasser à coups de fusil leurs trop tenaces adversaires, et s'y installer à leur place pour faire seuls les élections. Mais qu'est-ce que cela auprès du savoir-faire de ceux de 1798? Ces luttes, ces combats offraient des chances périlleuses, exigeaient des efforts qui décelaient un vice radical dans la théorie du système représentatif. Aussi, en moins de six ans, cette théorie se trouva-t-elle avoir atteint le sublime du genre. Afin que les aristocrates, les suspects, les infâmes modérés ne pussent venir disputer le terrain aux bons patriotes chargés de confirmer les choix arrêtés dans les comités secrets des clubs; deux mois avant les élections, trois ou quatre mille électeurs récalcitrans, ou présumés capables de l'être, étaient mis en prison à Marseille, et on en fusillait cinq ou six par jour pour ôter à ceux qui auraient pu échapper à ce vaste coup de filet, la tentation de venir troubler, par leur vote, la touchante unanimité du scrutin. Voilà ce qui s'appelle travailler la marchandise de main

tions ; j'aimerais mieux être gouverné par le diable. Il y a à parier que cette combinaison réussira, et voici quelle en sera la suite. Vos nouveaux élus seront pris sans exception parmi les méchans garnemens qui ont causé vos malheurs ;

---

de maître ! Les libéraux de notre époque voudraient bien encore en être là ; et c'est sans doute la raison pour laquelle ils appellent *le bon temps*, celui où leurs devanciers pouvaient ainsi se donner, comme on dit, les coudées franches. Malheureusement ces moyens si tranchans, si infaillibles surtout, ne sont plus à leur disposition, et les royalistes en ont acquis une prépondérance très inquiétante pour les défenseurs des intérêts révolutionnaires. Il est vrai que ceux-ci, qui ont la prétention, très fondée, comme chacun sait, d'être les seuls organes de la véritable opinion publique, adressent à leurs antagonistes des reproches qui, s'ils sont fondés, doivent faire dresser les cheveux sur la tête. Suivant M. Benjamin Constant et autres libéraux de pareille étoffe, ici certains présidens font placer auprès de leur bureau des tables trop petites pour que les électeurs libéraux puissent écrire leur vote à l'abri des regards des scrutateurs; là, certains préfets donnent à la gendarmerie l'ordre d'exécuter la loi sur les passeports avec plus de soin que jamais à l'approche des élections; ce qui, au reste, est bien évidemment une perfection sociale de la façon des libéraux eux-mêmes; car avant la révolution on ne connaissait pas cela; enfin certains ministres osent déclarer, par des circulaires, que le gouvernement ne doit accorder sa confiance qu'aux citoyens qui le secondent dans ses vues et dans son action. On sent qu'il y a de quoi frémir à voir ces choses-là, et que ce n'est pas sans raison que MM. du *Constitutionnel*, du *Courrier*, du *Miroir*, du *Pilote*, s'appitoyant sur le sort de la liberté, comme ils l'entendent, regrettent le *bon temps* où leurs adeptes votaient sans querelle et

ces malheurs ils les accroîtront sans relâche; ils emploieront chaque année des moyens aussi sanguinaires pour n'avoir que leurs pareils pour nouveaux associés; et vous ne sortirez de ce cercle que par un effort vigoureux qui vous en débarrassera, ou bien plusieurs générations se vautreront, l'une après l'autre, dans la boue et le sang, pour le bon plaisir d'une espèce de nouvelle noblesse que le crime vous a donnée.

Moi. Dans toutes vos conclusions, vous péchez toujours par la base. Vous ne voulez pas reconnaître un parti d'opposition que tout gouvernement éprouve et a besoin de comprimer. C'est ce qui vous amène à des pronostics aussi effrayans.

Le Patron. Y a-t-il long-temps que vous avez quitté la France?

Moi. Il y a quatre mois.

Le Patron. On était alors trop loin des élections : vous ne pouvez avoir l'idée de ce qu'elle est aujourd'hui. Pour moi, qui l'ai vue il y a cinq semaines, je suis plus compétent que vous pour en juger. Elle est mal, très mal, et je plains bien ceux qui sont forcés de l'habiter. Il y a moins de

---

sans contradiction, à l'aide de trois ou quatre mille incarcérations, et de cinq ou six fusillades par jour. Qu'est-ce en effet que cette espiéglerie à côté des horribles inventions des affreux terroristes de 1815 et de 1822! (*Note de l'Éditeur.*)

ressources aujourd'hui pour lui procurer du soulagement qu'il n'y en avait avant votre constitution actuelle. Vous n'aviez alors qu'une assemblée. Qu'une majorité réelle ou factice la poussât vers le bien, à l'instant tout se tournait au bien. Je laisse de côté l'inconvénient très fâcheux qu'il y avait à la chose; car, par la même raison, le contraire pouvait arriver, et ce cas était le plus fréquent : je parle de la facilité que vous aviez alors pour un changement quelconque. Aujourd'hui vous ne l'avez plus. Ayez pour les honnêtes gens une majorité aux Cinq-cents; ce ne sera rien si, dans le même instant, les Anciens ne vous donnent pas la même chance. Obtenez l'une et l'autre, ce ne sera encore rien si le Directoire se déclare en majorité pour une opposition, comme vous l'avez éprouvé le 18 fructidor. Le parti des coquins a sur vous beaucoup trop d'avantages. Pour eux, l'une ou l'autre de ces majorités, n'importe laquelle, peut amener le résultat qu'ils veulent obtenir, parce que tous moyens leurs sont bons, et que, chez les honnêtes gens, au contraire, il n'y a plus d'accord dès qu'il s'agit d'une mesure indispensable, mais violente, ou seulement d'une mesure qui n'est pas écrite dans la constitution. Tout est donc contre vous, jusqu'à cette constitution elle-même. Régnez-vous? vos ennemis s'y retranchent et vous n'osez pas les frapper. Règnent-ils? ils exécutent sans aucun scrupule tout ce qui vous nuit et méprisent tout ce qui les entrave dans leurs vengeances comme dans leur cupidité.

Moi. Bonhomme, vous êtes effrayant! Sous ce costume simple, que de bon sens vous me montrez! Où donc vous êtes-vous formé à combiner ainsi vos idées?

Le Patron. Ma foi je n'en sais rien, je ne vous dis rien d'extraordinaire. J'expose ma pensée, je rends mes réflexions tout naturellement comme elles viennent. Ma politique est l'horreur du crime, ma raison un cœur droit. Je ne me suis occupé de ces idées que parce que j'entrevois que malheureusement l'Espagne est menacée de troubles égaux aux vôtres. Le voisinage de la France me fait peur. Que sera-ce lorsque quarante ou cinquante mille Français traverseront notre pays pour aller commettre une injustice dont nous nous rendrons les complices? Si cela continue, l'Europe entière deviendra l'esclave de la France, qui, elle-même, tout en se disant libre, n'est que l'esclave d'une poignée de factieux et de perturbateurs. En vérité, on dirait que nous sommes à la veille de la fin du monde!

Moi. Quoi! bonhomme, avec votre bon sens, vous croyez à la fin du monde?

Le Patron. Monsieur serait-il, par hasard, du nombre de ceux qui disent que jamais il n'a commencé?

Moi. Je ne dis pas cela.

Le Patron. Pourquoi donc, puisqu'il a commencé, ne finirait-il pas? il me semble que l'un entraîne l'autre.

Moi. J'en conviens avec vous; la conséquence est juste. Mais ce sont là, je crois, des choses dont il faut ne pas s'occuper.

Le Patron. A la bonne heure! Mais vous devez vous rappeler que, selon ce qu'on nous a prédit, l'absence de toute religion doit précéder la fin du monde. Or, examinons ce qui se passe depuis dix ans, et nous verrons que nous sommes en fort beau chemin pour cela. En France, en Italie...

Moi. Bonhomme, il se fait tard; votre beau-frère se fait trop attendre; je vais retourner à Valence où j'ai encore quelques affaires, envoyez-le moi ce soir à mon auberge... portez-vous bien... C'est dommage que nous soyons tombés sur cette fin du monde. J'aurais voulu que notre conversation eût fini sans cela.

Le Patron. Pourquoi donc ça?

Moi. C'est... c'est que ce n'est pas gai de songer à la fin du monde.

Le Patron. Ce dont nous parlions auparavant n'était pas plus gai, car enfin une révolution est la fin du monde pour ceux qui y périssent.

Moi. Vous avez parfaitement raison. Il n'y a pas à répliquer à cela. *Bailla V. M. con dios senor.*

Le Patron. Y. V. M. con la virgen purissima.

J'ai donné un corps, comme on le pense bien, aux idées de ce marin, que quelques-uns qualifieront d'esprit atrabilaire; mais elles sont toutes à lui, toutes, sans exception. On conviendra qu'elles ont dû m'étonner dans sa bouche. Elles valaient, je crois, la peine d'être recueillies, et, grâce à mon oisiveté, je m'en suis donné le plaisir.

Je n'ose dire si ce bon homme a tort; mais je suis curieux et impatient d'en juger par moi-même... Heureusement je pars demain.

Pris congé de MM. W...y LL..., chez lesquels j'ai passé ma soirée après avoir fait ma tournée pour dire adieu à mes autres amis. Cette soirée, dont mademoiselle Carmelina W.... a fait le charme par sa voix délicieuse et par son beau talent sur la guitare, est une des plus agréables que j'aie passées en Espagne. Cette aimable demoiselle nous a chanté je ne sais combien de siguedillas portugaises qui m'ont fait un plaisir infini. Malheureusement tout s'est terminé par nos chants patriotiques les plus répandus, chantés en chœur; et il m'a fallu y faire ma partie... Je ferme ce cahier dans mon portefeuille : il n'en sortira que sur mer.

CHAPITRE XIV.

Scrupule qui recule mon départ. — Intérieur d'un ménage. — Esquisse de la religion du peuple; sa bonne foi, sa simplicité dans ses croyances.

Du 4 avril. Je me trompais hier : il faut bien que je reprenne mon cahier pour y écrire que je ne suis point parti aujourd'hui.

C'est moins le vent qui nous a retenus que le scrupule de mon patron, qui semble répugner à se mettre en mer dans la semaine sainte, ce qu'il n'ose, je crois, avouer, s'étant engagé avec son chargeur à partir tout de suite. D'un moment à l'autre il m'a amusé jusq'au soir, et a fini par m'offrir un lit que j'ai accepté, ayant congédié ma voiture, qui m'aurait ramené à Valence.

J'ai soupé chez ce marin, et, avant comme après le repas, j'ai récité, avec sa femme et ses enfans, les prières usitées chez les peuples chrétiens, et dont, comme chef de famille, il s'était réservé la direction.

Cela m'a été nouveau, et m'a beaucoup touché. Depuis long-temps j'avais perdu l'habitude de ces prières en commun que nos nouvelles mœurs dédaignent, et qui m'ont rappelé, non sans me faire éprouver quelque émotion, la maison de mon père, où, dans ma première jeunesse, j'ai vu pratiquer, le matin et le soir, et à chaque repas, ce que je viens de voir chez mon patron.

Je ne prétends aucun mérite de la part que j'ai prise aujourd'hui à cet acte pieux. Je n'ai songé qu'à ne pas scandaliser mes hôtes, et c'était, je crois, un devoir. Mais cela m'a donné à réfléchir sur l'abandon de cette bonne coutume de nos pères, et je l'ai regrettée comme essentiellement utile en morale comme en politique, car il m'est démontré que la politique, du moins la politique réglementaire, n'est rien sans la morale; or c'est un bon appui pour la morale qu'une coutume comme celle-là.

Mon hôte a trois enfans. Dès qu'il a eu déclaré que le repas était fini, chacun a cessé de manger, et on a commencé la prière, qui a été faite avec beaucoup de décence et de recueillement.

Lorsque cet acte touchant a été terminé, chaque enfant est venu, à son tour, baiser la main de son père, qui a récompensé sa piété par sa bénédiction.

J'avoue que j'ai été ému de cet acte imité de la vie des premiers patriarches; et lorsque la réflexion a ramené mes idées vers la France, j'ai éprouvé un sentiment pénible en me rappelant que, chez elle, le peuple, déjà privé des ressources d'un culte public, avait été dépravé au point que, non seulement il a perdu de vue ce culte solitaire qui donnait à l'autorité paternelle une base si respectable, mais qu'encore il tournerait en ridicule le père de famille qui l'aurait conservée ou qui voudrait y revenir.

J'ai vu, ce soir, des enfans soumis attacher une grande importance à la bénédiction de leur père : parlez à un de nos enfans, à un des philosophes encore imberbes qui peuplent nos écoles, de la malédiction du sien, il vous rira au nez, et ne saura ce que vous voulez lui dire.

Philosophes, théophilanthropes, sophistes de toutes espèces, vous tous, frondeurs intolérans, qui vous vantez de détruire l'intolérance; que vous êtes vils à mes yeux, si vous trompez sciemment les peuples, pour le plaisir de les tromper; ou combien je vous plains si vous croyez vous-mêmes à vos chimères, et si elles vous semblent préférables au tableau que je viens d'esquisser !

Du 5 avril. Je reviens de Valence, où il m'a fallu aller pour faire mentionner ma patente de santé au dos de celle de mon patron. Je n'y ai vu personne, mes adieux étant faits.

Je doute de mon départ pour aujourd'hui, car mon patron m'a déclaré que le Jeudi-saint étant un trop grand jour pour entreprendre aucun travail, il ne partirait que le soir. Or je doute qu'il me tienne parole, le Vendredi-saint est aussi un grand jour, et c'est, de plus, *un vendredi*.

Son beau-frère a passé avec moi une partie de la matinée, et m'a montré ce même esprit de raison et de probité que décèle la conversation que j'ai consignée avant-hier sur mes notes.

Selon lui, la France ne sera tranquille que sous un roi, et, quoi qu'on puisse faire, elle finira par revenir à ce gouvernement tutélaire.

« Il n'y a pas, me dit-il, jusqu'aux animaux qui demandèrent un roi à Dieu. Il en faut un aussi aux hommes. Quel désordre n'y aurait-il pas dans les familles si les enfans y prétendaient autant d'autorité que leur père? Un peuple est-il donc autre chose qu'une grande famille, et, parce qu'elle est plus grande, et par conséquent plus difficile à gouverner, faut-il qu'elle n'ait pas de chef? »

Je lui ai fait observer que les républiques en avaient, et je n'ai pas été peu surpris de m'en voir exposer les inconvéniens intolérables, avec clarté, avec discernement, et mettre au premier rang celui de la mobilité des places, d'où devaient résulter deux choses: l'une, que rarement les hommes conviendraient aux emplois qui leur seraient donnés; l'autre, que les cabales et les troubles accompagneraient inévitablement les époques des nominations...

En vérité, si j'écrivais ou un roman ou un poëme, je croirais, en écrivant mon séjour au Grao, n'obéir qu'à mon imagination et faire un épisode, comme le séjour d'Henri chez l'Hermite....

Je n'ai pas demandé à mon sage en bonnet et en veste, une explication sur cette demande d'un roi, faite à Dieu par les animaux. Il serait plaisant qu'en me citant une fable d'Esope, il ait cru tout bonnement me citer un passage des livres saints! Cela me paraît très probable.

O heureuse crédulité! ô doux chevet des bons cœurs et des esprits droits! les philosophes t'ont décriée.... Mais ils te réhabilitent eux-mêmes, car ils te commandent souvent, le poignard et la torche à la main, de marcher à la suite de leurs dogmes philosophiques. Ainsi employée, la foi du charbonnier chrétien me semble mille fois préférable.

Je dîne en famille chez mon patron. Deux choses que je supporte de bonne grâce, parce que telles sont les mœurs du pays, m'y sont pénibles.

L'une, c'est qu'il n'y a, dans la maison, que deux grands verres: l'un, rempli d'eau, ne sert à personne, il tient lieu de carafe; l'autre, une fois rempli d'eau et de vin, sert à tous les convives qui boivent tour-à-tour jusqu'à ce qu'il faille le remplir de nouveau. Hier j'avais mon verre; on l'a embarqué ce matin avec tous mes équipages.

L'autre, c'est que, sans se gêner, chacun laisse échapper à pleine bouche ces rapports bruyans de l'estomac qui ne sont pas supportés en France, même dans les dernières classes...... Quand on voyage, il ne faut se rebuter de rien.

A souper, j'ai fait la remarque que les enfans de la maison recevaient aussi la bénédiction de leur mère. Cela m'avait échappé hier.

Pour cette fois, je crois que nous partirons. On me conseille de me jeter sur mon lit tout vêtu, promettant de m'éveiller à minuit pour mettre à la voile. N'ayant pas sommeil, je note une dernière conversation que j'ai eue avec le beau-frère de mon patron. Je l'ai accompagné aux offices cette après-midi ; je ne le contredis en rien, ni en religion, ni en politique; cela lui a donné de l'attachement pour moi et il m'a quitté rarement jusqu'au moment où il m'a dit adieu.... Revenons à la conversation que je veux noter.

Il me vantait la ville de Valence, l'industrie de ses habitans, la richesse de son territoire et de son commerce. Cela l'a conduit à me parler de ses saints, de ses reliques, et autres objets qui tiennent à sa religion.

Dans tout ce qu'il m'a dit, j'ai vu, en lui, le ton de la persuasion la plus entière. Il me racontait les miracles des saints, comme s'il les avait vus de ses yeux.

J'ai appris de lui que ce saint, dans la chambre duquel la jeune maure, dont j'ai déjà parlé, venait braver la convoitise du diable, est Saint-Vincent, patron de Valence.

Rien ne saurait égaler la vénération de cet espagnol pour ce saint, son compatriote. Son corps, me dit-il, est en France, parce que Saint-Louis et lui convinrent d'échanger leur sépulture. Saint-Louis voulut mourir en Espagne, Saint-Vincent en France, et voilà pourquoi Valence possède le corps du saint français. « Je l'ai visité, a-t-il ajouté, » il y a huit mois, comme je le fais tous les ans » le jour de sa fête, et j'ai été en contemplation » devant lui pendant plus de deux heures. »

Valence est la ville d'Espagne qui possède le plus de reliques, parce que Sixte VI, pape (*padre nuestro*), qui était valencien, lui en envoya de Rome en grande quantité. On y possède la chemise sans couture qui a servi à Jésus enfant, et le calice de Pierre où notre Dieu fit sa consécration. (Toutes les fois qu'il parlait de Jésus, de *nuestro Sennor*, *nuestro Pios*, il ôtait son bonnet, qu'il remettait de suite. En parlant des saints, ou même de la Vierge, sa révérence n'allait pas jusque-là.)

Quant à Saint-Vincent, sa vie fut pleine de miracles, et à tel point que le recteur de son couvent, fatigué de leur fréquence, fut obligé de lui défendre d'en faire.

Durant cette interdiction, un maçon se laissa choir du faîte d'une maison, au moment où le saint passait. *Vicente, Vicente, salva mi!* cria le malheureux. Saint-Vincent le retint en l'air, et envoya à son couvent pour demander à son supérieur la permission d'achever le miracle qu'il avait commencé, vu l'urgence du cas. *Haga lo que quiere*, qu'il fasse ce qu'il voudra, répondit le recteur; sur quoi Vincent demanda au patient s'il voulait descendre ou remonter, et celui-ci ayant préféré descendre, le saint le fit arriver doucement à terre sur ses deux pieds.

Autre miracle de Saint-Vincent. Il allait par le monde publiant lui-même sa sainteté, et s'annonçant comme envoyé de Dieu; aussi a-t-il été béatifié et canonisé neuf mois après sa mort. Un jour des étudians voulurent se moquer de lui. L'un d'eux, contrefaisant le mort, fut porté sur son passage par ses compagnons, qui demandèrent au saint, d'un air de dérision, la résurrection du trépassé. « Il est trop bien mort, répondit Saint-Vincent, pour que je le ressuscite; » et en effet il se trouva que mon étudiant était véritablement mort. Ses camarades, épouvantés, invoquèrent alors le saint avec une foi véritable, et à l'instant le mort fut rendu à la vie.

Quel mélange de raison et de superstition, de justesse d'esprit et de simplicité dans la tête de cet espagnol!..... Il m'a quitté le cœur serré et gonflé de colère, lorsque je lui ai dit que peut-être, puisqu'il était en France, le corps de Saint-Vincent avait été brûlé pendant la révolution. Il avait gémi auparavant de la persécution à laquelle je lui disais que les prêtres catholiques étaient en proie; mais à l'idée du corps de St.-Vincent prophané et brûlé, il n'a pas pu rester en place, et il m'a quitté brusquement, en me souhaitant *buena salud*... Cependant, malgré son humeur, sa bienveillance pour moi brillait dans ses regards, se manifestait par ses gestes; dans sa persuasion que j'étais croyant comme lui, il semblait me dire : « Qu'allez-vous donc faire parmi ces impies? Que je vous plains d'être forcé de vivre au milieu d'eux!... » Je me suis, je l'avoue, dit cela mille fois à moi-même... mais il faut espérer que tout cela s'appaisera; je leur pardonne, moi, puisque c'est un mal sans remède, le corps de St. Vincent brûlé, si en effet il l'a été; j'irais plus loin, je pardonnerais tout... oui tout, car il faut en finir... mais plus de sang, plus d'anarchie, plus de lois dignes d'une bande de voleurs, plus de baillons aux bouches véridiques, plus de tribunaux assassins... Je n'en finirais pas si j'énumérais tout... et cependant, pour tout cesser, il suffirait d'un mot, d'un seul mot que le simple bon sens indique.

Ce mot, ils le prononceront; il est impossible qu'il en soit autrement; mais de long-temps ils ne seront sincères, et ce sera un grand malheur, car c'est ainsi que le peuple s'accoutume à se payer de mots qu'il ne peut pas comprendre, et à se passer de la chose dont il a besoin... Je me couche : voyons si en effet nous parlons à minuit.

CHAPITRE XV.

Chaque Médaille a son revers. — Effroi causé par un événement bien simple. — Départ. — Les Tourterelles.

Du 6 avril. Il est cinq heures du matin, et il n'est pas encore question de mon départ. Quel ennui!

Mon hôtesse pleure et se lamente; ce sont ses pleurs qui m'ont arraché de mon lit. J'ai cru d'abord qu'elle prenait ainsi congé de son mari; point du tout, elle ne sait ce qu'il est devenu. Il est à jouer quelque part, et c'est avec un parent qu'elle déplore cette conduite.

Ainsi ce père qui, hier soir, donnait d'un air patriarchal sa bénédiction à ses enfans, une heure après est allé travaillé à leur ruine; et, au mauvais exemple qu'il leur donne, il ajoute le crime de jeter la désolation dans sa maison.

Qu'est-ce donc que cette religion grimacière qui s'allie à de tels désordres!

Je pense que c'est la faute des prêtres qui, en Espagne, donnent trop d'importance aux pratiques extérieures et prodiguent, pour des *ave*, pour des rosaires, des indulgences et des absolutions dont ils ont besoin pour eux-mêmes et dont ils ne se laissent pas manquer, étant à si bas prix.

Je viens d'éprouver un effroi singulier.

Mon passeport était renfermé dans le cahier où j'écris; il s'en échappa hier soir, et je ne m'en aperçus point. J'allais sortir, ayant remis en poche ce même cahier, et très assurément je n'aurais plus pensé à rien.... Un enfant ramasse sous la table un papier qu'il montre à sa mère, et ce papier est mon passeport.

Voilà un danger bien réel auquel un pur hasard me soustrait.

Quelle n'eût pas été ma position, si je ne me fusse avisé de cette perte qu'en pleine mer? J'arrivais à Sette... J'entends la voix de mon patron, il m'appelle, je ferme mon cahier... Nous partons enfin... J'achèverai ma réflexion en mer.

Nous voilà voguant par un vent favorable; la journée est superbe, la mer semble immobile, et nous glissons légèrement sur ses flots qu'agite à peine le zéphir qui enfle notre voile.

Nous faisons peu de chemin; mais nous sommes partis! Cela me console de l'ennui que j'ai éprouvé au Grao.

Cette voile déployée, ce murmure de la mer que sillonne ma barque, me disent qu'à chaque instant la distance qui me sépare de ma femme se raccourcit. Cette seule idée a rendu à mon âme toute sa sérénité ordinaire.

Je ressemble à mes tourterelles, que leur embarquement et le mouvement des premières manœuvres avaient effarouchées, et qui, maintenant, rassurées et tranquilles, roucoulent, se becquettent et ne refusent plus la nourriture que je leur ai préparée de ma main.

Dans la disposition où je suis, ramènerai-je mes idées au danger que j'ai couru de la perte de mon passeport?..... Oui, pour n'y plus revenir, disons combien un événement aussi simple eût pu m'être funeste.

Supposons, qu'arrivé à Sette, j'eusse vainement cherché cette pièce perdue. Au moment même je me serais vu traité en ennemi, en coupable digne de mort; jeté dans un cachot, comme émigré rentrant, il se serait écoulé beaucoup de temps avant que j'eusse recouvré ma liberté; et qui sait si ma municipalité, si mon département ne se seraient pas fait un barbare plaisir de chercher à la retarder!

Voilà le fruit de nos malheureux troubles! il faut à chaque citoyen tant de certificats, tant de papiers, autrefois inutiles, qu'au milieu de ces formalités, toutes imaginées par le désir de chercher des coupables, il est bien difficile de reconnaître la présence de cette liberté qu'on nous dit si aimable, et que je ne retrouve, moi, que partout ailleurs où il y a une révolution.

Je viens de vivre trois ou quatre mois en Espagne; passé la frontière de France, on ne m'y a pas une seule fois demandé qui je suis. Une présomption favorable m'y a partout accompagné, et cette présomption n'aurait cessé que dans le cas où ma conduite aurait fait élever des soupçons contre moi.

Voilà ce que j'appelle une police protectrice.

En France, c'est un système tout-à-fait opposé.

Dès que je parais quelque part, dès que je fais le moindre mouvement, la loi ordonne qu'on me suspecte. Les magistrats sont obligés de me demander qui je suis, d'où je viens, où je vais. Les voituriers, les maîtres de postes ne peuvent me vendre leurs services qu'après avoir exercé envers moi le métier d'espion.

On me dira, sans doute, que ces précautions sont nécessaires dans une république naissante.

Je le nie.

1°. Notre république doit renoncer à prendre

jamais quelque assiette si elle est encore dans le cas d'éprouver ces craintes mesquines. Ceux qui tremblent ainsi pour elle la jugent mal, et ils lui nuisent en croyant le servir, ou bien ils n'affectent des craintes qu'ils n'ont pas, que pour ne pas renoncer à leur instinct persécuteur.

2°. C'est une misérable idée que celle de vexer ainsi le voyageur et d'enchaîner les citoyens au sol qui les vit naître, à force des formalités rebutantes pour le moindre déplacement.

Tout cela dérive de cette conception cupide et barbare qui a dicté le code de l'émigration; mais ce code draconien et tous ses accessoires sont indignes d'un peuple qui ose se vanter d'être libre.

Il n'y a qu'une manière de gouverner; c'est de présumer honnête tout homme que sa conduite n'accuse pas, et d'organiser sa police de manière que les actions nuisibles n'échappent pas à l'œil du magistrat et ne soient jamais impunies.

Ne parlons pas de moi, car il est certaines classes d'hommes qui, me voyant saisi sans passeport, auraient crié à tue tête : *Tolle! crucifige!* c'est un aristocrate, un royaliste, un agent de Louis XVIII, un émigré qui rentre pour conspirer contre la république! Parlons d'un de ces exclusifs eux-mêmes qui se serait trouvé dans le même cas.

Perdre son passeport est assurément un événement bien simple et qui peut arriver à l'homme le plus attentif. (Je n'ai retrouvé le mien que dix minutes avant mon départ, et, sans le hasard qui me l'a rendu, j'arrivais à Sette dans la plus parfaite sécurité, ne soupçonnant pas cette perte.) Eh! bien, de cela seul, ce patriote par excellence irait, en arrivant, se délasser dans un cachot. Ne fût-ce que pour vingt-quatre heures, n'eût-il même d'autre désagrément à essuyer que celui de se voir traiter en suspect, je demande s'il y a là quelque ombre de justice, et si telle est la dignité que doit avoir le gouvernement d'une grande nation qui a le sentiment de sa force.... Laissons ces inutiles réflexions. Heureusement, j'ai retrouvé mon passeport.

Du 7 avril. Le vent devient contraire. En trente heures de navigation, nous n'avons pas fait huit lieues. J'ai souffert, la mer me fatigue et je ne mange point; je n'ai d'autre plaisir que celui de soigner mes tourterelles: dans la persuasion que ma femme les verra avant moi, je viens de faire trois couplets qui les accompagneront auprès d'elle; les voici:

COUPLETS A MA FEMME,

En lui envoyant trois Tourterelles qui doivent me précéder.

Air : *Cruel moment, qui me pénétrez l'âme.*

Oiseaux charmans, sensibles tourterelles,
Des cœurs constans symbole précieux, (*bis*)
Soyez du mien les messagers fidelles ;
A mon épouse allez porter mes vœux. (*bis*)
Pour moi, l'absence eut des peines cruelles
Dont mon retour éteindra la rigueur :
Annoncez-le, préparez mon bonheur. (*bis*)

En vous voyant, si sa bouche s'empresse
Par un baiser d'accueillir mon présent,
Sur ses genoux si sa main vous caresse,
Rien n'est égal au bonheur qui m'attend.
Rendez-lui bien tendresse pour tendresse :
Ah ! puissiez-vous, jusques à mon retour,
Recevoir d'elle une leçon d'amour !

Mais si l'ingrate, avec indifférence,
Reçoit, hélas! mon hommage amoureux....
Cachez-le moi : sûr de son inconstance,
Je coulerais des jours trop malheureux.
Jusqu'à présent la douce confiance,
Seule a suffi loin d'elle à mon bonheur ;
A mon retour laissez-moi cette erreur.

CHAPITRE XVI.

Station à Paniscola. — Chute. — Conversation avec mon patron, qui me donne une idée bien triste de la situation morale de l'Espagne.

Du 8 avril 1798. A la fin du troisième jour de ma navigation, nous n'avons encore fait que vingt lieues; nous voici devant Paniscola, qu'on honore du nom de ville, et qui n'est qu'un amas de masures entassées sur un rocher isolé au milieu de la mer; ce rocher ne tient au continent que par une langue de terre basse et étroite. D'une certaine distance, l'œil trompé prend pour une île cette bourgade, la première un peu considérable que l'on rencontre sur la côte depuis Valence.

C'est évidemment à sa position qu'elle doit ce nom de Paniscola, qui n'est qu'un dérivé corrompu de *pene isola* ou de *pene insula.*

A partir de ce bourg, la côte, jusqu'ici presque toujours aride et escarpée, s'aplanit et s'étend jusqu'à Vinaros, qui en est à deux lieues, et qui laisse à découvert une plaine assez riante, appartenant encore au royaume de Valence, et après laquelle commence la côte de Catalogne....

Je regrette que Fages se soit arrêté à Valence, où le maître de mon auberge l'a mis à la tête de sa cuisine; il m'aurait débarrassé des sales marins qui m'obsèdent sans cesse, en les occupant loin de moi. Je ne sais où me tenir pour fuir leurs regards sans relâche attachés sur mon pupitre, et pour éviter autre chose qui devient un peu trop fréquent... En cherchant mon mieux, j'ai trouvé mon pire : je m'étais réfugié sur le gaillard-devant, on est venu m'y pourchasser pour jeter l'ancre à la nuit tombante; en voulant fuir ailleurs je n'ai pas vu que l'écoutille était ouverte, et je m'y suis précipité, heureusement ma cuisse a glissé sur les bords, et j'ai pu me retenir à temps.

J'en suis quitte pour une forte contusion large comme les deux mains. Je pouvais rester sur le coup: je reçois donc cela pour une très bonne leçon, qui me dit qu'il vaut mieux un soupir espagnol qu'une chute. Je panse ma cuisse et je vais essayer de dormir.

Du 9 avril. Il est neuf heures du matin. On n'a pas encore levé l'ancre. De forts courants nous contrarient, et le vent ne porterait pas notre voile.

Profitons de cette inaction, qui ne m'égaie pas, pour transcrire la conversation que j'ai eue hier soir avec mon patron, après avoir pansé ma cuisse, qui aujourd'hui ne me fait plus mal, ou presque pas. Là, va se trouver une preuve que mon opinion recueillie en Biscaye sur la paix entre la France et l'Espagne est répandue dans ces pays ; là encore on trouvera matière à réfléchir sur les dangers qui menacent cette péninsule, vu la disposition de ses habitans ; là, enfin, on verra qu'une révolution y survenant, les dissensions qu'elle enfanterait s'étendraient jusque dans le sein des familles, car assurément mon patron, que je vais mettre en scène, n'y marcherait pas d'accord avec son beau-frère, mon interlocuteur dans la conférence que j'ai transcrite le 3 de ce mois.

Au reste, remarquez comme tout a ses analogies : de ces deux hommes, l'un est un sage, ennemi des troubles ; l'autre est un fou qui ne soupire qu'après ce fléau des nations.

Mais le premier est un homme réglé, affectionné à ses devoirs, un peu trop superstitieux, il est vrai, mais dont la religion est sincère ; le second est un mauvais chef de famille, tout aussi superstitieux, mais qui, trouvant le jeudi-saint un trop grand jour pour se mettre en voyage, ne le trouve plus tel pour aller passer la nuit au jeu ou avec une concubine, laissant sa femme désolée attendre vainement son retour, qui doit être l'instant de son départ et de ses adieux.

Vous reconnaîtrez à de tels traits, chez presque tous nos révolutionnaires, la source de leur patriotisme si brûlant, si exigeant, et si peu indulgent pour ceux qui le trouvent un peu trop acerbe. Ce sont eux cependant qui prétendraient s'arroger le droit de me juger, si ces lignes, que je trace balancé par une vague paresseuse, venaient à tomber sous leurs mains! J'ai été de tous temps bon fils, bon frère, bon ami, citoyen soumis et paisible; je suis bon mari, bon père; tout cela ne serait rien à leurs yeux. Qu'as-tu fait pour être pendu? me demanderaient-ils, si la mode n'en était pas passée. Mais n'est-ce pas à-peu-près la même chose aujourd'hui encore? Si le temps est passé où l'on vous adressait cette question, ne sommes-nous pas sous les mêmes lois qu'enfanta ce régime affreux?.. Laissons ces réflexions, et copions la conversation que j'ai annoncée.

Hier soir, à neuf heures, nous trouvant, mon patron et moi, étendus chacun sur notre matelas, moi, souffrant de la chute que je venais de faire, lui, achevant de fumer son cigare, il m'a adressé la parole pour la première fois depuis trois jours; il s'en est suivi le colloque que je vais traduire en français:

Le Patron. — Étiez-vous en France pendant la terreur?

Moi. — Heureusement, non: j'étais en Italie,

Le Patron. — Vous pouvez dire heureusement! il n'y faisait pas bon pour les gens comme vous, je vous l'assure. On dit aujourd'hui que vos Français veulent détrôner le roi de Naples, le roi de Sardaigne et le duc de Toscane. Avez-vous entendu parler de ça?

Moi. — Je ne connais pas leurs projets; mais j'ai lu en effet, à Valence, des lettres de Gènes qui annoncent que des troupes françaises vont être envoyées en Sicile et en Sardaigne.

Le Patron. — Il est donc vrai qu'ils veulent détruire tous les rois?

Moi. — Ma foi, cela pourrait bien être.

Le Patron. — Eh bien! voyez-vous, ils peuvent commencer en Espagne quand ils voudront; au diable qui les en empêchera!

Moi. — Vous n'êtes donc pas effrayé de l'idée d'une révolution? L'exemple de la France ne vous dit donc rien?

Le Patron. — La France est la cause de la perte de tout le monde: tout allait admirablement bien, il y a dix ans; chacun trouvait à gagner sa vie; alors c'eût été folie de penser à une révolution. Mais, aujourd'hui, le pauvre peuple n'a rien à perdre en Espagne; il ne pourrait donc qu'y gagner.

Moi. — Ainsi, parce que vous souffrez, vous demandez un remède qui augmenterait vos souffrances!

Le Patron. — C'est bon à dire aux nobles, à qui la misère publique ne fait rien, parce qu'ils ont toujours leurs majorats qui, un peu plus, un peu moins, leur donnent toujours de grosses rentes; c'est bon à dire aux gens en place qui nous grugent, parce que leurs revenus sont toujours assurés; c'est bon à dire au Roi, qui est toujours un très gros seigneur. Mais à nous, qui n'avons pour vivre que notre travail, et dont on mange tous les profits, pour nous laisser dans la misère; encore un coup que peut-il nous arriver de pis que ce que nous souffrons?

Moi. — C'est donc ce que vous payez à votre gouvernement qui vous inspire ces idées?

Le Patron. — Il n'est pas possible d'être plus foulés que nous ne le sommes.

Moi.—Il me paraît pourtant que l'Espagne est un des pays de l'Europe le moins chargés d'impôts. Presque tout le revenu du Roi est dans le produit des douanes.

Le Patron. — Oui, mais la perception en est si vexatoire! Il y a tant de voleurs là-dedans! Nous payons sur tout, et souvent dix fois plus que la chose ne vaût. Par exemple, si je vous vends ce livre que vous tenez, il faut payer. Si vous le revendez à un autre, il faut payer encore. Qu'il soit revendu quarante fois, il faudra payer quarante fois. Si je veux, faute de travail, porter ailleurs des patates pour y gagner ma vie, il faut payer dix quartos par *arrobe*, sur une valeur de deux piécettes; que le temps retarde ma navigation, il me faudra jeter mes patates à la mer, je n'en aurai pas moins payé les droits.

Moi. — Vous comptez donc, qu'au moyen d'une révolution, vous n'aurez plus rien à payer?

Le Patron. — Il n'y aura plus tant de mangeries. Voyez comme on nous traite! Supposez qu'à mon retour de Marseille je veuille porter un mouchoir à ma femme, et quelques vares d'étoffes pour mes enfans; si on me les trouve, on me les prend; on me fait en outre des frais pour me faire payer une amende, et de plus j'aurai le chagrin de voir porter par la femme du douanier le mouchoir destiné pour la mienne. Sur trente vares d'étoffe qu'il me saisira, il n'en accusera que dix. Les vingt autres seront pour ses enfans. Si je m'en plains à lui, il voudra que je le remercie; il n'a accusé, me dira-t-il, que vingt vares pour diminuer l'amende que j'aurai à payer.

Moi. — Si ce que vous dites est vrai, cela est affreux. Mais quelle idée vous faites-vous de ce qui se passe avec une révolution? Croyez-vous n'avoir plus de douanes, ni plus d'amendes à payer si vous les fraudez? Il pourra se faire que, dans les premiers temps, vos révolutionnaires vous ménageront, soit pour vous allécher à leurs réformes, soit parce qu'ils n'auront pas le temps de songer aux détails de l'impôt, qu'ils remplaceront par des emprunts, forcés ou non, ou par un papier-monnaie; mais bientôt viendra le moment où rien n'échappera à leur génie fiscal, et où les charges nouvelles seront incomparablement plus lourdes que les anciennes, sans compter que les premières s'appuyaient sur un état de prospérité, et que les autres pèseront sur la nation quand elle aura perdu son industrie, son commerce, ses colonies, et les richesses sorties de cette triple source dans ses temps heureux.

Le Patron.—Cela peut être : mais nous aurons la consolation du moins de voir disparaître cette nuée de voleurs qui nous mangent tout vifs.

Moi.—Et vous appelez des voleurs ?

Le Patron. – Le Roi tout le premier, qui couvre tous les autres de *su granda capa* (son grand manteau), de sorte qu'on ne peut leur rien dire.

Moi. – Vous êtes tranchant, mon cher camarade ! Viennent ensuite vos seigneurs, sans doute ?

Le Patron. — Certainement. Y a-t-il de la justice à ce que ceux-là, sans rien faire, prennent le plus clair produit de la terre ?

Moi.—Vous comptez donc pour rien leur droit de propriété ! Viennent sans doute aussi après eux vos ecclésiastiques, vos moines, avec leurs dîmes, leurs grands revenus, leur quête, etc. ?

Le Patron. — Oh ! çà, c'est autre chose ! c'est le bien de l'Eglise.

Moi. — Fort bien ! ceux-là vous ne leur en voulez pas ? c'est quelque chose !

Le Patron. — Dans tout ce que je dis, je n'entends pas mêler la religion.

Moi. — Eh bien ! n'en parlons plus. Revenons à vos douanes et à vos seigneurs. Quelle idée vous faites-vous, par exemple, de ce qu'on paie en France aujourd'hui ?

Le Patron. — Je n'en sais rien : mais voici ce que je puis vous dire. Quand je vais dans nos douanes, il faut que j'y entre d'un air soumis. Si l'administrateur n'a pas le temps de m'écouter, il m'ordonne d'un ton de mépris d'aller attendre à la porte jusqu'à ce qu'il puisse me recevoir, et il faut obéir ; il faut que je me tienne à cette porte comme si je venais y demander l'aumône, tandis que je viens y porter mon argent. Quand cet homme me parle avec son ton fier et grondeur, si j'osais lui répondre de même, il me ferait jeter dans un cachot. En France, ce n'est pas cela, depuis que vous êtes tous égaux. J'ai été souvent à votre douane à Marseille : là, on ne met personne à la porte ; *c'est une confusion* qui fait plaisir à voir, et où quelquefois on trouve son profit. Si l'administrateur a l'air de se mettre en colère, s'il crie, mettez-vous en colère aussi, criez plus fort que lui, il se taira, et vous finirez souvent par avoir raison.

Moi. — La différence est sensible en effet. Voilà donc pourquoi vous ne voudriez plus de votre roi, qui couvre tous les voleurs de *su granda capa?*

Le Patron. — Je vous dirai franchement que je ne penserais pas ainsi si le roi faisait quelque chose pour se faire aimer des pauvres. Mais il ne pense seulement pas à eux, ou ce n'est que pour les accabler de plus en plus. Dernièrement n'a-t-il pas voulu se faire donner toutes les richesses des églises? Heureusement on les lui a refusées!

Moi. — Je ne sache pas que cette demande ait eu lieu. On vous a trompé, je crois, mon brave homme. Mais enfin, je veux la supposer avec vous : ne serait-ce pas là une preuve qu'il aime à ménager les pauvres, puisque, son trésor se trouvant épuisé par deux guerres malheureuses, il cherche à subvenir aux besoins de l'État sans fouler de nouveau son peuple.

Le Patron. — Mais ces guerres, pourquoi les faisait-il? Si les Français ont coupé le cou à leur roi, qu'est-ce que cela nous faisait à nous autres? Le roi devait profiter de l'exemple, en soulageant ses vassaux, au lieu de les écraser par une guerre qui les a ruinés.

Moi. — Vous oubliez que cette guerre, c'est la France qui l'a déclarée.

Le Patron. Il ne devait pas y répondre. Il devait faire sa paix tout de suite. Il devait dire qu'il ne voulait se mêler de rien.

Moi. — Comme Français, je voudrais que tous vos compatriotes n'eussent pas eu plus que vous l'idée de ce que se doit une nation puissante; mais, si j'eusse été Espagnol, j'aurais été fort fâché que vous eussiez été le maître d'oublier ainsi sa dignité, et de disposer de l'honneur de mon pays. Au reste, vous devez être content, et vous n'avez plus rien à dire, puisque, depuis deux ans, vous voilà en paix avec la France.

Le Patron. — Puisque la guerre était commencée, il fallait la continuer. La France avait besoin de la paix plus que nous, quand elle a été faite. Sans cette paix, peut-être, aujourd'hui il n'y aurait plus de France.

Moi. — Diantre! vous croyez-ça? Si donc la France existe encore, elle en doit rendre grâce à vos Espagnols?

Le Patron. — Il n'y a pas de doute à cela.

Moi. — A la bonne heure! au moins je retrouve en vous une étincelle du caractère avantageux de votre nation! il faut bien sentir son terroir au moins par quelque chose. Si bien donc, qu'après avoir blâmé la guerre avec la France, vous désapprouvez la paix qui l'a suivie?

Le Patron. — Cette paix, on n'y comprend rien. *Elle était convenue secrètement entre les deux puissances pendant la guerre.* Je me souviens que, lorsque les Français prirent Figuéras, un officier-général, sous lequel je servais alors, dit, à cette occasion, qu'il y avait là un dessous de cartes, et qu'il offrait de parier *qu'avant peu la paix serait faite, et que nous aurions la guerre avec l'Anglais.* Or, dites-moi, je vous en prie, s'il y a jamais eu une guerre plus injuste, plus sotte que celle que nous faisons à l'Anglais?

Moi. — Vous la lui faites comme à l'ennemi naturel de tous les peuples commerçans.

Le Patron. — Nous y jouons un bien beau rôle! nous n'avons en mer ni un vaisseau de guerre, ni un vaisseau marchand; et, pour nous, c'est, depuis deux ans, comme si nous n'avions plus nos colonies!

Moi. — C'est la faute des circonstances. Attendez que la France ait effectué une descente en Angleterre, alors....

Le Patron. — L'Angleterre se moque de vous! elle sera toujours l'Angleterre. Dernièrement je fus à Cadix, d'où je fus passer quelques jours à Gibraltar. Là, il faut voir si les Anglais craignent la France! il faut, surtout, entendre ce qu'ils disent de notre guerre avec eux! Quoi! me dirent-ils à moi, quand les Français eurent tué leur roi, l'Angleterre, n'y ayant aucun intérêt, ne songea pas à leur faire la guerre; mais voilà que le roi d'Espagne vint la solliciter d'embrasser la vengeance de son parent; il nous montrait l'intérêt que toutes les couronnes avaient à punir la révolte de la France : nous nous rendons à ses désirs, et, peu après, il fait, avec l'ennemi commun, une paix séparée! par cette défection, il trompe les calculs de toute l'Europe; il prépare la ruine de l'Italie; il empêche la ruine, alors prochaine de la France; et, non content de cette lâcheté, non content d'être le premier à s'allier avec les meurtriers de son parent, il finit par nous déclarer la guerre!.... Je vous demande ce qu'il y a à répondre à cela.

Moi. — Rien, sinon qu'il est étonnant qu'étant en guerre avec les Anglais, vous ayez entendu ces réflexions à Gibraltar.

Le Patron. Il y a plus d'*Espagnols* que d'Anglais à Gibraltar, depuis cette guerre.

Moi. — Vous voulez dire de gens nés en Espagne. En France aussi nous avons beaucoup de gens qui se donnent le nom de Français, et qui n'ont autre chose de commun avec ceux qui méritent ce titre, que d'être nés en Alsace, en Bretagne ou en Picardie.

Le Patron. — Je n'entends pas ce que vous voulez dire.

Moi. — Je le crois.

Le Patron. — Pour en revenir, n'est-ce pas aussi une injustice que de voir l'Espagne conspirer pour la ruine du Portugal?

Moi. — C'est, tout au moins, bien étonnant.

Le Patron. — Mais le roi ne sait ce qu'il fait. Cela pourra tourner contre lui. Nous attendons, en Espagne, l'arrivée des Français avec impatience, pour faire aussi la révolution. On ne la fera pas avant, parce qu'il y a trop de danger pour ceux qui la commencent. Nous avons vu qu'en France ceux-là ont déjà péri presque tous. Mais quand nous aurons ici cent cinquante mille Français.....

Moi. — Cent cinquante mille, bon Dieu! A ce qu'il me paraît, il ne vous en faut pas peu! vous vous contenterez, s'il vous plaît, de trente, ou tout au plus de quarante mille hommes.

Le Patron. — C'en est assez. S'ils veulent tuer notre roi, qu'ils fassent comme ils voudront; plus de deux cent mille Espagnols seront prêts à les soutenir au premier signal; je puis vous répondre de ça.

Moi. — Voilà une jolie commission que vous nous donnez! C'est comme *mata reis*, comme assassins des rois que vous nous attendez! je vous en fais mes remercîmens au nom de mes compatriotes. Mais, tranquillisez-vous; vous ne leur aurez pas tant d'obligation. La besogne que vous leur réservez, ils vous en laisseront toute la gloire. Ils ont fait la leur, chacun la sienne, s'il vous plaît.

Le Patron. — On dit pourtant qu'ils veulent détruire tous les rois.

Moi. — Ils ne le doivent pas, s'ils sontsages; mais, je vous l'avoue, ils ne m'ont pas mis du secret.

Le Patron. — Qu'ils commencent une fois, qu'ils nous mettent en train, je vous assure que notre révolution sera encore plus sanglante que celle de France. Vous autres, vous avez laissé échapper tous vos nobles; eh bien! nous ne laisserons pas échapper un seul des nôtres.

Moi. — Diantre! quelles belles dispositions!... Et vos moines? votre pays en est farci; vous aurez là beaucoup à faire.

Le Patron. — Je vous ai déjà dit que, pour ce qui tient à la religion, il ne fallait pas en parler en Espagne. Par exemple, si, par malheur pour eux, les Français venaient à nous chagriner de ce côté, je ne répondrais pas qu'il en revînt un seul en France... Les Espagnols ne badinent pas là-dessus! ils se feraient hâcher pour leur Dieu et pour leurs prêtres.

Moi. — Dans toutes les suppositions, je pense qu'ils vous livreront à vous-mêmes... Mais, soyez-en bien prévenu, si jamais, par malheur, vous avez une révolution, il est sûr que ceux qui se mettront à la tête ne manqueront pas d'imiter ce qui s'est fait en Italie. D'abord on a crié: Respect à la religion et à ses ministres! ensuite on a mis en vente les couvens; et, en dernier lieu, on en a fait autant des dépouilles de Rome, d'où le pape a été obligé de se réfugier en Toscane, dans un couvent de capucins.

Le Patron. — Eh bien! on a eu tort. En attaquant notre père, on a attaqué tout bon chrétien. On ne devait jamais aller jusque-là.

Moi. — Observez bien que les Français n'y ont été pour rien. Ils ont laissé faire cela par d'autres, parce que ce *padre nuestro*, comme vous l'appelez, n'est plus le leur.

Le Patron. — Nous serons plus sages que les Italiens sur l'article de la religion. Dès que les Français ne s'en mêlent pas, c'est tout ce qu'il nous faut. On peut s'en rapporter à nous pour le reste.

Moi. — Oh! je m'en aperçois! avec vos bonnes dispositions, tout ira bien! on n'a qu'à vous abandonner la barque..... Bonne nuit, bon homme, il est temps de dormir....

Là-dessus, mon homme s'est mis à ronfler. Moi, j'ai long-temps rêvé en silence à cette effrayante conversation, et, le matin, en me levant, je l'ai inscrite dans mon recueil..... Les vents et les courans sont toujours contre nous.... Si cela continue, dans quinze jours nous n'arriverons pas à Sette.... Dieu soit loué!.... Heureusement je ne manque pas de patience pour supporter ce que je ne puis empêcher.

CHAPITRE XVII.

Port des Alfaques. — Nouveaux objets de distraction. — Vœu à Sainte-Gertrude. — Miracle.

Voilà qu'on essaie de mettre à la voile; mais, contrariés par les vents, nous nous réfugions dans le port des Alfaques : nous en sortirons quand il plaira à Dieu.

C'est une rade comparable, pour la sûreté, à celle de Toulon, mais plus grande, et absolument circulaire. S'il y avait assez de fond, elle pourrait former un des plus beaux établissemens connus pour la marine militaire; mais elle ne peut donner asile qu'à des barques comme celle qui me transporte, et, tout au plus, à des bâtimens marchands de moyenne grandeur.

Il s'y fait un commerce de sel provenant des salines établies sur la longue langue de terre qui forme son enceinte du côté de la mer. Cette langue est si basse et si étroite que, de l'intérieur de la rade, on découvre, à très-peu de distance, les barques qui naviguent en pleine mer en côtoyant cet isthme, qui se prolonge sur la côte pendant plus de deux lieues.

J'avais oublié de noter ma dépense à Valence. Elle a été de 94 francs 15 sols, outre 105 francs ou 20 piastres que j'ai déposés avant de partir, à Péreymond, pour ma contribution à une souscription que je lui ai donné l'idée d'ouvrir en faveur des prêtres français que chasse la cédule royale.

Du 10 avril, à huit heures du matin. Nous ne sommes pas encore sortis de ce port des Alfaques.

Je viens de soigner mes tourterelles. J'ai de la peine à les apprivoiser à la main qui les nourrit. Dès que j'approche de leur cage, elles s'effraient, et, pendant une heure, elles cherchent sans cesse à s'échapper à travers les barreaux. Si ce malheur leur arrivait, elles se perdraient sans remède, car, s'étant dépouillées d'une grande partie de leurs plumes, elles ne pourraient gagner le rivage; et moi je ne pourrais arriver à temps à leur secours.

Cela vient de ce que, dans tout cela, nos instincts agissent en sens inverse. Je veux, moi, qu'elles se trouvent heureuses de ne manquer de rien dans leur prison; elles, au contraire, ne songeant qu'à ce qui leur déplaît, ne veulent pas voir le danger attaché à leur évasion.

Les réflexions que cela me fait faire, et mon oisiveté, à laquelle je n'eus jamais tant besoin de faire diversion, me dictent la fable qui suit :

LES TOURTERELLES EN CAGE.

(*Voyez mon recueil de fables, page* 208.)

J'aurai bientôt épuisé les pauvres ressources que m'a offertes mon patron contre l'ennui qui m'assiége ici sans relâche.

J'ai lu presque en entier trois in-folios castillans, dont l'un, sous le titre de *Luz de la Fé* (Lumière de la Foi), est bien la production la plus bizarre qu'ait pu enfanter, dans son délire, une imagination mélancolique enflammée par la superstition.

L'auteur traite de tout. Il veut expliquer tous les mystères, c'est-à-dire, leur enlever ce qui les rend respectables, l'incompréhensibilité sans laquelle la foi ne serait plus une vertu ou un mérite.

Il faut l'entendre donner à la chasteté la préférence sur le mariage! il faut lire ses raisons, et les preuves miraculeuses dont il les appuie!

Il vous peindra Sainte-Gertrude, amante chérie de l'Enfant-Jésus, édifiant tout un couvent par sa singulière virginité.

Vous la verrez donnant matériellement dans son cœur un doux asile à l'enfant divin, qui ne peut plus se plaire que dans cette retraite virginale, et qui, pendant la nuit, fait retentir les dortoirs du couvent de cette exclamation qui publie la béatitude de l'aimable recluse: « Qui voudra s'adresser à l'Enfant-Jésus, n'est sûr de le trouver qu'au Très-Saint-Sacrement de l'Autel, et dans le cœur de sœur Gertrude. »

Vous verrez cet enfant, dans sa sainte prédilection pour cette amante passionnée, se plaire à promener sa main sur les contours de son sein d'albâtre, et ne la fixer sur son cœur qu'après avoir imprimé sur ces globes chéris des traces glorieuses de ce voluptueux attouchement.

Un autre jour, vous verrez la Vierge Marie faire une visite solennelle, tenant son fils bien-aimé dans ses bras, à l'amante de l'Enfant-Dieu; toute la troupe céleste accompagne cette tendre et complaisante mère; les anges, les symphonies, les parfums, tout est prodigué dans cette importante occasion.

Vous serez ravi de l'air modeste de Gertrude, accueillant ce brillant cortège... Voyez comme Jésus lui tend les bras, comme sa mère abandonne à ses jeunes désirs l'enfant qui, tout de suite, écarte le mouchoir pudique qui dérobe à sa vue le sein de Gertrude; il s'empare de ces globes que sa main pressa tant de fois; il les caresse amoureusement, et il finit par y porter ses lèvres, qui y sucent à longs traits un lait délicieux, dont sa toute-puissance vient, à l'instant même, de les remplir miraculeusement, voulant, au bonheur d'avoir eu une vierge pour mère, unir celui d'être nourri d'un lait virginal.

Que d'imagination dans cette composition mystique ! Quels riches matériaux pour un peintre ou pour un poète ! mais aussi quelle jonglerie ou quelle déplorable crédulité !

On conviendra qu'une virginité ainsi encouragée, ainsi récompensée, a dû coûter peu de combats, et qu'à pareil prix bien peu de nos Phriné refuseraient de gagner le Paradis.

Je ne citerai qu'un autre miracle.

Le héros est un saint dont le nom m'échappe (je n'ai pas le courage de feuilleter mon in-folio pour le retrouver).

Il était très dévot à Marie, et pour se livrer tout entier à sa dévotion, il résolut de s'ensevelir dans un couvent.

Celui dont il fit choix d'abord ne convenant pas à la Vierge, celle-ci daigna, par un miracle, le conduire à un autre qu'il devait préférer.

Le jour où le Saint vint se présenter à celui qu'il avait choisi pour s'y faire agréer, Marie, sous la figure d'*una hernosissima nina* (d'une très jolie petite fille), s'avança au-devant de lui et lui barra sans façon le passage, en lui disant : Que viens-tu faire ici? Allons, allons, retire-toi, je ne veux pas que tu te fasses moine dans cette maison.

Le Saint, très scandalisé, méconnaissant dans cet enfant sa bien-aimée, voulut la rebuter, mais elle insista de plus belle ; sur quoi le futur moine lui demanda les raisons de son opposition à ce qu'il entrât dans cette maison. « C'est parce que je ne le veux pas, lui dit la Vierge. — Plaisante raison, lui répliqua le Saint ! Allez, allez, ma mignonne, les jeunes filles ne doivent pas être si hardies, vous feriez mieux d'être dans votre maison à filer. »

Cependant la petite fit tant que le Saint revint sur ses pas, remettant au lendemain l'exécution de son dessein.

Le lendemain et le surlendemain, mêmes scènes, mêmes détails, qui se terminent par la transformation de la Vierge, laquelle, reprenant sa forme divine, indique au Saint le couvent où elle veut qu'il se consacre à son service, à quoi, comme on s'en doute bien, il ne manqua point d'obéir.

Ce récit est écrit avec la même onction, le même ton de persuasion qui caractérisent la bonne foi de l'historien dans tout le cours de cet ouvrage ; l'amour divin y brille des plus vives couleurs, en sorte qu'à chaque page je m'attendais à y trouver le pendant de la visite solennelle faite à sainte Gertrude par la Vierge et par l'Enfant-Jésus : mais mon attente a été trompée ; mon auteur espagnol a senti probablement la difficulté du sujet, il n'est pas allé jusque-là...

J'ai de singuliers passe-temps sur cette barque, qui s'obstine à rester immobile! J'aurais, ma foi, grand besoin d'un petit miracle pour nous donner un peu de vent... Il est midi; si d'ici à ce soir nous avons du ponent, je promets un rosaire à Marie, et trois *ave* en l'honneur de la chaste Gertrude.

Je n'ai fait que parcourir le deuxième in-folio; ce sont des rêveries d'un *fraile Pedro*, moine de *Santa-Maria y ulloa*, en forme de méditations sur le rosaire; j'ai trouvé cette lecture fade à côté de *la luz de la fé*, sur laquelle je reviendrai si j'en suis réduit là, après avoir épuisé tous mes autres moyens de distraction.

Mais j'en ai un bien plus substantiel dans mon troisième in-folio.

Il a pour titre: *Epitome de los Anales de Navarra, por don Pablo, Miguel de Elisondo, de la compania de Jesus.*

Au moins trouvai-je là quelque chose d'instructif, malgré le fatras de miracles dont cette histoire est surchargée, et qu'il faut pardonner à l'auteur par plus d'une raison.

Premièrement, sa tâche n'étant que de faire un rapide abrégé des anciennes annales, il a dû copier ce que les écrivains des siècles de crédulité ont rapporté, ce qu'ont consacré les monumens ecclésiastiques, ce que la tradition, en un mot, a transmis à la crédulité populaire.

Secondement, l'auteur lui-même paraît communément ne pas ajouter une foi bien entière à ces miracles, qu'il récite tels qu'ils sont écrits, sans y joindre ses réflexions, et ayant soin, assez souvent, de vous avertir que c'est un hommage qu'il rend, comme simple historien, à la croyance vulgaire. Si, parfois, il insiste sur quelques-uns, ce sont les plus accrédités, ceux que l'Eglise a consacrés dans les peintures qui ornent ses temples. Tel est, par exemple, la coopération de tels et tels saints à tels et tels combats contre les Maures, dont leur protection a causé la défaite, etc., etc.

Quoique cet abrégé ait vu le jour en 1731, il faut se rappeler que l'auteur était membre d'un ordre religieux, et avoir la justice de sentir qu'il a dû un tribut à sa robe.

Du reste son histoire est écrite en style noble et soutenu ; il y règne une critique judicieuse et saine, à l'aide de laquelle il éclaircit avec décence les faits douteux qu'il nie ou qu'il affirme avec la dignité de l'historien ; il relève sans amertume les erreurs, les contradictions des écrivains qui l'ont précédé, et il remonte avec assurance, mais avec bonne foi, dans la nuit des temps reculés pour démêler la vérité.

Il ne manque peut-être à cet ouvrage, pour mériter un éloge absolu, que de ne pas présenter, comme il le fait, un peu trop de prévention en faveur des rois de Navarre, dont il est toujours occupé d'agrandir les hauts faits, et surtout d'effacer les taches que d'autres écrivains ont imprimées à la mémoire de quelques-uns d'entr'eux.

C'est ainsi que don Garcia *el Tremblado*, le trembleur, surnom qu'il reçut, disent quelques-uns, à cause de sa pusillanimité, est affranchi, par lui, de ce reproche. Il attribue ce surnom à un tremblement involontaire qu'il éprouvait au moment d'entamer un combat; mais, ce moment passé, il en fait un héros, et on aurait dû le nommer, dit-il, *il Terror o el Temido*, la terreur, ou le redouté...

Miracle! miracle! pour celui-là le voilà avéré! Depuis quatre jours les vents nous ont contrariés ou abandonnés; il y a au plus demi-heure que j'ai fait un vœu à la Vierge et à Sainte Gertrude pour sortir de cette triste position; et me voilà hors du port où nous étions cloués! nous voilà, pour la première fois, voguant à pleines voiles par un vent favorable! On ne tient pas à de telles évidences... Je m'interromps pour accomplir mon vœu.

Voilà mes comptes réglés, me voilà quitte envers le Paradis; reprenons mon historien... Je n'ose dire que cela est plaisant; mais je puis du moins le trouver très heureux ! Nous filons six nœuds par heure ! En quatre jours et demi nous n'avons fait jusqu'ici que vingt-six lieues... Je reviens à mon jésuite navarrais... Mais la matière est si abondante que je me vois forcé de lui consacrer le livre suivant.

FIN DU LIVRE SECOND.

LIVRE TROISIÈME.

Souvenirs historiques et philosophiques.

CHAPITRE PREMIER.

Génie de l'histoire des siècles de superstition.

Malgré ce que j'ai dit ci-devant, je crains que les premiers feuillets qui manquent à mon in-folio, ne m'empêchent d'assigner à la composition de cet ouvrage sa véritable date; je ne puis la connaître que par celle des licences accordées pour son impression, et celle-ci est bien de 1731. Cependant, autant qu'il m'est possible d'en juger, il me paraît que cet abrégé historique, dont le style me semble noble et élevé, employe certains termes, certaines locutions que je crois n'être plus usités.

Y aurait-il eu, depuis 67 ans, une telle révolution dans la langue castillane, que cette différence fût sensible pour un étranger qui n'a pas eu le temps d'en approfondir le génie? Cette remarque, au surplus, est sans importance, n'étant que trop possible que le jugement que je porte n'ait aucun fondement.

Quoi qu'il en soit, après avoir pris note de ce que j'ai pensé de l'auteur, consignons ici les impressions diverses que j'ai reçues de l'ouvrage lui-même. A mesure que j'avancerai dans cette lecture, j'y ajouterai les réflexions qui jailliront de mon sujet. J'essayerai de m'y montrer, tour-à-tour, philosophe, publiciste et littérateur. Je n'ai eu de ma vie une occasion si belle pour m'assurer s'il est au-dessus de mes forces d'analyser ainsi mes sensations et mes perceptions; sachons en profiter; rentré en France, je ne la retrouverai plus.

Comme philosophe... je m'interromps encore pour noter qu'à deux lieues du port de Ariguela, nous nous trouvons à l'embouchure de l'Èbre qui jaunit de ses eaux une étendue de mer immense. Mon patron me rapporte que ce fleuve a deux embouchures, dont l'une, celle que je vois, se jette dans la Méditerranée, et dont l'autre se décharge dans l'Océan.

Je regrette de ne pas être à portée de vérifier cette assertion, que je ne me rappelle d'avoir trouvée dans aucune géographie. L'autorité de mon patron, ami des merveilles et crédule en conséquence, ne me paraît pas mériter le sacrifice de ma raison qui répugne à adopter ce qui me paraît une fable. Si le fait était vrai, quel parti un gouvernement actif et prévoyant ne pourrait-il pas tirer de cet avantage, unique peut-être dans l'histoire naturelle des fleuves! Bornons-nous à ce qui est certain. On remonte l'Èbre dans des bâtimens plus gros que le mien jusqu'à *Zaragossa*, ce qui embrasse une distance de quarante lieues, et il est encore navigable bien au-delà de la Navarre qu'il traverse, après avoir prolongé les frontières de la Biscaye, en descendant des Asturies d'où il prend sa source. Depuis une heure je vogue sur ses eaux; j'ai été curieux d'en boire, j'en ai fait puiser, et je l'ai trouvée aussi potable que si je l'avais puisée loin de la mer qui, chassée loin du rivage, dans toute l'étendue que me signale la couleur de l'eau douce et bourbeuse du fleuve, opposée à la verdeur de l'eau salée qui frappe ma vue dans le lointain, n'a pu lui communiquer la plus légère teinte de son goût rebutant...

Comme philosophe donc, je vois, dans cet abrégé, que notre turbulente espèce, inhabile au repos, seul bonheur positif à mes yeux, fut et sera toujours prête à l'échanger contre les plus tristes chimères. C'est un vers très philosophique et malheureusement trop vrai, quoique dans la bouche d'un imposteur, que celui de Voltaire!

Oui: je connais ton peuple; il a besoin d'erreurs.

Il ne manque à cette pensée que d'avoir une application générale. C'est une vérité profonde qui appartient à tous les peuples et à tous les temps. Mais, hélas ! quel funeste besoin ! et quel ravage ne font pas les erreurs avant qu'elles ne soient usées !

Quel déluge de calamités n'ont pas fait pleuvoir sur l'Espagne les erreurs ou les passions religieuses qui, armant sans relâche les adorateurs du Christ et les sectateurs de Mahomet, ne lui laissèrent pas un instant de repos, et l'abreuvèrent, pendant des siècles, du sang de ses malheureux habitans, enivrés par le fanatisme d'une rage toujours nouvelle !

L'effet de ces guerres cruelles fut de subdiviser à l'infini les domaines de ses dominateurs; et il en résulta de nouvelles occasions de troubles nés des rivalités de l'ambition, lesquelles, presque toujours, aboutissaient à des guerres civiles; de sorte que ses provinces ou royaumes, après s'être heurtés les uns contre les autres, se déchiraient ensuite de leurs propres mains.

Le tableau des rapides et sanglantes révolutions de ces temps de fureur, est vraiment déchirant. Dans les guerres de religion, le Maure ou le chrétien vainqueur ne connaissait point de bornes à sa fureur sacrée. S'emparait-il d'une ville? il la détruisait de fond en comble, s'il n'espérait pas pouvoir la conserver. Avait-il cet espoir, au contraire? il en passait les habitans au fil de l'épée, et n'en réservait que quelques-uns, qu'il attachait à son char de triomphe, *afin de rendre sa victoire plus éclatante* (ce sont les propres expressions de l'historien) ensuite, selon sa religion, il la repeuplait ou de Maures ou de chrétiens.

Conçoit-on, sans effroi, ce continuel déplacement des hommes? cette disparition entière de la population des cités, et souvent des provinces que venaient repeupler de nouveaux habitans? Tout horrible qu'elle est, notre révolution, dont des tigres seuls peuvent prononcer le nom sans frémir, n'approche pas de ce tableau, et les malheurs, à-peu-près analogues, qu'a essuyés Toulon, en 1793, n'en sont qu'une pâle copie.

Et ces horreurs s'exécutaient au nom du Ciel! et les barbares qui les commandaient, qui les exécutaient, étaient exaltés par leurs prêtres comme des modèles de piété! Il y a de quoi frémir à s'appesantir sur ces idées.

J'ignore comment s'expliquent les historiens arabes à cet égard; mais il faudrait leur réserver une indignation au-dessus des forces humaines, au-dessus des miennes du moins, s'ils surpassaient, s'ils égalaient même le zèle sanguinaire des écrivains chrétiens. Ceux-ci, par un accord barbare, réservaient leur encens suborneur aux princes de leur religion, qui, dans ces guerres dévastatrices se signalaient le plus par les massacres des infidèles ou des païens, comme ils les appellent quelquefois; et, attendu que les seuls ecclésiastiques étaient alors en possession de ce qu'on appelait *la science*, il n'est pas étonnant qu'ils aient ainsi constamment prêché, pour le triomphe de leur croyance, la destruction de ceux qui adoraient Dieu d'une manière qui n'était pas la leur.

Par la même raison, il n'est pas étonnant encore que les princes, toujours avides de ce qu'on croit être la gloire, ayent, pour l'acquérir, suivi, à l'envi l'un de l'autre, la route sacrée qui leur était tracée par ces farouches historiens qui les eussent laissés dans l'oubli, et peut-être les eussent couverts de honte s'ils eussent été moins dociles.

Comment, en effet, dans leur pieuse crédulité, eussent-ils résisté à l'exhortation, aux éloges et à l'exemple, quand on voit ces énergumènes écrivains sanctifier ces fureurs déplorables, en leur associant, par les plus criminelles suppositions, par le plus cruel abus de la religion, les objets de la vénération des peuples, qu'ils font intervenir au milieu des combats armés de toutes pièces, pour en assurer le succès et en accroître le carnage?

Dans ces odieuses inventions, alors si vénérées, aujourd'hui si absurdes, même aux yeux de la multitude, une chose doit étonner, c'est que ces princes, si avides de vaine gloire, aient pu s'y complaire et s'y laisser aller, en admettant comme leurs collaborateurs ces saints invulnérables et tout puissans qui partageaient au moins avec eux l'honneur de la victoire, s'ils ne la leur enlevaient pas en entier; car, enfin, quand la victoire est l'effet d'un miracle, le triomphateur doit-il être un autre que le saint qui l'a opéré?

Cette contradiction dans les idées de ces temps malheureux s'explique d'elle-même par la dévotion excessive à laquelle s'abandonnaient les peuples et les princes.

Vous voyez souvent ces derniers, tandis que les Maures désolaient leurs provinces, qu'ils n'avaient plus la force ou le courage de défendre, courir de monastère en monastère, invoquer le secours du Ciel, et, n'attendant que de lui leur salut, déposer leurs richesses au pied des autels, abandonner leurs domaines aux prêtres qui, comme je le lis dans l'historien qui m'inspire ces réflexions, avaient érigé en maxime sacrée que, plus les princes offraient de dons à Dieu et aux saints, plus ils s'enrichissaient.

Cet avare précepte, les prêtres l'appuyaient de cette comparaison emphatique qui ne pouvait recevoir une plus fausse application; c'est que le ciel, source des grâces et des richesses, est comme la mer qui alimente tous les fleuves, lesquels, en reconnaissance, lui doivent le tribut de leurs eaux.

Cette dévotion abusive explique donc, comme je l'ai déjà dit, pourquoi les princes voyaient sans jalousie l'honneur de leurs victoires attribué à des saints qui les avaient favorisées par un miracle. Aujourd'hui ces inventions ne feraient pas fortune. Certainement nos maréchaux de Saxe, de Condé, de Turenne, n'eussent pas été très flattés qu'on eût prétendu qu'au passage de tel fleuve, à la prise de telle ville, ou à telle bataille, *San Miguel* ou *San Esteban* avaient combattu pour eux du haut des airs sur un cheval blanc, et armés d'un glaive de feu. Certainement la maison du Roi n'eût pas souffert, en France, que, par un conte aussi ridicule, on lui eût enlevé l'honneur de la journée de Fontenoi. Certainement encore nos héros modernes souriraient de pitié, et peut-être entreraient en fureur si des dévots à sainte liberté, à sainte égalité, bien ignorans, bien superstitieux (et il y en a de cette force auxquels je me ferais fort, au besoin, de faire avaler ce beau conte), voulaient rapporter à un miracle de ces deux grandes saintes leurs brillantes campagnes d'Italie et leurs victoires rapides, poussées jusqu'aux murs de Vienne; et cependant, j'ose le dire, le miracle a été plus réel en faveur de Buonaparte et de ses compagnons, qu'il ne le fut jamais, de la part des saints du Paradis, en faveur d'un Roi de Navarre... Que de gens ne me comprendraient pas s'ils lisaient ce passage !... Revenons à nos Espagnols.

C'est encore aux éloges que les prêtres historiens prodiguaient aux princes chrétiens, que l'Espagne doit ce fléau politique qui la couvre comme une lèpre. Je veux parler de ces innombrables couvens, de ces innombrables églises qui ont entassé d'innombrables richesses dans ces dépôts où croupissent des centaines de milliers de fainéants corrompus et, par conséquent, corrupteurs.

A chaque page de l'histoire, vous êtes saisis de dégoût à la lecture des fades éloges donnés à la piété des princes qui ont le plus signalé leur libéralité envers l'Église. Il en est plusieurs dont la vie oisive, heureusement pour leurs sujets, n'a échappé à l'oubli que par les dotations qu'ils ont faites à leurs églises, et par l'institution de quelques couvens. C'est surtout à ces actes pieux que les historiens accordent le plus d'éloges; et ni la cause ni l'effet ne peuvent aujourd'hui nous paraître étonnans.

Il fallait des prétextes pour amener ainsi, tous les jours, des fondations, des prodigalités nouvelles; avec les préjugés de ces temps d'ignorance, avec le génie inventeur des prêtres, ils ne pouvaient manquer.

Tantôt un roi, poursuivant à la chasse un oiseau ou un quadrupède, sans doute dressé d'avance au rôle qu'on lui faisait jouer, était conduit, par ces dociles animaux, dans une grotte merveilleuse où il trouvait un autel rustique, auprès duquel gisait un cadavre qu'un écrit que le hasard semblait avoir placé là tout exprès, annonçait avoir habité cette sainte retraite, où il était mort en état de sainteté. Il n'en fallait pas davantage; on recueillait avec respect ces précieuses dépouilles d'un habitant du Paradis; on prodiguait l'or et les diamans pour renfermer ses saintes reliques; un temple magnifique s'élevait à la place du modeste hermitage, et d'immenses domaines étaient assignés aux religieux appelés à ce culte nouveau.

Tantôt un pâtre, un malheureux à demi-nu s'échappe des chaînes du Maure; et, passant dans telle forêt ou dans tel autre endroit qu'il désigne, il a entendu dans les airs une voix qui lui a commandé d'aller avertir le roi qu'en creusant à une telle place, il y trouvera les reliques de tel saint auquel il faut consacrer une église. Sur la foi du manant, le roi accourt avec tous ses courtisans et avec son clergé; il arrive, la place est trouvée, on creuse, le cœur plein d'espoir et de joie, et, en effet, on trouve une momie. On reconnaît un saint dans ce cadavre si bien conservé, et les trésors du prince vont enrichir un nouveau monastère.

Tantôt, car ces saintes demeures ne sont jamais rassasiées des biens d'ici-bas, une maladie vient d'attaquer le prince. Son évêque, qui veut qu'il ait dans les saints plus de confiance que dans ses médecins, lui conseille pieusement de se faire promener de monastère en monastère, jusqu'à ce qu'il en ait trouvé un où il recouvre sa santé. Le roi consent à ce voyage. Ses mains sont pleines de présents ; il n'invoque pas un saint qu'il ne signale sa piété par ses largesses. Mais celui duquel il sera enfin exaucé, on conçoit combien il recevra de témoignages de ferveur et de reconnaissance. *Se explico su piedad*, vous dit l'historien, *con el grandissimo aumento de las muchissimas riquezas de essa eglesia ;* sa piété se manifesta par la très grande augmentation des richesses immenses de cette église.

Concevez, avec tout cela, que l'Espagne ait pu conserver quelque ombre de prospérité. Dépeuplée par les guerres sanglantes des Maures et des chrétiens ; agitée dans les intervalles par la rivalité de ses petits princes ou par des troubles civils ; ruinée par l'aveugle prodigalité de ces princes, qui, même pendant la guerre, amortissaient ses richesses en les jetant dans l'abîme sacerdotal ; il y a de quoi demeurer dans l'admiration de voir qu'il lui suffit de quelques siècles pour acquérir l'éclat dont elle jouit sous Ferdinand et Isabelle ; éclat passager, que l'expulsion totale des Maures lui enleva bientôt, mais qu'elle est appelée à surpasser, si un gouvernement ferme et prudent, prévenant à propos l'explosion peut-être imminente du levain révolutionnaire qui fermente dans son sein, apprécie l'immensité de ses ressources, et sait s'emparer du génie de sa nation, pour le diriger habilement vers les moyens d'en tirer parti.

Les idées qui doivent un jour la relever de son abattement ne sont pas encore bien développées. Les rois de la race régnante n'ont pas été étrangers à ces égaremens de la piété où s'abandonnaient ses anciens roitelets. Il n'en est pas un qui n'ait fait aussi des fondations pieuses. La mode en est passée, et assurément il était temps qu'elle finît! Cependant j'ai vu encore travailler le marbre, le porphyre, le bronze, les métaux précieux, pour l'érection de nouvelles chapelles, de nouveaux autels. Pendant mon séjour à Madrid, j'ai vu, je ne sais plus quelle grande dame, instituer et faire bâtir un nouveau couvent de religieuses.

C'est, je crois, s'y prendre un peu tard! Mais ce qui n'est pas explicable, c'est que le gouvernement, inclinant, comme on n'en peut douter, à diminuer le luxe religieux qui asphyxie ce beau royaume, et n'étant embarrassé que du choix des moyens, souffre qu'on y ajoute chaque jour, et que, voulant dessécher ce marais bourbeux, il ne détourne pas les ruisseaux qui viennent y aboutir sans cesse.

Je m'aperçois que mes considérations philosophiques ont fini par embrasser la politique; mais je n'y retoucherai point. A demain.

Il faut que je reprenne mon cahier pour noter la continuation du miracle.

Il n'est encore que six heures du soir, et depuis midi et demi nous avons fait dix-huit lieues. Le vent nous favorise toujours; les matelots croyent à sa durée. S'ils ne sont pas trompés dans leur espoir, ils me promettent de me débarquer à Sette dans trois jours, peut-être dans deux.... O ma mère! ô ma femme! ô ma fille! nous dirons ensemble, si cela est ainsi, le rosaire à la Vierge, et trois *ave* à Sainte-Gertrude. J'en fais le vœu.

Quelle admirable recette pour avoir du vent!... et quel vent! dix-huit lieues en cinq heures et demie, tandis qu'il m'avait fallu cinq jours pour en faire vingt-six.

Quel dommage que cela ne soit pas arrivé, il y a six cents ans, à un roi d'Aragon ou de Navarre! Bien heureuse Gertrude, vous auriez eu un couvent de plus!.... Mais sied-il bien de s'égayer ainsi à quelqu'un qui, pénétré d'ailleurs comme je le suis, de l'importance de sa religion, de ses vérités et de ses bienfaits, quitte à peine le manteau de la philosophie, et qui se prépare à commencer demain sa journée, le compas de la politique à la main ? Reprenons notre sérieux et profitons du miracle, dont une plaisanterie mal placée pourrait compromettre la continuation.

CHAPITRE II.

La politique de l'histoire appliquée aux siècles modernes.

Du 11 avril. En réfléchissant, hier soir, sur mon grabat, à ce changement subit du vent, aussitôt que j'eus fait un voeu pour en obtenir, il m'est venu cette idée singulière; c'est que Sainte-Gertrude eût été bien embarrassée si un autre original, venant de l'endroit où je vais, lui avait, durant le calme plat qui régnait sur la mer, fait la même demande et la même promesse que moi.

Nous étions flambés l'un ou l'autre.

Cela m'a suggéré la fable qui vient d'occuper les premiers instans de mon réveil. La morale n'en est pas bien dans mes principes et moins encore dans mes moeurs; mais elle peut être dans mes intérêts. Quand chacun ne pense qu'aux siens, il serait bien temps que je comptasse les miens pour quelque chose!.... Il serait temps?... Hélas! je me trompe peut-être; il ne serait pas impossible, si j'y songeais réellement, que je m'en avisasse trop tard.... Quoi qu'il en puisse être, ne perdons pas toute espérance, et, sans épouser la mauvaise morale de La Fontaine, qui permet au sage de dire, selon les gens, vive le roi! vive la ligue! donnons à ma nouvelle fable, puisqu'elle existe, une place sur ce cahier.

LE PRÊTRE D'ÉOLE.

(*Voyez mon recueil de fables*, *page* 33.)

En relisant ma fable, je trouve que qui la séparerait de l'idée simple qui l'a dictée, pourrait me supposer d'autres intentions et en faire des applications auxquelles je n'ai pas pensé, mais qui cependant s'y rencontrent et ne sont pas sans quelque justesse. A la bonne heure! les y remarque qui voudra, si l'occasion me pousse à la mettre en lumière, comme disent les Espagnols. Quant à sa morale, quoique je ne l'approuve pas, je reconnais cependant qu'il est des circonstances où il serait trop heureux que des gens d'un certain caractère voulussent l'adopter. Mais je la confesse mauvaise, pour le grand nombre. Hélas! on n'a pas besoin de la lui prêcher, il la pratique que de reste!

Que je fasse cette remarque.... C'est un drôle de pégase que ma barque, où le bruit des manœuvres, le sifflement des vents, le chant des matelots, etc., m'assourdissent sans aucun relâche; où un roulis fatigant et continuel me gêne, même pour tenir ma plume; ou enfin les dégoûts de tout genre qui me harcèlent ne me laissent pas une petite place où je puisse être entièrement à moi! Et cependant, heureux effet de ma facilité! mes vers ou ma prose coulent sous ma plume comme les flots sous la proue de ma barque. Les huit marins qui m'entourent, les yeux fixés sur moi sans cesser leurs chansons maudites, ne peuvent concevoir ce que je griffonne tout le long du jour; ils font là-dessus, à haute voix, les plus bizarres conjectures, et ils ne sentent pas que je ne veux, en cela, autre chose qu'éviter d'être comme eux réduit à siffler, à chanter sans penser et à laisser couler le vent, aussi immobile, aussi nul que mon coffre.

Sifflez, sifflez, mes bons amis; moi, qui n'en sais pas faire autant, je continuerai et sifflerai à ma manière.... Que sifflerai-je donc?.... qui?.... L'occasion est belle! je sifflerai les politiques passés et présens, moi, tout le premier, quand j'aurai achevé mon rôle. Commençons.

Nous avons vu l'Espagne, continuellement en proie aux guerres religieuses, ne pas même goûter quelque repos durant les intervalles que l'excès de la destruction établissait dans ces luttes sanglantes.

Chez les Arabes, comme chez les chrétiens, ces intervalles étaient marqués par les guerres particulières que des princes de la même religion, mais rivaux d'ambition, se faisaient entre eux.

Ils l'étaient aussi quelquefois, quoique plus rarement, par les déchiremens intérieurs de chacun de ces petits états, dont le prince ou le roi était exposé à chaque instant à se voir disputer la couronne par un parent ou par un sujet rebelle, tant il fallait alors peu de moyens pour tenter une telle entreprise. Le plus faible parti dans l'intérieur, le plus léger appui à l'extérieur, pouvaient suffire pour le succès, ou, ce qui est la même chose jusqu'à la chute, pour en faire concevoir et en entretenir l'espérance.

Cette fâcheuse position, ces guerres vicinales ou intestines, étaient la suite naturelle de la subdivision de l'Espagne en petites souverainetés; et ce que je dis de l'Espagne, je le puis appliquer au reste de l'Europe, le même vice de constitution y étant alors généralement répandu et y produisant les mêmes effets.

L'Angleterre, la France, l'Italie vous offrent, dans ces siècles malheureux, les mêmes scènes d'horreur, les mêmes déchiremens que l'Espagne. Partout, ce sont de petits princes guerroyant sans cesse les uns contre les autres jusqu'à ce que quelques-uns, s'étant agrandis, acquirent une consistance faite pour assurer leur domination et capable d'imposer silence à la turbulente ambition des autres.

Les maîtres de ces plus grands états obtinrent bientôt, par cette suprématie de forces positives, une suprématie dignitaire qui les rendit de droit les arbitres nécessaires des divisions des princes, leurs vassaux, qu'ils eurent quelquefois à redouter eux-mêmes, mais dont enfin ils absorbèrent la puissance; d'où résulta cette division de l'Europe en un petit nombre de grandes monarchies, telle que nous la voyons se conserver à-peu-près immuable, depuis quelques siècles jusqu'à nos jours.

Je me hâte de l'affirmer, un tel résultat fut un bienfait envers l'humanité.

Entre des états d'une vaste étendue, et dont les forces, toujours renaissantes, sont à-peu-près en contre poids, ou réellement ou fictivement, par la facilité qu'ont deux états plus faibles de se liguer contre un plus fort; entre ces états, dis-je, les occasions de guerre sont infiniment plus rares, et ces guerres sont beaucoup moins meurtrières, et, surtout, moins dévastatrices.

Communément les frontières respectives sont seules exposées à ce fléau. Là, seulement, on voit, de loin en loin, des villages, des bourgs saccagés et détruits; mais l'intérieur demeure en paix et ne contribue à la guerre que par ses hommes et par son argent.

Ainsi il est éminemment vrai que l'agrandissement de quelques familles, qui se sont partagé l'empire de l'Europe, fut un grand acheminement au bonheur social, puisqu'il en résulta un plus grand repos pour les peuples; car, je le répéterai mille fois, s'il le faut, pour les peuples comme pour les individus, pour les premiers surtout, le bonheur n'est que le repos.

Je sais bien qu'on me citera l'exemple de Charlemagne et de Charles-Quint, dont le premier toucha de près à la monarchie universelle, et dont le second passa sa vie à tendre au même but. On me dira que ces princes, malgré l'immensité de leurs vastes domaines, eurent, tant qu'ils vécurent, les armes à la main.

Mais il faut remarquer qu'ils ne reçurent pas, en montant sur le trône, cette grande puissance qu'ils acquirent depuis; et qu'il n'y a nulle analogie entre le moment où se fait avec effort une révolution, qui peut avoir d'heureux effêts, et celui où cette révolution se trouve consommée.

A la mort de Charlemagne, que la France, que l'Allemagne, que l'Italie comptent au nombre de leurs anciens souverains, on eût vérifié ce que j'avance en faveur des grands états, si, égaré par ses affections paternelles, ce prince n'eût pas partagé ses domaines pour laisser à chacun de ses enfans le titre de roi.

On sait de quelles sanglantes dissensions ce partage impolitique fut la triste et féconde source; partout la même erreur produisit et produira éternellement les mêmes malheurs.

Don Sancho le grand, XIVᵉ. roi de Navarre, avait, par ses alliances ou par la force de son bras, réuni sur sa tête la souveraineté de la plus grande partie de l'Espagne chrétienne; ses sujets respirèrent, ils jouirent sous son règne de plus de calme que leurs pères; mais le partage imprudent qu'il fit de ses royaumes entre ses trois fils enfantèrent des guerres civiles qui ne s'appaisèrent enfin que lorsque le temps eut ramené ces divers états sous une même domination.

Sancho, dans l'espérance de maintenir la paix dans sa famille, non seulement départit à ses fils des souverainetés particulières, mais encore il leur assigna à chacun des domaines dans la seigneurie de ses frères, *como*, dit l'auteur espagnol que j'ai sous les yeux, *si fuera igual el amor que se tienen los hermanos al que tienen los padres à los hijos*, comme si l'amour fraternel était égal à l'affection qu'un père porte à ses enfans.

Mon espagnol enrichit fort souvent avec noblesse et avec élégance ses narrations rapides, des réflexions les plus philosophiques; je lui déroberai les suivantes, à l'occasion de Sancho-le-Grand.

En parlant une seconde fois de cette inclusion de domaines, les uns dans les autres, il dit :

Como si la podestad no mirava con impaciencia la compania.	« Comme si le pouvoir ne » voyait pas le pouvoir auprès » de lui avec impatience. »

Puis il ajoute :

Hizo, enfin, la division el amor paterno; y prevalecio, en este gran rey, el deseo de la real elevacion de sus hijos, al rigoroso derecho del primo genito, de cuyo acierto disputaran los politicos, y es facil la decision.	« L'amour paternel, enfin, » donna naissance à la division; » et le désir de laisser le titre » de roi à tous ses enfans pré- » valut, auprès de ce grand » prince, sur le droit rigoureux » de la primogéniture, point » sur lequel les politiques ne se- » ront peut-être pas d'accord, » mais dont la décision est fa- » cile. »

L'opinion de cet écrivain est la mienne; elle me confirme dans mon système relativement à la division de l'Europe en grands états; et, pour ma part, bien loin de m'associer aux clameurs des faux sages du jour contre les familles puissantes qui se sont partagé cette belle partie du monde, je les regarde, non pas, ainsi qu'ils le disent, comme des mangeurs d'hommes, mais comme les bienfaiteurs de l'humanité.

Gardons-nous de penser que les fléaux attachés à l'existence d'une foule de petites souverainetés soient inhérens exclusivement à cett e forme de gouvernement qui donne aux peuples un chef héréditaire. Sous la forme républicaine, ces fléaux sont encore plus fréquens, plus cruels, et j'en prends l'histoire à témoin.

Voyez ce qu'ont coûté à l'Italie les longues et sanglantes rivalités de Gènes et de Venise, de Lucques et de Pise, de Pise et de Sienne, de Sienne et de Florence; tous ces petits états ont été pendant des siècles le théâtre des plus épouvantables fureurs.

Peut-on encore aujourd'hui entendre parler sans frémir de ces factions fameuses qui, sous les noms de Guelphes et de Gibelins, donnèrent à l'Italie trois siècles de tortures et de calamités?

A Milan, à Boulogne, à Ferrare, à Vérone, dans tout ce beau pays, enfin, si vous le parcourez avec un cœur sensible aux malheurs et aux crimes des hommes, vous trouverez partout des monumens de la barbarie, de la rage, de la férocité qui règnent sans obstacle où n'existent que des petits états.

Je ferai, à cet égard, une observation bien frappante, et ce ne sera pas une inutile digression.

Lasse de ses guerres civiles, l'Italie s'est enfin reposée avant d'avoir détruit l'élément principal de ses anciennes agitations; je veux dire qu'elle a conservé, à-peu-près, la même division politique qu'elle avait dans ses temps d'orage; et que, chez elle, l'érection d'une grande souveraineté n'a pas, du moins jusqu'à l'invasion de Buonaparte, éteint les foyers de ses nombreux volcans. Cependant ces volcans n'ont pas fait d'éruptions depuis bien du temps, et, par un excès opposé, à force de repos, cette partie de l'Europe était tombée dans l'apathie lorsque nos chants républicains la réveillèrent et la métamorphosèrent en république cisalpine... ce qui durera... tant qu'il plaira à Dieu.

Cela ne détruit point mon système; il ne fera qu'en acquérir une démonstration nouvelle, si l'on considère que ce long repos, l'Italie ne l'a dû qu'à l'avantage qu'elle a eu d'être cernée par de grandes puissances intéressées à l'y maintenir.

Soit par l'effet de cette politique qui a inventé ce qu'on appela la balance de l'Europe, combinaison moderne dont on n'a pas encore appris à juger la valeur ou l'inanité; soit par les considérations de famille résultantes des possessions isolées échues dans cette péninsule à des princes Bourbons ou Autrichiens; les grandes puissances qui l'environnent l'eussent bientôt comprimée, si elle eût été tentée de rentrer dans la carrière des agitations intestines, et l'eussent rendue, malgré elle et sans beaucoup d'efforts, au repos auquel la condamnait encore la force des choses il y a moins de trois ans.

Ainsi, non seulement l'existence des grands états leur assure réciproquement une durée exempte, sinon de quelques orages passagers, du moins de ces ouragans destructeurs qui fatiguent les peuples autant par leur fréquence que par leur propre malignité; mais encore, elle soumet à la même inaction tout ce qui les entoure, et, à côté de ces grandes puissances, auxquelles personne encore n'a contesté le droit évident d'une intervention protectrice pour appaiser des troubles qui pourraient compromettre la tranquillité générale, règnent la paix et le bonheur où, sans elles, seraient la guerre et la dévastation.

D'après ce principe, puisque la monarchie des Bourbons a dû cesser en France, il faut reconnaître que ce fut, non-seulement pour elle, dont le tour reviendra tôt ou tard, mais pour le reste de l'Europe, une chance infiniment heureuse que celle qui donna à nos nouvelles formes politiques cette précieuse homogénéité que nos troubles n'ont pû nous enlever.

Lorsque, pour résister aux Girondins, lesquels seuls peut-être rêvaient véritablement une république, mais la voulaient fédérative, ce qui était le comble de l'absurdité dans un pays aussi vaste que la France, où les communications sont si faciles et la population si compacte; lorsque, dis-je, les énergumènes de 1793 nous criaient sur les toits et placardaient sur tous nos édifices ces mots, qu'eux-mêmes ne comprenaient pas : *République une et indivisible*, ils ne se doutaient certainement pas qu'ils proclamaient le repos futur du vieux continent.

Leur république une et indivisible ouvre la voie inévitablement au retour du pouvoir d'un seul. Sous quelque nom qu'il reparaisse, qu'il soit l'ouvrage de la plume, ce qui peut arriver, ou celui de l'épée, ce qui est plus probable, ce pouvoir d'un seul sera le marche-pied du nouveau trône des Bourbons.

La génération actuelle en sera-t-elle le témoin? Je voudrais l'espérer. Mais elle en est malheureusement trop indigne par ses crimes ou par sa lâcheté, pour que j'ose m'en flatter pour elle.

Quoi qu'il en soit, les proclamateurs de notre république une et indivisible ont, sans le savoir, assuré, pour l'avenir, le retour d'un calme profond en Europe. Cela m'est démontré comme une vérité mathématique. L'Europe, dans la dissection de la France, n'eût trouvé qu'une longue suite de malheurs, car la France eût été continuellement agitée sous un tel régime.

La France, comme grande puissance, est le lien nécessaire de l'Europe et le palladium de son repos. C'est sur elle que doit être placé le pivot sur lequel sera suspendue la fameuse balance politique, quels que soient les changemens que les événemens pourront amener dans les poids dont seront chargés ses bassins. Elle n'était plus rien et l'Europe demeurait sans régulateur pour sa nouvelle politique, si la Gironde eût triomphé.

Toutefois disons en passant que cette balance politique, dont on fait tant de bruit, depuis surtout la paix de Westphalie, est encore un de ces mots modernes que la plupart de ceux qui le prononcent, et moi tout le premier, seraient peu en état d'expliquer d'une manière claire et applicable à tous les temps.

Depuis tant d'années qu'on en parle, à voir tout ce qui s'est passé, en remontant seulement jusqu'à la guerre de sept ans, et en examinant ce qu'est devenu et ce que deviendra encore le système colonial, il est bien évident qu'elle n'a pas été encore convenablement ajustée, et que même on n'a pas songé à fixer le point précis où elle devra être réputée dans un équilibre parfait. Je crains bien que les passions et les erreurs de nos temps malheureux ne reculent l'époque où l'on pourra s'entendre à cet égard.

Chez les uns, la faiblesse; chez les autres, une ambition, au moins intempestive quand il s'agit avant tout de songer à sa propre conservation; chez ceux-ci, une folie ivresse et la présomption qui suit de grands succès; chez ceux là, enfin, une inertie systématique; tant d'autres causes encore qu'on pourrait ajouter ou auxquelles je ne puis m'élever, sont dans le cas d'occasionner des embarras dans les calculs et de donner de faux résultats!

Assurément notre bon abbé de Saint-Pierre, avec son rêve vertueux d'une paix perpétuelle, ne s'y reconnaîtrait plus aujourd'hui: toutes ses bases sont détruites; mais ce n'est pas le pire, car la mobilité des bases nouvelles sur lesquelles il voudrait rebâtir son système, le découragerait bientôt.

Cependant, cette mobilité n'est point aussi réelle qu'elle l'eût été nécessairement, si la république fédérative des Girondins l'eût emporté. Sous cette forme, dont un hasard heureux, plutôt que la sagesse humaine, a préservé la France, mille germes de troubles eussent éternellement fermenté dans son sein; or, je ne saurais trop le redire, l'Europe est intéressée à ce que dans tous les temps, sous un roi ou sous un Directoire, la France soit exempte de troubles.

Dans tous les temps ces troubles (et c'est ce qui m'a fait considérer la journée du 18 fructidor comme possiblement fatale au monde entier,) dans tous les temps, dis-je, ces troubles porteront au dehors leurs désastreuses influences; et cela est devenu plus vrai depuis que le génie commercial s'est allié à la politique, la France étant le centre naturel et indestructible de ce nouveau moyen de vie, dont la chaîne non interrompue des révolutions humaines, a depuis quelques siècles fait sentir le besoin et connaître le prix à toutes les nations modernes.

Il faut donc, non seulement comme français, mais même comme européen, que tout homme sage et réfléchi se félicite de l'existence, en France, d'une république *une et indivisible*.

Gémissons du sang qu'elle a coûté, de celui qu'elle coûte encore tous les jours, pour le plaisir de quelques cerveaux détraqués, qui ne savent calmer que par de nouveaux crimes la voix de leurs remords; mais jetons nous-nous vers l'avenir, et nous verrons que cette forme de république prépare, pour nos descendans, les voies à un bonheur dont Dieu, dans sa colère, nous interdit peut-être jusqu'à l'espérance, mais dont probablement toute autre forme eût à jamais étouffé le germe régénérateur et écarté la chance consolante.

Sans doute il serait déjà vrai de dire que nous ne sommes pas moins fatigués que ne le seront tôt ou tard nos enfans, de ces magistratures temporaires qui, tous les ans, réveillent les factions prêtes à s'assoupir, et ne favorisent que les intrigans ambitieux : mais, loin de nos jours de passion et d'erreur, et soulagés de tant d'intérêts malfaisans qui combattent et combattront longtemps encore les voeux secrets des cœurs honnêtes, nos enfans, plus heureux que nous, sentiront et pourront s'avouer le besoin d'un remède à ce mal politique ; ce remède, ils le discerneront, ils sauront, ils voudront, ils pourront l'employer, car le vouloir, c'est le pouvoir ; et cette heureuse homogénéité que nous leur aurons léguée, leur suscitera moins d'obstacles, leur opposera moins de difficultés que ne l'eût fait, par la seule force des choses, l'échafaudage des Girondins. Ils perfectionneront notre ouvrage : du moment qu'ils en reconnaîtront l'utilité, les moyens ne leur manqueront pour opérer avec facilité un changement radical, dont le temps et l'expérience leur auront démontré les effets bienfaisans.

Il ne peut entrer dans mon plan de développer mes idées sur l'amélioration dont nos principes constitutifs seront susceptibles pour les Français futurs ; cela me mènerait trop loin ; mais j'ose prédire, par exemple, que, pour plusieurs raisons que pourraient pressentir les esprits les plus paresseux et les moins exercés, ils simplifieront les rouages du gouvernement qui repose aujourd'hui sur une base absolument fausse; qu'ils épureront leurs idées sur l'origine et ce qu'on a appelé la division des pouvoirs, comme sur la nature de la puissance exécutive; qu'ils donneront à vie les places de judicature; que, convaincus de la nécessité de mettre des bornes à cette fabrication immodérée de lois que vomit sans relâche un corps législatif permanent, s'ils n'ont pas le courage de secouer entièrement les préjugés d'où dérive cette invention moderne, ils réduiront à des sessions périodiques, de cinq en cinq ans (1) tout au plus, la participation de ce corps turbulent à l'exercice de la souveraineté, etc., etc... Encore quelques neuvaines d'années, si, d'ici là, quelque circonstance imprévue ne hâte la marche des événemens, et un conseil de révision

---

(1) On m'opposera peut-être le vote annuel de l'impôt, devenu un de nos nouveaux dogmes, pour lequel on exige le plus de nous une foi aveugle et muette. Mais un temps doit venir, où il sera facile de faire concevoir aux plus simples, et de forcer les plus fins à avouer que les besoins de l'État ne peuvent varier de cinq en cinq ans, ou même de sept en sept ans, au point que des réunions du corps législatif quinquennales et septenaires ne soient pas suffisantes.

pourra faire ce qu'on n'oserait même concevoir aujourd'hui.

Je me laisse entraîner au-delà de mon but. Mes affections me jettent vers un ordre d'idées dont ce n'est pas ici la place, et mes réflexions dégénèrent en considérations particulières qui malheureusement n'ont, je crois, aucune application possible à notre position actuelle... Changeons de direction, tâchons de remonter vers une sphère plus relevée.

CHAPITRE III.

Des invasions subites; de la tactique moderne; de la gloire militaire. — Du retour éventuel des Bourbons en France.

J'ai dit que la division politique de l'Europe, en un petit nombre de grandes puissances, avait été un bienfait pour l'humanité; mais ce qui fut un bien peut devenir un mal, si l'on ne se garantit pas de l'excès opposé à celui que cette division a détruit.

En général l'homme sait rarement garder une sage mesure. Dès qu'il prend une direction, il tend sans cesse à aller le plus loin qu'il peut, ce qui, presque toujours, le mène plus loin qu'il ne faut.

Je crains que la politique du jour ne se soit égarée en reculant les limites de la France, et en donnant à l'Autriche les compensations qu'elle en a reçues. Je crains, surtout, que les intrigues qui, en ce moment, tendent à dissoudre la confédération germanique, ne soient beaucoup plus favorables à l'Allemagne qu'à la France qui les seconde sans peut-être en avoir assez calculé les conséquences.

Nous n'avions nul besoin d'un plus grand territoire pour être une nation puissante, et nous avions moins d'intérêt encore à ajouter à la force de nos voisins, en aidant à les débarrasser des obstacles que de petits princes, leurs vassaux ou leurs co-souverains, pouvaient opposer à leurs projets ambitieux et à l'action de leur génie envahisseur, dès long-temps façonné aux idées d'agrandissement.

Si je vois avec peine l'existence des petits états, quand ils ne sont point contenus par de grandes puissances; je vois avec effroi celle des grands états qu'aucune limite ne satisfait, et qui peuvent à chaque instant franchir celles qui les contiennent.

Quel fléau ne fut pas, pour tout l'univers, l'ambition démesurée de Rome! Rome, elle-même, au milieu de sa plus grande gloire, connût-elle un moment de bonheur?

Règle générale : le morcellement des peuples en petits états, dont la turbulence est l'essence, amène une agglomération qui laisse respirer l'humanité, en la soulageant des fléaux attachés à l'état antérieur; cette agglomération, à son tour, en dépassant certaines bornes, ramène, par une dislocation inévitable, le morcellement primitif, et, avec lui, tous les fléaux qui y sont attachés.

Par la nature même des choses, le monde entier est condamné à se traîner, jusqu'à la fin des siècles, dans ce cercle de vicissitudes.

C'est à la sagesse de ceux qui disposent de ses destinées, à diminuer la fréquence et à affaiblir la violence de ces révolutions.

Il ne me paraît pas que telle soit la prévoyance de la diplomatie du Luxembourg.

On me dira que les tems sont changés, et que nos inventions modernes, par exemple, celle de la poudre à canon, qui n'admet plus la possibilité des invasions subites; celle des espions permanens que les puissances s'envoient réciproquement, sous le titre d'ambassadeurs, et au moyen desquels elles peuvent prévoir et déconcerter leurs projets respectifs; celle de l'imprimerie, qui répand sur tout l'univers des lumières à-peu-près égales; celle de la poste aux lettres, qui donne une si grande et si facile rapidité aux communications; celle d'un système commercial qui unit tous les peuples et s'oppose, par son génie, à des subversions trop funestes; celle de tous nos arts réunis qui, augmentant les commodités de la vie, rendent les peuples sédentaires, les enchaînent par les liens d'une industrie heureuse, chacun dans leur orbite, et empêchent ces émigrations en masse qui, jadis, se précipitant du Nord au Midi, déplaçaient ou anéantissaient des nations entières; on me dira donc que tout cela est un obstacle à ce que jamais une puissance abuse de ses forces au point d'assujettir les autres au frein d'une injuste et oppressive suprématie.

J'aimerais à en convenir; mais la tactique des généraux de la révolution, tactique qui, basée sur le mépris des places-fortes, ramène l'enfance de l'art militaire, mais passagèrement, peut obtenir des avantages qui, plus tard, doivent être chèrement compensés; cette tactique, dis-je, ne permet plus à tous ces moyens combinés d'en imposer à l'observateur; et c'est avec elle que l'inconvénient des états trop vastes se fait sentir avec plus d'évidence encore.

Avant la guerre de la révolution, on ne connaissait pas cet aveuglement meurtrier qui, ne tenant aucun compte de la destruction des hommes, vante ses sanglans succès sur les monceaux de morts qui les ont achetés.

Alors on n'eût pas mis au rang de nos victoires une bataille de Jemmapes.

Alors on n'eût pas, si rapidement que nous venons de le faire, envahi l'Italie, dont Gaston de Foix sut aussi trouver le chemin, mais avec moins de sacrifices.

Alors la paix que nous venons de dicter à l'Europe eût été précédée de beaucoup moins de victoires brillantes, mais aussi elle eût été célébrée par plusieurs centaines de milliers d'hommes de plus, et c'est bien quelque chose aux yeux de la philosophie, dont il me semble que la politique ne doit pas rougir de prendre des leçons.

Avant cette même guerre de la révolution, qui a si profondément imprimé les traces de son passage partout où elle a pénétré, l'Europe n'était sans doute pas exempte du fléau de la guerre; mais, outre qu'elle n'avait à le subir que par intervalles, il était contenu dans d'étroites limites qui le rendaient sans conséquence, et même y faisaient chercher un remède contre l'excès de la population.

La politique (il faut que la philosophie prenne son parti là-dessus et se résolve à le lui pardonner), la politique avait reconnu, dans ce fléau, un écouloir nécessaire de la superfétation sociale, mais elle avait amorti sa force corrosive; elle l'avait régularisé pour le rendre maniable au gré de ce besoin nouveau; et, depuis bien des siècles, une passion effrénée avait cessé d'être le mobile de nos luttes de nation à nation.

J'en excepterais, si on voulait me contredire à cet égard, quelques époques des guerres de Louis XIV, entre autres de celle pour la succession d'Espagne, et même, en remontant plus haut, quelques années du règne de Louis XIII, et la guerre prétendue sacrée de la ligue; mais, même à ces diverses époques, rien n'a approché de l'irritation de notre guerre révolutionnaire; cependant il s'agissait, alors comme aujourd'hui, de savoir à qui resterait le pouvoir.

Je n'entends donc parler que des guerres ordinaires dont les cabinets de l'Europe semblaient s'être réciproquement avoué la nécessité, et auxquelles ils n'apportaient qu'une passion bien modérée et de pure parade : telle eût été celle qu'aurait dû déclarer Louis XVI, à n'importe qui, en 1788 ou 1789, et à laquelle il aurait dû, sans aucun doute, la conservation de sa vie et de sa couronne.

C'est sans doute aux résultats qu'a eus et dû avoir ce système de guerres combinées, et par conséquent peu meurtrières, qu'est due l'erreur des penseurs superficiels qui ont attribué à la poudre à canon la diminution des ravages de la guerre chez les peuples modernes, au lieu d'en faire honneur à la diminution de la fièvre de l'ambition, qui fait le tourment des nations, quand elles obéissent à une infinité de petits princes, mais qui cesse de désoler le monde quand l'existence bien assise de plusieurs grandes puissances lui impose un frein qu'elle ne peut surmonter.

Buonaparte a prouvé, qu'en ne calculant pas la perte des hommes, la poudre à canon n'est plus une sauve-garde contre les irruptions soudaines, et qu'avec de l'activité, de l'exaltation, du courage, avec une imprévoyance que trop souvent la fortune se plaît à justifier, et avec une armée formidable dont la nation qui la lui confie peut réparer les pertes indéfiniment, un général arrivera en vainqueur aux bornes du monde.

Un des plus grands malheurs qui pussent arriver, était que l'exemple de cette tactique, qui a ramené la guerre des barbares, fût donné par une nation tellement populeuse et compacte, qu'elle pût réparer trop fréquemment et trop rapidement les désastres auxquels devait l'exposer cette conception diabolique. Que devait-ce être si quelque passion puissante, si quelques idées enivrantes, soit erreur, soit réalité, eussent associé les soldats à la fougue impétueuse de leurs chefs dévorés d'ambition ? On devait voir revivre ces immenses dévastations dont l'Espagne, divisée en petits états, fut l'épouvantable théâtre, et toutes les fureurs dont l'enivra sa superstition.

Je me tiendrai donc en garde contre ces fausses

idées de gloire dont se laissent fasciner, même des hommes de bien que j'ai vus applaudir à l'agrandissement de notre république; et, m'abstenant d'une indiscrète exaltation, me bornant à faire des vœux pour que notre sagesse repousse les tentations que pourraient nous donner, soit le sentiment de nos forces réelles et additionnelles, soit le tableau de nos succès, je regretterai que nous ayons terni l'éclat qu'eût répandu sur nous notre fidélité à la déclaration, faite à la face de l'univers, que nous ne voulions pas de conquêtes.

L'oubli de cet acte de magnanimité fut une tache à nos faits militaires, les seuls de cette horrible époque qui nous mériteront un regard de la postérité; les seuls qui jetteront un voile officieux sur la honte dont nous fûmes couverts par nos misérables débats, par la férocité de quelques uns de nous, et par la lâcheté de tous les autres.

Il est en effet pitoyable qu'après avoir renoncé aux conquêtes, nous ayons profité de toutes les occasions qui se sont offertes pour obéir à de prétendues convenances, en reculant nos limites de plus en plus.

Tantôt, nous avons employé le moyen détourné de faire solliciter, par certaines contrées, leur incorporation à notre république; tantôt, en accordant la paix à un souverain terrassé par nos armes, nous nous sommes donné, par un traité, ceux de ses domaines qui nous ont convenu; tantôt, par un langage menaçant, nous avons obtenu, sur un fleuve célèbre, une extension de nos limites.

Une telle conduite contraste désagréablement avec ce ton de simplicité, de bonne foi, de dignité, de grandeur véritable que devraient adopter les interprètes d'une nation telle que la nation française; et s'il est vrai que nos militaires, après avoir imité la valeur de nos anciens preux, ne doivent pas rougir d'aimer à imiter, en eux, des modèles de loyauté, ils éprouveront intérieurement un sentiment de peine à voir que l'on a abusé ainsi de leurs services, et qu'on s'est servi de leurs bras pour violer l'engagement le plus solennel.....

Mais dans quelles réflexions je m'engage, et où me laissai-je égarer!... Eh! quels sont donc les engagemens valides, de nation à nation! L'intérêt du moment, la passion du moment, et le droit de la force; voilà, voilà leurs seuls régulateurs!

Que la peuplade Génevoise, se traînant sur nos traces, et, comme son patron, le philosophe, qu'elle parodie à ravir, allant de plus fort en plus fort, se fasse une constitution démocratique, et que, pour rassurer le monde, elle déclare aussi qu'elle renonce à faire des conquêtes; on la croira sans peine, et on sera bien sûr qu'elle tiendra ce généreux engagement. Mais la république française! y pensez-vous? doit-elle donc, je dis plus, peut-elle se lier par ses déclarations? Dans le rapide tourbillon des événemens qui ont, de plus en plus, assuré sa toute puissance, doit-elle reconnaître qu'elle a pu un instant enchaîner sa volonté future, et s'interdire de satisfaire à ses convenances, quand elle en aurait l'occasion ? Non sans doute.

Comme corps organique, elle a ses besoins du moment, ses volontés du moment; lorsqu'aucune force extérieure ne s'y oppose, elle doit pouvoir y céder.

Il ne fallait donc pas proférer cette vaine renonciation aux conquêtes, puisque rien ne garantissait qu'on ne serait jamais dans le cas de la démentir..... Mais elle était utile alors. Dans les incertitudes qui environnent les premiers essais d'une grande entreprise, un peu de charlatanisme n'est pas à dédaigner. Il fallait ce moyen de plus d'éblouir au dehors, tandis qu'on fanatisait au dedans. Ainsi, à chaque pas de notre marche révolutionnaire, nous avons vérifié que c'est avec raison que j'ai désiré tout-à-l'heure une application plus générale à ce vers si philosophique:

Oui, je connais ton peuple; il a besoin d'erreurs.

On me lirait peut-être à rebours, si l'on pouvait me lire, et l'on ne manquerait pas de croire que j'ai la prétention de vouloir qu'on ôte au peuple ses erreurs. Non, assurément non: ce n'est pas là mon intention ; ce serait vouloir l'impossible. Mais il est des erreurs si funestes qu'il faut au moins s'efforcer de les arracher à ce peuple ou d'en corriger les effets.

Ce n'est pas une erreur qu'une religion avouée et professée par le gouvernement ; mais si de monstrueuses superstitions la défigurent et la rendent méconnaissable, je veux que l'on extirpe ces superstitions et qu'on s'arrête là, car on passe le but si, voulant détruire l'abus, on arrive à détruire la chose. Fût-elle une chimère, comme le disent quelques cerveaux malades, elle est un besoin très réel.

Ce n'est pas non plus une erreur que ces idées de *liberté*, *d'égalité*, dont nous avons fait un abus si profond, si coupable ; mais c'en est une que de les présenter au peuple comme on l'a fait ; et lorsqu'on en fait un levier pour soulever les passions de ce peuple, on tombe dans un précipice non moins effroyable que celui où mène la superstition lorsqu'elle se met à la place de la religion.

Tout peut conduire la multitude au fanatisme ; or le fanatisme est toujours redoutable pour le repos du monde, de quelque nom qu'il se décore, de quelque masque qu'il se couvre, soit politique, soit religieux.

En relisant ce que je viens d'écrire, il m'a passé par la tête d'examiner quelle serait probablement la conduite du roi de France, rentré dans ses états, et retrouvant son royaume agrandi comme il l'est aujourd'hui.

On plus tôt, ou plus tard, cet événement me semble infaillible, et je crois l'avoir déjà dit, ce que je ne me donne pas le temps de vérifier. Je n'espère pas en être le témoin, quoique ce ne soit pas tout-à fait impossible; je ne puis donc en jouir qu'en idée, en me transportant au-delà du temps qu'il m'est donné de parcourir, en un mot, qu'en m'abandonnant tout éveillé aux illusions d'un rêve.... J'ai le temps de rêver sur cette barque.... Rêvons donc le retour d'un Bourbon sur le trône de France.

Il me semble que sa première idée sera de reconnaître que ses droits imprescriptibles n'ont ni cessé un seul instant de lui imprimer le sceau de la toute-puissance royale, ni changé de nature.

Il se présentera donc comme l'héritier ou de Louis XVIII, ou de Charles X, ou de tout autre successeur légitime de Louis XVI, de Henri IV, et de Saint-Louis.

Il datera son règne du jour de son avènement réel, et non du jour de sa rentrée aux Tuileries.

Il s'intitulera, Roi de France et de Navarre, par la grâce de Dieu, et non pas par la grâce de la souveraineté du peuple.

Il sentira qu'il est l'héritier de Louis XVI, et non celui de la révolution. En conséquence, il déclarera que la France rentre dans ses anciennes limites, telles qu'elles existaient en 1789; et il rendra à ses légitimes propriétaires tout le pays que la révolution a usurpé sur eux.

Il recherchera et mettra à exécution sans délai un moyen (il en est de plus d'une sorte), de réparer l'épouvantable injustice commise envers les émigrés, dépouillés de leurs biens par une législation qui semble écrite dans une caverne de voleurs, tout en accordant à la possession régulière et sans fraude, ce que commande en sa faveur le respect dû à la foi publique.

Il regrettera de ne pouvoir, par des châtimens mérités, mais dont le trop grand nombre des coupables l'invitera à s'abstenir, donner au monde un exemple trop nécessaire, en prouvant que les révolutions conduisent leurs moteurs à l'échafaud et non à la toute-puissance; il accordera donc une amnistie pour tous les crimes des révolutionnaires qui feront, dans un délai déterminé, leur déclaration qu'ils entendent en profiter; mais ce délai, pendant lequel les coupables se jugeront eux-mêmes et disposeront à leur gré de leur sort, une fois passé, la justice reprendra son cours; et, afin que les mauvais sujets de tous les pays apprennent que les prospérités révolutionnaires sont passagères, comme la bonté divine a voulu heureusement que le fussent toutes les calamités, tous les amnistiés seront exclus de tout emploi militaire ou civil, et une enquête sur chacun d'eux constatera la source et l'état actuel de leur fortune, comparée à celle qu'ils avaient avant de s'être attelés au char de l'anarchie, afin de déterminer la somme qui sera imposée sur chacun d'eux pour indemniser l'État de tout ce que leur félonie lui aura coûté, ou des sacrifices qu'il aura à faire pour accorder aux émigrés un dédommagement des injustes spoliations qu'ils ont subies.

On lui demandera peut-être une constitution. Il la trouvera toute faite dans la belle déclaration de Louis XVIII, en 1794.....

Je ne puis achever mon rêve.... Je l'abandonne, et, sans doute, pour n'y pas revenir.... Il est midi. Un vent violent s'élève dans une direction contraire, et notre marche est subitement arrêtée. Nous jetons l'ancre devant Villa-Nueva.

Le miracle de Sainte-Gertrude n'a pas été long!... Cependant il nous a assez bien menés. Nous ne sommes plus qu'à quelques lieues de Barcelonne.... Je ferme mon pupitre; avec la grosse mer que nous avons, il m'est impossible d'écrire.

CHAPITRE IV.

Préjugés et erreurs populaires. — Haines nationales ; leur source et leurs effets.

Du 12 avril. Hier, incommodé par le gros temps, je n'ai pas noté notre marche rétrograde. Réparons la lacune.

Après avoir jeté l'ancre devant Villa-Nueva, la tempête devint si forte que nos marins furent forcés de s'éloigner de cette terre qui ne présente aucun abri. Nous gagnâmes le large, et, suivant la direction de ce vent si mal à propos survenu, nous sommes venus mouiller au port de Salo, près de Reuss, ayant perdu quatorze lieues du chemin que nous avions fait.... Vous verrez que ma barque ne fait pas un mouvement qui ne soit l'effet d'un miracle! Sans doute, Sainte-Gertrude n'entend pas la raillerie; et, pour me punir d'avoir reçu en riant son premier miracle, elle m'en a fait un second afin de me rendre sérieux. En effet, il n'est pas trop plaisant, quand on a, comme moi, envie et besoin d'arriver, de courir la poste sur une écrevisse.... Allons, allons, Sainte-Gertrude, puisque ma gaîté vous offense, j'y renonce. Redevenons amis, et rendez-moi, je vous prie, ce bon vent que vous m'aviez donné... En vérité, il faut être bien désœuvré pour écrire de telles folies!.... Je veux faire autre chose; mais je n'ai de courage à rien.

Ce que c'est que de nous! comme la moindre chose change nos affections morales! Hier, avec le bon vent qui me poussait, j'avais du ressort, des idées; aujourd'hui, je suis sombre comme le temps.

En relisant mes notes ou mes dissertations d'hier, peu content d'avoir laissé un cours trop libre à mes idées, qui ne sont pas assez liées, j'ai recueilli cependant quelque fruit de cette lecture, et je puis étendre mes méditations sur cette disposition que le vulgaire eut toujours, et partout, à se laisser entraîner aux erreurs les plus manifestes, à se repaître des contes les plus extravagans. Avant de m'y abandonner, je copie la fable que je viens de faire sur ce sujet:

LE MIRACLE PROUVÉ.

(*Voyez mon Recueil de Fables, page 44.*)

C'est de la stupide crédulité du peuple que naissent les passions funestes auxquelles il se laisse emporter.

N'y a-t-il donc pas un remède à cette crédulité pitoyable ?

Non : il n'en est point ; et, de tous temps, les gouvernemens, soit monarchiques, soit républicains, au lieu de s'occuper de guérir cette maladie, ne s'occupèrent que de lui fournir des alimens, afin d'en faire leur profit.

Lorsque je parle du peuple, ne pensez pas que je veuille ne désigner que cette classe qui, dans tous les pays, offre à-peu-près la même physionomie, et que nous appelions autrefois la canaille, la populace. Ah ! la sottise ne connaît pas de bornes à son empire ! Partout où il y a des hommes, elle arbore hardiment sa bannière, et elle dit : Je règne ici.

Rassemblez, s'il vous est possible, tous les sages du jour ; ressuscitez tous ceux que le temps a moissonnés ; appelez à la vie, par anticipation, ceux que l'immense avenir porte dans ses entrailles ; composez-en une nation ; réunissez-les tous ; formez-en un corps de société ; et là, comme dans nos cités composées d'élémens si divers, la crédulité trouvera des ministres, la sottise aura des autels ; vous aurez, en un mot, une populace avec des vices et des travers, et, tout comme chez nous, capable d'irascibilité, de fanatisme, d'exaltation, de terreur ou de témérité.

Ce ne fut pas seulement la populace anglaise

que saisit d'effroi, au commencement de la révolution qui fit régner Cromwel, l'annonce d'une irruption subite de brigands. La nation entière en fut la dupe.

Tout misérable que paraît aujourd'hui ce moyen, il ne fut pas vainement employé chez nous à la naissance de nos troubles; et cette jonglerie, qui aurait dû être usée, fit son effet dans nos salons tout aussi bien que dans nos carrefours.

Plus récemment, quand notre Directoire, méditant un coup décisif contre l'Angleterre et voulant, dans son zèle louable, donner un ressort salutaire à l'énergie de notre haine nationale, a publié les prétendus traitemens odieux qu'éprouvaient nos compatriotes prisonniers dans cette île, et a jeté un cri d'horreur et de vengeance, comme le firent nos négrophiles, qui, il y a neuf ans, exposaient aux yeux des badauds de Paris des gravures représentant des noirs encaqués sur des bâtimens comme des harengs dans des barils, toute la France n'a-t-elle pas répondu à ce cri? S'est-il trouvé un seul sage qui ait essayé d'opposer le doute à l'absurde? Et, cependant, quoi de plus évident que ce n'a été là qu'une fraude patriotique qui, si elle n'est pas un prétexte sans base et de pure invention, n'a eu, tout au plus, d'autre cause que la crédulité des directeurs au récit isolé d'un prisonnier, échappé de ses fers, et qui, s'il a dit vrai, n'a été ainsi maltraité que par des motifs qu'il nous cache, et qui lui furent personnels ?

De tels mensonges, ou, pour adoucir l'expression, de telles illusions sont avouées par la politique, et la philosophie perdrait sa peine à les blâmer. Elles appartiennent aux élémens de l'art de régner, qui veut que l'on mette à profit, pour le propre intérêt du peuple, ou pour celui de ses chefs, ses faiblesses, ses passions, ses vertus ou ses vices. Heureux ce même peuple, lorsque les erreurs qu'on lui inocule sont aussi innocentes dans leur objet, aussi louables par leurs effets, que celle dont je viens de parler, et ne leur mettent point à la main la torche ardente du fanatisme!

C'est ce que firent, nous l'avons déjà vu, c'est ce que firent, du temps des Maures, les préjugés religieux en Espagne; c'est ce qu'ont fait, en France, et ce qu'y font encore des préjugés politiques tout aussi peu fondés, et non moins enivrans.

Voulez-vous de nouvelles preuves qu'il est, en effet, ainsi que je viens de le dire, de l'essence même de tout gouvernement de créer et d'entretenir des erreurs populaires quand elles peuvent le servir ? Examinez ces haines nationales qui, répandues de proche en proche dans tout l'univers, semblent faire de chaque peuple une espèce particulière.

Cherchez-en les motifs, et dites-moi si vous pouvez méconnaître leur source ?

Si le Génois suce, pour ainsi dire, avec le lait un sentiment de haine héréditaire contre le Piémontais, lequel le lui rend très cordialement ; à quoi cela tient-il ? Qu'y a-t-il entre ces deux espèces d'hommes qui puisse expliquer cette antipathie ?

Mêmes mœurs, même religion, même langage, voilà ce que je vois en eux ; il n'y a rien là qui réponde à un tel effet : il faut donc que j'en cherche la cause ailleurs.

Mais je n'irai pas loin ; et lorsque je saurai que l'ambition des ducs de Maurienne, aspirant au titre de roi, obligea leurs voisins à se tenir en garde contre leurs entreprises ; lorsque je saurai que ces ducs possédaient le Piémont, et que le Piémont confine avec le territoire de Gènes, cette haine cessera d'être une énigme pour moi.

Je verrai tout de suite qu'elle fut inspirée par le gouvernement génois, pour donner, en cas de besoin, plus de ressort à ses moyens de défense contre un voisin qu'il devait redouter. Et notez, je vous prie, que si je fais au gouvernement l'honneur de lui attribuer cette combinaison, je ne lui fais pas une offense ; j'offenserais bien plus le sens commun en la lui refusant; car, quoi qu'on puisse dire de telle ou telle forme de gouvernement, le peuple, dans toutes les suppositions possibles, ne joue jamais qu'un rôle d'obéissance et de passivité; il sent très bien qu'il lui importe peu de quel maître il portera le bât, puisqu'il faut qu'il le porte; et ce n'était pas lui qui était capable, à Gènes, de sentir qu'il avait à craindre les Piémontais, et qu'il devait, à l'avance, se passionner contre eux, pour l'intérêt de son sérénissime sénat.

Toutes les fois que je vois, chez le peuple, une passion, pour lui sans objet, mais utile à ceux qui le gouvernent, il ne m'est pas possible de méconnaître d'où lui en vient l'inspiration.

Demandez, en France, exceptez à certains personnages, demandez au premier venu d'où lui vient cette haine qu'il affiche par accès contre tels et tels hommes; il ne saura que vous répondre: mais cette haine flatte certaines passions, rassure contre certaines craintes; c'en est assez pour moi; la réponse m'est inutile.

L'Espagne, la France, l'Italie, toute l'Europe enfin étaient, il y a huit ou dix siècles, divisées en petits états.

L'histoire en démontre à chaque page les inconvéniens.

Je les ai signalés ci-devant, mais je n'ai pas

fait remarquer les haines vicinales que se portaient réciproquement les sujets de cette foule de petits princes.

L'historien que j'ai sur cette barque pour unique ressource, ne manque pas de m'en donner la clef.

Me raconte-t-il une bataille? il me décrit la position des deux armées; il me montre les dispositions faites par leurs chefs respectifs, et il me donne la substance des harangues adressées par ceux-ci à leurs troupes au moment d'engager l'action.

Si les combattans sont de deux religions différentes, la harangue est bientôt trouvée. C'est la cause du ciel qu'on va défendre, et le fanatisme, ouvrant, dans les deux camps, sa large gueule, avale avec avidité les poisons dont on veut l'enivrer.

Si ce sont deux princes chrétiens qui vont vider leurs différens; voici comment l'historien prélude au récit du combat.

Y encendidos, por los razonamientos de los xefes, los marciales animos, con gran corage *y todo el ardor de las iras nacionales*, rompieron los exercitos de batalla, etc.

« Et les esprits des guerriers » étant enflammés par les discours de leurs chefs, les deux » armées en vinrent courageusement aux mains *avec toute* » *l'ardeur des haines nationales*, etc.

D'où venaient donc ces haines nationales et ces accès de fureur qui saisissaient un Navarrais à la vue d'un Aragonais, d'un Catalan, d'un Castillan, et réciproquement? C'était tout uniment de ce que ces fous avaient des maîtres différens.

Il en était de même en France, lorsque les Gascons, les Languedociens, les Provençaux, les Bourguignons, les Flamands, les Normands, etc., composaient des nations séparées. Partout, pour l'intérêt des maîtres, on retrouvait la même passion.

Et remarquez que cette passion avait ses graduations, sa relativité, ses limites, et les conserve encore aujourd'hui, quoiqu'elle agisse sur de plus grandes masses. Dans les temps où elle avait toute sa force, le Navarrais haïssait plus l'Arragonnais que le Castillan, plus celui-ci que Landaloux, etc., toujours en raison inverse des distances, par conséquent, des moindres occasions de démêlés entre les souverains.

Ce n'était pas comme étranger qu'un peuple en haïssait un autre; c'était comme voisin, comme ennemi éventuel.

L'Espagnol haïssait à ce titre les Français (*los gavachos*). Mais l'Allemand, le Polonais, le Russe, échappaient à cette passion.

De nos jours il en est de même, de nation à nation; chaque peuple nourrit contre les autres une haine plus ou moins forte, selon sa position ou selon l'intérêt de son industrie, nouvelle source d'animosités, à peine soupçonnée il y a moins de quatre cents ans ; mais, à de certaines distances, cette haine n'a plus d'action, parce qu'elle n'a plus d'objet.

Nous haïssons, ou tout au moins nous nous efforçons de haïr l'Anglais ; et, malgré les philosophes du siècle passé qui ont voulu nous passionner pour lui, je ne doute pas que nous n'y parvenions complètement : mais on tenterait vainement de nous faire haïr de même le Persan, l'Indien, le Chinois, ou, du moins, je suis sûr qu'on ne le tentera jamais....

Remettons à demain : il m'est impossible de soutenir plus long-temps le roulis... O l'ennuyeux voyage !

CHAPITRE V.

Considérations tirées du chapitre précédent relativement à la France, à l'Espagne et à l'Angleterre.

Du 13 avril. Il est sept heures du matin. Le bruit des manœuvres m'éveille ; je sors de mon trou, et je vois ma barque hors du port. Ce n'est pas un vent surnaturel qui nous pousse, car à peine se fait-il sentir. Il n'y a donc pas de miracle à notre départ. Tant mieux ! tout faible qu'il est, ce vent est celui qu'il nous faut : il augmentera, il durera, et nous pousserons notre route. Sainte Gertrude, ne vous en mêlez plus. J'aime mieux petit vent qui dure, que gros vent de votre façon qui me fait faire rapidement quatorze lieues pour les restituer tout de suite. Au reste, il en sera ce qu'il pourra, vogue la galère ! m'y voilà : J'y compte, au plus, comme un ballot; j'arriverai quand il plaira à Dieu.

Je commence ma journée par une fable et la transcris ici.

LA MONTRE ET L'ÉCOLIER.

(*Voyez mon recueil de fables, page* 6.)

Reprenons le fil de mes réflexions d'hier.

Ces haines nationales, dont j'ai essayé de démêler la cause, sont donc une erreur populaire.

Mais, s'il est vrai que la politique n'ait pas fait un faux calcul en regardant la guerre comme un mal nécessaire pour tempérer le plus grand mal d'une population excessive, cette erreur est utile ; on ne peut donc s'empêcher d'absoudre les gouvernemens d'en être les instigateurs.

Il faut un ressort à la guerre; or, bien différent du fanatisme politique ou religieux, qu'on ne peut se flatter de contenir dans de certaines bornes, celui-là est le seul qui soit à l'abri d'un excès dangereux.

Il est toutefois à propos de faire cette remarque; c'est que le fanatisme s'éteindra plus facilement pour peu qu'on cesse de le nourrir. Détruisez la cause, l'effet cessera promptement.

Il n'en est pas de même de ces haines de peuple à peuple. Souvent, lorsque plusieurs nations dès long-temps façonnées à se haïr ne sont plus que des provinces d'un même empire; lorsque par conséquent le souverain commun n'a plus d'intérêt à nourrir cette ancienne animosité; celui-ci cherche en vain à l'éteindre: elle survit pendant des siècles à la cause qui l'a produite.

Il n'y a pas bien long-temps qu'on aurait pu vérifier cette remarque dans plusieurs de nos anciennes provinces; mais je crois qu'aujourd'hui tout est, à cet égard, entièrement changé et sans retour. Le sentiment trop profond de leurs souffrances communes a identifié tous les Français les uns avec les autres. La violence des tourmens de la révolution a été telle qu'elle a corrodé et détruit ce qui pouvait rester de ces anciennes antipathies qui, avant nos troubles, étaient déjà presque insensibles. Ajoutez à cela que la coupure de la France en départemens, en effaçant les divisions provinciales, a extirpé la racine de cette erreur populaire et en empêcherait la résurrection si, déjà, par tant d'autres raisons, elle n'était pas impossible.

On peut dire, je crois, que les Français d'aujourd'hui, du moins ceux de l'ancienne France, (car les autres regrettent leurs anciens souverains, comme ils nous regretteront nous-mêmes, quand ils seront rendus à leurs maîtres) composent une nation aussi homogène que jadis les Gascons, les Normands, ou les Provençaux.

Nos guerres génériques ont cédé à la violence de nos haines individuelles, et comme, au retour du calme, ces dernières ne pourront s'étendre au-delà d'une génération, il en résultera que nous resterons dégagés de toute prévention, de toute rivalité locale, tant que nous conserverons notre consistance actuelle au milieu de l'Europe.

L'Espagne ne jouit pas, à beaucoup près, d'un pareil avantage. Ses anciennes rivalités de nation à nation, y existent encore très sensiblement de province à province; et cela est si vrai que j'ai entendu à Madrid plusieurs de ces imprudens, qui brûlent de marcher sur nos traces, faire fonds là-dessus, et mettre, par exemple, la passion des Aragonais, non encore consolés, disent-ils, de l'issue de la guerre de 1705, au nombre des germes d'une révolution en Espagne.

Je pense qu'ils se trompent, ou du moins que tout dépendra de la couleur que prendront les premiers développemens de la révolution. Malheur à elle si elle commence par attaquer la religion ! Malheur à elle encore si elle prend à rebours l'orgueil espagnol, très capable, il est vrai, de lui prêter une force terrible, mais plus capable encore de l'étouffer dès sa naissance si on lui présente un prétexte quelconque d'opposition !

Il n'est rien si facile que de remuer les esprits avec les mots de *liberté*, surtout d'*égalité*, dans un pays où il est fréquent d'entendre un déguenillé vous dire : *io soi mas noble que el rei*; mais ce même déguenillé a l'esprit naturellement tourné à la contradiction, en fait de nouveauté, et il a le sentiment du juste.

Si la révolution d'Espagne commence et cherche à se perpétuer par des crimes et des rapines, elle trouvera sans doute des bras pour ses premiers excès; car quel est le pays qui n'a pas une lie du peuple ? Mais le bon sens, la grave probité du gros de la nation en seront révoltés; et, une fois qu'il en serait résulté une dissidence tant soit peu marquée, elle ferait de rapides progrès et elle serait invincible, car l'Espagnol n'est pas léger, volage et changeant comme nous le sommes. Une fois décidé, soit en bien, soit en mal, c'est pour toujours, et rien, de ce moment, ne lui coûte pour obtenir ce qu'il veut ou pour détruire ce qui le blesse.

Les révolutionnaires d'Espagne se créeraient

bien d'autres embarras, sous lesquels ils succomberaient en très peu de temps, s'ils avaient la folie de vouloir s'appuyer du secours des révolutionnaires de France. Imiter seulement ceux-ci leur serait une très mauvaise recommandation; le génie espagnol n'est pas imitateur, il invente ou il suit sa routine; il dédaigne trop les autres peuples pour chercher chez eux un modèle. Mais faire cause commune avec notre république! voilà ce qui arrêterait tout de suite une révolution espagnole.

En général, le Français est haï dans ce royaume.

Il l'était davantage sous la dynastie autrichienne, et cela devait être, ou bien le système que j'ai développé plus haut est mal fondé, ce que je ne crois pas.

Mais la nouvelle race régnante n'a pu encore faire rentrer cette passion populaire dans les limites plus resserrées que son intérêt semble lui désigner.

Dans la première guerre cette passion avait pris un plus grand essor; cependant, je ne sais pourquoi le gouvernement n'a cherché à en tirer aucun parti. Il a sans doute cru faire une guerre ordinaire; je ne conçois pas qu'il ait pu faire un calcul plus faux.

Lorsqu'on peut opposer la passion à la passion, la haine à la haine, l'exaltation à l'exaltation, le fanatisme au fanatisme, on doit le faire, ou l'on mérite d'être vaincu.

La haine de l'Espagnol contre les Français s'est manifestée, même pendant la guerre, contre les émigrés qui s'étaient réfugiés dans la péninsule; elle a même causé, de temps à autre, des embarras au gouvernement; témoin l'émeute de Valence. Elle paraît s'être assoupie depuis la paix; mais l'œil observateur ne peut long-temps être dupe de cette apparence.

Plusieurs causes agissent en ce moment pour neutraliser cette haine : mais comme elles n'aboutissent qu'à lui imposer silence et à lui donner un visage riant, il faut peu d'attention pour la reconnaître sous le masque dont elle se couvre.

Il ne peut pas être sans intérêt et sans utilité d'indiquer ces causes : je vais donc les signaler ici le mieux que je pourrai.

La première et, peut-être, la plus directe, la plus active, c'est ce funeste prestige qui a fasciné beaucoup de têtes dans les villes comme dans les campagnes, où un assez grand nombre d'imprudens désirent, sans trop s'en cacher, une révolution à la française. On est près de cesser de haïr ceux qu'on est disposé à imiter; des vœux fanatiques pour un bonheur qu'on s'exagère, se mêlant au nom français, émoussent, attiédissent donc la haine qu'on nous porte. Cependant ils ne l'éteignent pas; et telle circonstance pourrait la voir reprendre avec éclat toute son intensité naturelle. Tout dépendrait des auspices sous lesquels s'annonceraient une révolution dont les meneurs auraient l'imprudence de nous prendre pour leurs auxiliaires. J'ai déjà parlé de cela.

La seconde cause n'agit qu'à la superficie. On voit les français disposer à leur gré de l'Europe, dissoudre et créer des états, prendre à la cour d'Espagne un ton impératif, et cette cour se montrer docile aux caprices d'un ambassadeur jacobin. Ces considérations inspirent une sorte de révérence qui conduit à la crainte: or la crainte, on le sait, se déguise toujours sous les dehors de l'amitié.

Il est enfin une troisième cause, dont l'effet peut être plus réel; mais il sera plus lent. Si les choses ne changent pas, il sera efficace dans l'avenir; quant au moment présent, il se résout à-peu-près au doute et à l'incertitude.

Je veux parler de ces déclamations emphatiques prodiguées en France par tous nos orateurs, par tous nos écrivains, lesquels ont de nombreux échos en Espagne; déclamations que le gouvernement espagnol, lui-même, a la complaisance extrême de répéter d'un ton de conviction parfaite, (combien de fois, moi-même, lorsque j'étais le teinturier de notre légation à Madrid, n'en ai-je pas lardé ses notes diplomatiques ou sa correspondance officielle avec le ministre M. de Taleyrand!) et par lesquelles on affirme que l'Espagne est l'alliée naturelle de la France, et que c'est une monstruosité politique, une espèce de guerre civile lorsque ces deux puissances cessent d'être en paix.

Cette doctrine pouvait avoir quelque chose de spécieux, lorsqu'un Bourbon régnait à Versailles, en même temps qu'un Bourbon régnait à Aranjuès ou à St-Hildephonse; mais depuis que les assassins de Louis XVI se sont portés ses héritiers, y a-t-il une ombre de sens commun à répéter le mot de Louis XIV, *il n'y a plus de Pyrénées*, ce qui n'est autre chose que l'abrégé des maximes du jour? Cependant ces maximes on les entend, on les répète, on a l'air de les adopter; mais quand on les a sur les lèvres, le doute reste au fond du cœur; en dernière analyse, la haine nationale s'en étonne, elle hésite, et dans l'incertitude qu'elle éprouve, elle ajourne ses démonstrations.

Ce n'est qu'une cause accidentelle et peu digne d'être remarquée, que l'alliance actuellement existante entre la France et l'Espagne contre l'Angleterre, et à raison de laquelle la révélation, faite devant moi à Madrid par un dominicain révolutionnaire, m'a donné le moyen de mesurer la bonne foi que l'Espagne y apporte.

Si la cour de Madrid attache peu de prix à cette alliance, le peuple espagnol en apprécie bien moins encore les motifs avoués. Il n'en voit que le résultat. On a beau lui dire qu'il doit tourner contre l'Anglais toute sa haine; cette passion, trop loin de ses habitudes et de ses préjugés, n'a pas de prise sur son esprit. Aussi, s'il a suffisamment d'instinct pour déguiser sa vieille animosité contre la France, ainsi que je viens de le dire, ne peut-il aller jusqu'à afficher contre l'Angleterre un sentiment qui lui est inconnu.

On ne parviendrait à le lui inspirer que dans le cas d'une guerre où la religion jouerait le premier rôle, par la raison qu'il ne verrait alors dans un anglais, qu'un hérétique; et, qu'à ce titre, il croirait gagner le ciel en l'exterminant.

Il est cependant vrai de dire que l'Angleterre mérite sa haine plus réellement que la France; mais elle ne la mérite que sous des rapports que le vulgaire ne saisit point, ou qu'il ne peut atteindre que difficilement.

C'est ici un de ces cas où les gouvernemens devraient suppléer au défaut d'intelligence ou de sensibilité chez le peuple, et user de moyens détournés pour mettre en harmonie ses passions et ses intérêts.

C'est comme peuple commerçant ou très digne d'aspirer à l'être, que l'Espagnol doit ne voir dans l'Anglais qu'un rival dangereux, un despote des mers, qu'il ne doit plus souffrir à Gibraltar.

Mais les idées intermédiaires qui, de son insouciance actuelle, doivent le conduire à une passion aussi bien fondée, il ne les a point et il ne pourra pas les avoir tant que le génie commercial sera étouffé, en Espagne, par le système fiscal le plus absurde qui ait jamais existé.

En France, des rêveurs avaient voulu tuer l'agriculture, en tirant directement de son sein tous les besoins du gouvernement; non moins inconséquent, le gouvernement espagnol n'a grevé de l'impôt que l'industrie et le commerce. Accablé de chaînes funestes, le commerce languit sans émulation dans la péninsule; dédaigné par les nationaux, il est abandonné sans envie aux étrangers qui peuplent les ports où ils comptent peu de concurrens parmi les Espagnols; dans une telle situation, il serait donc difficile que le peuple s'offusquât de la rivalité anglaise; aussi, malgré son alliance avec la France et sa guerre contre l'Angleterre, l'Espagnol, encore livré à ses vieux préjugés, hait les Français en déguisant sa haine, et ne peut se résoudre à feindre de l'aversion pour les Anglais.

Notre Directoire a donné, à cet égard, une grande leçon à l'Espagne. Mais il l'aura donnée en vain.

En France, où l'empire de l'habitude a beaucoup moins de force, où les passions, plus irritables peut-être, mais infiniment moins tenaces, s'effacent plus rapidement, on retrouverait à peine des traces de cette haine contre les Anglais que nos anciens rois avaient dû nous inoculer, pour l'intérêt de leur puissance, alors que ces insulaires occupaient une grande portion de notre territoire. Peu avant 1774, nous avions comme eux, un grand commerce, de grand ssuccès et de grandes richesses : nous voyions donc en eux des émules dignes d'estime, et non pas des rivaux que nous dussions haïr.

Survint la guerre d'Amérique : blâmée par un petit nombre de sages qui y virent un coup mortel au système colonial, et bien d'autres choses encore, elle engoua toute la nation ; mais cette guerre, qui a eu une réaction si violente et de si perfides représailles, ne réveilla en nous d'autre passion qu'un vain amour-propre, et, de notre part du moins, la haine n'y entra pour rien.

L'Angleterre, dans sa vengeance, a déchaîné contre nous le fléau d'une révolution ; ce n'a été que long-temps après que notre haine s'est réveillée de l'assoupissement où l'avaient plongée nos philosophes anglomanes ; encore, pour la diriger, ou même pour la faire renaître, a-t-il fallu qu'on nous parlât, à nous en assourdir, de l'or de la Tamise, des guinées de Londres, des agens de Pitt et de Cobourg.

A l'aide de ces jongleries, nous sommes donc sortis de notre apathie ; de ce moment tout a changé pour nous.

La guerre et nos fureurs aveugles au-dedans

avaient détruit notre commerce; nous avons envié le commerce anglais, et notre haine a eu un aliment.

L'Anglais a paru se complaire dans la prolongation de nos troubles; nous avons mille fois, au dedans, au dehors, reconnu sa main constamment occupée à les irriter de plus en plus; cette perfidie a exalté nos animosités, et, de quelque parti que nous ayons été, royalistes ou jacobins, sages ou fous, nous ne leur avons pas plus pardonné la fuite de Toulon que la boucherie de Quiberon, où périt tout ce qui avait fait la gloire et pouvait être encore l'espoir de notre marine.

Notre fortune sur le continent nous donne aujourd'hui le courage de tenter, comme un coup décisif, une expédition maritime contre ces insulaires : assurément notre haine contre eux ne pouvait être plus générale, plus exaltée; cependant notre gouvernement n'a pas jugé inutile de lui donner un ressort nouveau. Il a publié avec éclat les souffrances de nos compatriotes prisonniers à Londres, et il a demandé pour eux des secours, en annonçant à grands cris le jour prochain de la vengeance.

Voilà comme on gouverne! voilà comme on dirige les passions du peuple vers un but utile! mais voilà ce que l'Espagne aura vu sans le voir, aura entendu sans l'entendre; et voilà, ainsi que je le disais tout-à-l'heure, comment l'exemple sera perdu pour elle et comment le peuple espagnol conservera ses préjugés haineux contre nous, et son apathie à l'égard des Anglais.

Mes digressions sont un peu longues; mais nous voguons si lentement que je n'ai qu'une chose à craindre: c'est de trop tôt épuiser mes matières. Que deviendrais-je, si je ne savais plus de quoi barbouiller ce papier?... Écrivons tout ce qui me vient... mais prenons un peu de relâche en lisant mon jésuite espagnol.

CHAPITRE VI.

Application plus particulière des chapitres précédens à l'Espagne.

J'ai recueilli beaucoup de notes... Heureusement j'entrevois que je n'aurai pas le temps d'en faire usage... Toutefois, avant d'essayer d'en tirer parti, revenons à ce qui précède. Je ne puis quitter cette matière sans faire une remarque très honorable pour ma nation.

J'ai parlé de sa haine contre l'Anglais; mais, quelque force qu'elle puisse acquérir encore, il est certain qu'elle conserverait, dans son excès même, une certaine retenue et qu'elle ne descendrait jamais jusqu'aux individus.

Nous sommes devenus trop raisonneurs pour que, soigneux de justifier cette haine à nos propres yeux, nous n'ayons pas senti le besoin de faire une distinction, qui prouve que nous savons nous rendre compte de nos passions, quand elles n'agissent pas de français à français; c'est que le seul gouvernement anglais a mérité notre animosité, et que la nation elle-même nous ne la haïssons qu'en tant que, par son état d'immobilité, elle est présumée la complice de ce gouvernement.

Découvrez un anglais en France: d'après nos lois existantes, le gouvernement sévira justement contre lui; mais je garantis que, livré à lui-même, le peuple ne lui fera aucune insulte, ne s'abandonnera à aucun excès. Si, par hasard, c'était un émigré ou un prêtre; selon les temps, selon les lieux, il en pourrait être tout autrement. . . mais vous savez pourquoi; c'est là une passion soufflée; cette passion agit de français à français; c'est tout autre chose et ma remarque n'y perd rien.

Il n'en serait pas de même en Espagne. Ce n'est pas seulement l'espèce qu'on y hait; ce sont aussi les individus.

Il est certains momens où ce cri sorti d'une seule bouche, « *es un gavacho!* c'est un français! » coûterait la vie à celui qui en serait l'objet.

Vous avez vu, pendant la dernière guerre, les prisonniers espagnols errant sans crainte dans nos campagnes : ils mouraient de faim, il est vrai; mais, nous-mêmes, nous n'étions pas trop bien repus. Eh ! bien ! dans le même temps on massacrait à Barcelonne nos prisonniers; et, à Valence, on menaçait la vie, on mettait au pillage les biens, même des originaires français dont les familles étaient établies en Espagne depuis 80 ans.

Le peuple étant abandonné chez nous à ses mœurs naturelles (car avec des inspirateurs comme il en a depuis neuf ans, on ne saurait dire jusqu'où il peut aller), de tels excès n'y sauraient avoir lieu; en Espagne, au contraire, ces excès sont l'effet nécessaire de l'instinct naturel du peuple. Là, comme en Italie, on connaît les poignards; il n'est pas de moine qui ne porte le sien; c'est même un privilége de sa robe; là, plus qu'en Italie, les passions sont terribles et sanguinaires; et si, pendant la guerre, les fugitifs de Toulon entassés à Carthagène n'eussent point été effrayés de l'ordre du roi qui les dispersait dans l'intérieur des terres à vingt lieues de la cour et des frontières de terre et de mer, et s'ils n'en eussent pas obtenu la non-exécution, je ne doute pas qu'ils auraient évité à certaines factions la peine et la honte de faire rapporter les justes lois qui les avaient rappelés dans leur patrie. Pas un n'eût reparu; ils auraient tous péri sur le sol espagnol.

On me trouvera bien sévère : mais je viens de parcourir l'Espagne; nous sommes en paix, nous sommes alliés, nous faisons avec elle une guerre combinée; cependant, dans tout ce qui n'est pas au-dessus du commun, je n'ai trouvé nulle part le ton de la bienveillance, l'accueil de l'hospitalité. Dans la Manche et dans la Murcie, par exemple, j'ai trouvé au contraire, à chaque pas, une espèce d'étonnement de voir des Français s'enfoncer seuls dans ces royaumes, et un plaisir marqué à les pressurer, à leur faire payer plus cher qu'aux autres les services qu'on ne leur rendait pas ou qu'ils recevaient les derniers.

Cela n'empêche pas, qu'à quelques exceptions près, l'Espagnol ne gagne à être vu de près. Le gros de la nation a le germe de toutes les vertus sociales. Ce germe n'attend qu'un peu de culture pour se développer. L'Espagne prendra un autre aspect dès qu'elle sortira de son état sauvage; il ne faut que vouloir pour cela. Malheur à son gouvernement s'il se laisse prévenir par les rêveurs de révolution! il y périra, et cette noble nation, au lieu de faire un pas de plus vers la civilisation, en reculera dix vers la barbarie. Quoi qu'il en puisse être, je l'ai vue telle qu'elle est en ce moment; les couleurs que je lui donne sont vraies, et je l'ai peinte au naturel; je ne m'étais pas imposé d'autre tâche.

Il est nuit close; la faible lueur de ma lanterne me réduit à quitter la plume; écrivons presque à tâtons que nous nous sommes retrouvés vers les six heures devant ce même Villa-Nueva, d'où nous rétrogradâmes avant-hier. Là, nous avons parlementé avec une barque venant de Barcelonne, dont le patron nous a dit que la guerre entre la France et l'Espagne était déclarée.

C'est sans doute une mauvaise plaisanterie de ce marin; mais cela a donné lieu, entre le patron, tout son équipage et moi, à une conversation que je ne puis m'empêcher de recueillir; je souhaite que demain ma mémoire ne trahisse pas le désir que j'en ai.

CHAPITRE VII.

Colloque provoqué par la fausse nouvelle de la déclaration de la guerre entre la France et l'Espagne.

Du 14 avril. Ayant navigué toute la nuit, avec un très bon vent en poupe, nous sommes, à mon réveil, devant Malgrat, à plus de 15 lieues de Barcelonne. Ce bon vent continue, ainsi le temps ne se perd point: j'écris et nous poussons notre chemin... Écrivons donc ma conversation avec mon patron et avec son équipage.

Le Patron. — Avez-vous entendu ce que nous a dit cette barque qui vient de passer?

Moi. — Son patron nous a dit que la guerre venait d'être déclarée entre la France et l'Espagne; mais il a voulu rire; je ne crois nullement à cela.

Le deuxième Patron. — En effet, cela me paraît impossible.

Le premier Patron. — Oui, pour le moment; mais ça peut arriver d'un jour à l'autre. Le prince de la Paix avait promis à votre république le passage d'une armée contre le Portugal; mais nos nobles, nos *galonnés* (*los galones*), ont bien senti que si cela arrivait ils seraient perdus; ils feront donc chasser le prince de la Paix, on manquera de parole à votre gouvernement, et il nous déclarera la guerre.

Moi. — Ne craignez pas cela.

Le premier Patron. — Oh! ma foi, je ne le crains pas. Je voudrais que cela arrivât demain; le roi et toute sa clique en seraient les seuls dindons. Eh! que peut-il nous arriver à nous? Les Français entreront? Eh bien! qu'ils entrent. Que le roi aille les en empêcher, s'il le veut; mais il ne trouvera pas un espagnol pour cette guerre ni par mer, ni par terre. On lui dira ce que je lui dirais moi-même: « C'est à ta casaque qu'on » en veut, non pas à la mienne; défends-la, si tu » peux. »

Moi. — De cette manière-là la guerre sera bientôt finie.

Le premier Patron. — Oh! mais, c'est qu'alors nous commencerons notre danse!

Le deuxième Patron, d'un ton sombre et sérieux. — Dans cette guerre-ci les Espagnols ne feront pas ce qu'ils ont fait dans la précédente.

Moi. — J'entends; vous voulez dire qu'ils se défendront mieux.

Le deuxième Patron. — Et ils en sont capables! Si nous le voulons, il n'y a pas de France qui tienne; l'Espagne est en état de résister à tout l'univers; mais je veux dire tout le contraire de ce que vous pensez : je veux dire que personne ne marchera. Il en serait tout autrement si nous avions un bon gouvernement; si le roi avait tenu, à la paix, les promesses qu'il avait faites au commencement de la guerre; mais il s'est moqué de nous; aujourd'hui, à notre tour, nous nous moquerons de lui. Quand tout le monde marcha volontairement, il y a cinq ans, il promit de renvoyer les soldats après la paix faite. Que devait-il faire? *Hecha la paz, en su casa los soldados.* Il n'en a rien fait: qu'il se batte tout seul aujourd'hui. Moi, j'ai servi sur mer; il me revenait je ne sais combien de mille réaux pour ma part de prises: je n'ai rien touché; qu'il se fasse matelot s'il veut.

Moi. — Je vous comprends.

Le premier Patron. — Je voudrais que l'Andalousie fût à la place de la Catalogne; les Français n'éprouveraient pas, pour entrer, la plus petite résistance.

Moi. — Pourquoi donc ça?

Le premier Patron. — C'est qu'en Andalousie toutes les terres appartiennent aux comtes, aux marquis et aux ducs, et que le peuple, y étant fatigué comme dans l'intérieur, n'irait pas se faire échiner pour défendre le pays, ce à quoi il n'a nul intérêt; au lieu qu'en Catalogne, en Biscaye, et dans toute la frontière française, les terres appartiennent aux paysans, ce qui fait qu'ils s'opposeront à une invasion; mais quand l'Espagne entière n'y prendra point de part, il faudra bien que les Français l'emportent.

Moi. — Vous aimez donc bien ces Français?

Le premier Patron. — En Espagne, il y en a des uns et des autres.

Moi. — Lesquels, des Français ou des Anglais, y aime-t-on le mieux?

Le premier Patron. — Il y a deux partis (*dos bandos*) là-dessus; et à la cour aussi il y a *dos bandos*.

Moi. — Et quel est le plus fort parti?

Ici mon homme a hésité long-temps, et a fini par ajouter en me souriant :

Premier Patron. — *Mira V. M.* Si les Français ne se mêlent pas de la religion, s'ils ne touchent ni à nos églises, ni à nos couvens, ils auront tout le monde pour eux. Moi, qui vous parle, je suis capable de marcher comme un lion, dussé-je y trouver la mort, pour anéantir les gardes, les commis, les administrateurs des rentes, les galonnés, les nobles, et jusqu'au roi lui-même; mais aussi je me ferais écarteler plutôt que de souffrir qu'on touchât en la moindre chose à notre sainte religion.

Moi. — Quoi! pas même à vos moines?

Le premier Patron. — Ce sont précisément les moines que je défendrais au péril de ma vie. Quel mal font-ils au peuple? Ils ont leurs biens; ils ne demandent rien à personne, pour la plupart; ceux qui vont à la quête on est le maître de ne leur rien donner : au lieu que le roi, avec tous ses galons, et les voleurs qu'il couvre de sa cape, me prennent mon argent, ma veste, et ne me laissent pas un moment de repos.

Moi. — Ne parlons que des moines, et dites-moi s'il ne suffirait pas de tant d'autres prêtres que vous avez pour votre religion?

Le premier Patron. — Et dites-moi, vous-même, s'il y a eu autant de saints parmi les capelans que parmi les moines? Quel mal font ceux-ci? la plupart habitent des montagnes; là ils passent leur vie en oraisons, en pénitences rudes, ils se donnent la discipline, ils jeûnent, etc. : ceux des villes enseignent, prêchent, etc. Voyez les frères quêteurs. Quelles peines ils se donnent, allant à pied dans les campagnes au milieu de toutes les inclémences du temps! Les capelans, au contraire, ont leur maison à eux, leurs revenus, qui ne sont pas minces ; et demandez-moi ce qu'ils font de plus que les moines. S'il y avait à choisir, j'aimerais mieux qu'on supprimât les capelans.

Moi. — On ne dispute pas des goûts. Le vôtre ne serait pas le mien. Au reste, si vous avez la guerre avec la France, vous en aurez un dédommagement par la paix avec l'Angleterre.

Le deuxième Patron. — Croyez-vous donc que si l'Espagne était bien menée, la guerre avec l'Angletrre nous ferait peur? On n'aurait qu'à nous laisser à nous commander la marine royale. Nous serions capables d'aller chasser l'Anglais jusqu'à Londres.

Moi. — Parlez-moi de ça! J'aime à vous voir cette confiance.

Le deuxième Patron. — Mais que voulez-vous que soit notre marine, à la manière dont on s'y prend? Dès qu'un homme parvient à une place qui lui donne quelque crédit, s'il a un parent, un ami dont il ne sache que faire, allons, allons, dit-il, nous le mettrons dans la marine ; et le protégé vous arrive officier sur un bâtiment où le dernier mousse en sait plus que lui. *Humbre*, nous demande-t-il, *como se llama essa cordela?* L'homme, comment s'appelle cette corde? Quelle confiance, quelle émulation voulez-vous qu'aient les équipages quand ils se voyent abandonnés à de tels ignorants?

Moi. — Je conçois cela, aussi votre marine est-elle dans un pauvre état.

Le deuxième Patron. — Parce qu'elle manque d'officiers.

Moi — Vous y avez cependant des hommes de mérite. On cite, par exemple, Massarédo.

Le deuxième Patron.—Bah! Massarédo? qu'a-t-il donc fait pour mériter cette réputation?

Moi. — Il connaît au moins son métier, car il a écrit en homme instruit sur la marine.

Le deuxième Patron. — Il a écrit! à qui donc?

Moi. — Au public. Il a fait des livres très estimés sur la marine.

Le deuxième Patron. — Des livres! il vaudrait mieux qu'il eût fait des campagnes. Et que peut-il dire dans ses livres que nous ne sachions pas mieux que lui? Il aura copié d'autres livres ou écrit sous la dictée de quelque marin. Faire des livres, encore un coup, ne sert de rien. Tenez, vous écrivez sans cesse depuis que vous êtes sur cette barque, et je parierais que vous ne feriez pas le quart de ce que vous mettez sur ce papier.

Moi. — Oh ! bien certainement vous avez raison ! Massarédo n'est donc pas votre homme ?

Le deuxième Patron. — Je dis que, jusqu'à ce qu'il se soit fait connaître sur mer, sa réputation ne sera rien aux yeux des marins.

Moi. — Connaissez-vous l'amiral Moréno ?

Le deuxième Patron. — Je l'ai connu, ayant servi sous lui ; mais il est mort depuis plus de six ans.

Moi. J'en ai connu un autre, il y a quatre ans ; ce n'est donc pas le vôtre ?

Le deuxième Patron. — Certainement non. Celui dont vous me parlez, je ne le connais pas du tout, même de nom.

Moi. — Vous connaissez au moins l'amiral Langara ?

Le deuxième Patron. — Le Ministre !... que vous dirai-je ?... Oui, je le connais ; c'est lui à qui les Anglais prirent, il n'y a pas bien long-temps, douze vaisseaux..... Ne me parlez pas de *los galones*.

Moi. — Diable d'homme, vous êtes rétif !

Le deuxième Patron. — Voulez-vous que je vous nomme un marin que le gouvernement aurait dû mieux employer qu'il ne l'a fait ? C'est Barcelo. Celui-là a été élevé aux grades par son seul mérite, car il a été simple matelot comme moi. Celui-là aurait eu la confiance de toute la marine. Malheureusement il vient de mourir à

Mahon. On l'avait employé au commencement de la guerre ; mais il fut tout de suite sacrifié à une cabale de *los galones*. Aussi, voyez-vous, guerre ou non guerre, je me ferais plutôt tuer que de servir sur les vaisseaux du roi.

Tout l'équipage. —Et moi aussi, et moi aussi.

Le premier Patron. — Ce n'est peut-être pas le roi qui a tort dans tout cela ; mais il s'endort dans ses palais, et il croit que ce n'est rien que de choisir les hommes dont il a besoin : tant pis pour lui, il devrait veiller et regarder comme on le sert, car il y va de son trône et de sa vie. Moi je dors tout mon saoul ; mais je ne ferais pas de même si j'étais à sa place... et qui plus est, je n'en voudrais pas de sa place ; j'aime mieux ma barque que la sienne. Il lui arrivera comme au roi de France, qui, s'il n'avait pas dormi aussi, serait encore roi.

Moi. — Vous êtes, mon camarade, un oiseau de mauvais augure. Allons-nous coucher là-dessus.

Ma mémoire a laissé échapper bien des détails piquans qui ne m'auraient pas échappé si cette conversation eût eu lieu en plein jour. Mais une nuit entière m'en sépare, je n'ai pu en saisir que les principaux traits. Ils ne me semblent pas sans intérêt ; je crois même qu'ils ne seraient pas sans utilité pour les deux gouvernemens de France et d'Espagne; mais ni l'un ni l'autre ne doivent lire ce cahier.

CHAPITRE VIII.

Quelques fragmens de l'histoire de la Navarre.— Sujets dramatiques.

Nous côtoyons la Catalogne, dont la côte âpre et montueuse laisse à découvert, à très peu de distance les uns des autres, des villages d'assez bonne apparence, ce qui anime la perspective variée qui change à chaque instant devant moi. Le vent s'est renforcé, notre course est rapide; si cela continue, on m'a donné l'espoir d'être à Sette demain.

Cette idée riante ne me rend plus aussi nécessaires les occupations sérieuses auxquelles je me suis livré jusqu'ici. Je reste sur le pont, et je suis de l'œil, sans ennui, les vagues qui fuient sous mes yeux. C'est très heureux! de quelque manière que ce soit, pourvu que le temps s'écoule, c'est tout ce qu'il me faut.

Que l'homme est un être bizarre! il tient à la vie, et il se hâte de s'en débarrasser. Il n'aspire qu'à *tuer* le temps, tandis que c'est le temps qui le tue! il est impatient de vieillir. S'il était conséquent, puisque la vie est si chère à ses yeux, que ne préfère-t-il l'ennui? elle lui paraîtrait plus longue.

Il est onze heures... la monotonie de la mer me ramène au besoin d'une diversion; je la trouve dans mon historien Navarrais. Il me restait à le juger en littérateur; j'ai, pour cela, des notes suffisantes.

Je commence par consigner ici que j'ai recueilli, dans son in-folio, les matériaux d'une tragédie, dans laquelle, si jamais j'en ai le loisir, je pourrai faire la peinture des antiques mœurs de l'Espagne. Il n'y a, dans ce que j'ai lu de ces temps reculés, aucun trait qui eût pu me fournir un drame complet; mais j'ai recueilli plusieurs traits épars, qui, réunis, m'offriront un sujet assez intéressant. Pour cela, je laisserai à l'écart la chronologie, je ne m'assujettirai pas à une grande exactitude historique pour le choix de mes personnages, que je ferai contemporains, si mon drame l'exige, et auxquels j'attribuerai, sans scrupule, les passions ou les faits qui auront appartenu à leurs successeurs ou à leurs devanciers. Mon but n'étant que d'offrir un tableau en action des mœurs arabes et chrétiennes, depuis le septième siècle jusqu'au douzième, j'aurai réussi s'il intéresse, et s'il est ressemblant.

Après l'invasion de l'Espagne par les peuples du Nord, en 409, les rois Goths s'établirent dans la Navarre en 581.

Ce fut en 574 que Léovigilde s'établit dans la Cantabrie, et ce fut le premier de ces rois étrangers qui commença à porter la guerre chez les Vascons ou Navarrais.

Vascones, dont nous avons fait les *Gascons*, signifiait, dans l'ancien idiôme du pays, *Montaneses*, ou habitans de la montagne.

Ces Vascons se prétendent originaires des premiers habitans de l'Espagne, et ils disent que la Navarre a été, dans l'origine, peuplée par Tubal, qu'ils donnent pour cinquième fils à Japhet, fils de Noé.

Annibal fit grand cas des Vascons, chez lesquels il déposa les riches dépouilles de Sagunte, et dont il emmena en Italie plusieurs légions, auxquelles ce grand capitaine a donné les plus grands éloges.

C'est vers le commencement du cinquième siècle que Saint-Saturnin, évêque de Toulouse, publia l'évangile chez les Vascons.

Leur premier évêque fut Saint-Firmin, martyr, issu d'une de leurs premières familles.

Saint-Emilian, ou Saint-Millan, est le protecteur des Navarrais.

Il avait été pâtre; il se fit moine, et devint un grand personnage. Il avait prédit au sénat des

Cantabres sa ruine prochaine ; le roi Goth, Léovigilde, vérifia la prédiction.

Les Goths régnèrent en Espagne jusqu'à don Rodrigue, le dernier de leurs rois, lequel, en 714, succomba à l'invasion des Maures, qui se rendirent maîtres de l'Espagne.

Abrégeons le récit abrégé que fait mon historien des trois derniers règnes des Goths.

Il nous représente le règne d'Ervigie comme celui d'un tyran avide et cruel, qui ne connut d'autre moyen de contenter son avarice que les bannissemens, les confiscations, et toutes sortes d'oppressions envers le peuple.

Il admit, en partage du trône, dans un âge très tendre, Huvitiza, fils d'Egica, son gendre. Huvitiza lui succéda en l'an 700.

Ce nouveau roi, assistant au concile de Tolède, blâma hautement le règne précédent, dont il rappela les horreurs, pour s'affermir lui-même sur le trône, en laissant espérer une conduite plus modérée; mais, malgré le début de son règne, qui annonça de la sagesse, il surpassa bientôt son modèle.

Dans Tuy, il fit périr le duc Favila (*padre del celebre don Pelayo*), pour jouir sans obstacle des faveurs de son infidèle épouse.

Il épousa publiquement plusieurs femmes à-la-fois, exhortant ses sujets (*los suyos*), à suivre cet exemple, en leur permettant d'avoir beaucoup de concubines.

Il permit aux ecclésiastiques de se marier, et, le pape l'ayant menacé de châtier de tels excès, il lui rompit l'obéissance (*le rompiò la obediencia*).

Il obligea son frère don Opas à occuper deux archevêchés, *para que*, dit l'espagnol, *se diese a dos una esposa*, afin qu'une épouse se donnât à deux maris; réflexion qui s'applique à ce que l'un des deux archevêchés donnés à son frère, était déjà occupé, à Tolède, par le prélat Sinderedo. Ce frère était lui-même archevêque à Séville.

Non content d'avoir fait mourir Favila, il fit crever les yeux à son frère Théodefrède, ce qui causa la mort de ce malheureux.

Il voulut, peu après, immoler à sa rage ou à sa sûreté don Rodrigue, fils de Théodefrède, et don Pelayo, fils de Favila; mais ces deux cousins trompèrent le tyran par leur fuite.

Huvitiza, gagné par l'or des Juifs, les rappela en Espagne; et pour ôter à ses peuples le moyen de changer en révolte leurs murmures, qu'excitait et que ne pouvait étouffer sa tyrannie, il fit détruire les forteresses et les murailles des cités: mesure que nos révolutionnaires ont renouvelée de nos jours par les mêmes motifs.

Don Rodrigue mit un terme à ce torrent de calamités.

Appelé par le peuple, favorisé par le sénat, il se rendit maître d'Huvitiza, lui fit crever les yeux, l'ensevelit dans un cachot, exila ses deux fils, Sisiberte et Eban, et régna à sa place, l'an 710 ou 711.

Il faudra peu de travail pour tirer de ce canevas un beau sujet de tragédie, et, pour celui-là, l'histoire me sert si parfaitement que je pourrai bien m'éviter la peine de m'en écarter... Continuons.

Le don Rodrigue qui vient de monter sur le trône, fut le dernier des rois Goths en Espagne.

Il avait puni Huvitiza; il aurait dû se montrer digne de sa nouvelle fortune; mais il tomba dans les mêmes égaremens.

Il devint amoureux d'une dame de son palais, que les uns nomment Clorinde, d'autres Cuba, et font fille ou femme du comte Julien. Les écrivains varient à cet égard.

Rodrigue vint à bout de ses desseins impurs en l'absence du comte, occupé par ses ordres auprès des souverains maures, ou dans ses gouvernemens vers le détroit.

De retour à la cour, le comte, informé de l'affront que lui avait fait le roi, dissimula son ressentiment, et retourna dans ses gouvernemens après avoir jeté contre son maître les fondemens d'une conspiration à laquelle il associa l'archevêque don Opas, frère d'Huvitiza, et les deux fils de ce dernier.

Le comte passa bientôt en Afrique ; il se confédéra avec Muza, qui y commandait au nom d'Ulid, miramolin d'Arabie et de Syrie.

Il en obtint cent chevaux et 400 fantassins avec lesquels il repassa le détroit, et, uni à ceux de sa faction, fit des incursions sur les terres de don Rodrigue, et y commit quelques dégâts sans éprouver de résistance. Il repassa ensuite en Afrique pour demander à Muza un plus grand nombre de troupes, appuyant sa demande sur les succès obtenus du trop faible secours qu'il en avait déjà reçu.

Revenu en Espagne avec des forces plus considérables, les ravages qu'il y exerça arrachèrent enfin Rodrigue à sa mollesse et à ses plaisirs. Ce prince s'avança vers le détroit, suivi de plus de cent mille hommes, ne doutant pas que, dès le premier choc, il étoufferait la rébellion de son sujet ; mais, trop confiant dans sa puissante armée, il avait négligé, non seulement de faire rebâtir les forteresses de l'intérieur, démolies par Huvitiza, ce qui laissait ses domaines ouverts aux excursions de son ennemi, mais encore de mettre ses côtes en défense contre un débarquement des Maures, et cette imprévoyance causa sa perte.

Muza envoya en Espagne des corps nombreux d'Arabes ayant à leur tête son lieutenant Tarif ou Taric; ils y opérèrent leur descente sans rencontrer aucun obstacle, et marchèrent droit à la rencontre de Rodrigue, qui se vit ainsi aux prises avec une armée supérieure à la sienne, et fut vaincu le 11 novembre 714. Il perdit lui-même la vie dans la bataille, où les barbares firent un horrible carnage de ses soldats. Son corps, perdu dans la foule des morts, ne se retrouva plus.

Le comte Julien et ses confédérés ne furent plus les maîtres d'arrêter le torrent qu'ils avaient attiré dans leur patrie.

Muza, jaloux des triomphes de son lieutenant, passa lui-même en Espagne avec de nouvelles troupes, et n'écoutant plus que son ambition et son avarice, au mépris de ses engagemens avec le comte Julien, il s'arrogea l'empire de toutes les Espagnes.

Il y laissa pour gouverneur son fils Abdélasis; et chargé d'un butin immense, dont il envoya une grande partie au miramolin Ulid, il rentra en Afrique avec son lieutenant Tarif, traînant à sa suite Egilone, femme de Rodrigue, que le sort de la guerre lui avait livrée dans Tolède.

Ce sujet est plus tragique encore que le précédent, mais n'est peut-être pas aussi dramatique. Il faudra du travail pour en tirer parti. Je le conserve dans ces notes, et, si j'en ai le temps, j'essaierai de le mettre en action, comme très instructif pour la circonstance actuelle.

C'en est assez pour ce matin : allons jouir de la vue des côtes de France, que l'on me montre à la pointe du cap où finit le golfe de Rosas, que bientôt nous aurons traversé. Quand nous aurons doublé ce cap, nous ne serons plus qu'à vingt-cinq lieues de Sette.

CHAPITRE IX.

Relâche à Port-Vendre. — Boutade de mon patron contre l'encre et le papier.

A quatre heures et demie, nous relâchons à Port-Vendre, je ne sais trop pourquoi. Le vent est le même, et mon patron, par cette relâche, nous expose à perdre l'occasion d'un temps si favorable.

A peine suis-je dans l'auberge que des visiteurs, je ne sais lesquels, ne me laissent pas même le temps de changer de linge; il faut que je les suive chez le commandant à l'instant même, tel que je me trouve. Je m'y rends, et mon passeport a bientôt déridé ces figures rebarbatives.

Mon patron m'y a suivi lui-même, et, en revenant, se ressouvenant qu'il avait à essuyer le jaugeage de son bâtiment, et à payer le droit d'ancrage, nous avons eu ensemble la petite conversation qui suit.

Le Patron. — Vous avez été bientôt dépêché!

Moi. — C'est que j'ai de très bons papiers.

Le Patron. — Au diable les papiers et celui qui les a inventés! Quand est-ce donc qu'il n'y aura plus ni plumes ni encre?

Moi. — Y Pensez-vous, senor Baptista?

Le Patron. — Il vaut bien la peine de faire des révolutions pour laisser encore durer le règne des papiers!

Moi. — Que dites-vous donc là? La manie des papiers est l'un des caractères les plus prononcés d'une révolution. Jamais on n'en fut tourmenté en France comme on l'a été depuis neuf ans.

Le Patron. — Eh! bien! voyez-vous, je voudrais que, nulle part, on ne demandât rien à un homme; je voudrais que chacun pût aller et venir sans que quelqu'un eût à lui dire : pourquoi es-tu là?... Pourquoi j'y suis? parce que je ne suis point ailleurs, et qu'il faut que je sois quelque part. Regarde si je nuis à quelqu'un; et, si je ne le fais pas, laisse-moi tranquille.

Moi. — Nous n'en sommes pas là, mon camarade; il s'en faut diablement.

Le Patron. — Cela vient de cette maudite encre; on a bien fait de lui donner sa vilaine couleur noire; cela s'accorde bien avec tous les maux qu'elle cause. L'encre, les plumes et ce maudit papier, voilà d'où viennent toutes nos misères.

Moi. — Comme vous y allez!

Le Patron. — C'est ce qui donne à vivre à une foule de grippe-sous qui nous mangent tout vifs; ces coquins-là ne font rien, et il faut que notre travail les nourrisse. Ce qu'il y a de plaisant, c'est qu'ils vous disent qu'ils travaillent aussi, et ils appellent travailler d'être assis tout le jour pour noircir du blanc tout à leur aise.

Moi. — Mais, mon cher Baptiste, sans papier, y aurait-il un commerce? et sans le commerce, seriez-vous commandant d'un bateau?

Le Patron.—Ce seraient nous qui le ferions; qui voudrait commercer achèterait dans un pays ce qu'il y aurait de trop; il en remplirait sa barque et il irait le vendre où il en manquerait.

Moi. — Allons, je vois que vous en savez trop pour moi. Il faudra vous laisser faire, et nous aurons le plaisir de rétrograder de quelques dixaines de siècles...

Là-dessus nous sommes arrivés à mon auberge. J'ai fait une espèce de toilette et me suis fait donner une soupe qui m'a remis le cœur, affadi des tristes repas du bateau. Je parcours la ville et fais rencontre d'un toulousain qui me fait lire les papiers publics; nous souperons ce soir ensemble. Je me trouve avec lui très à mon aise à tous égards; c'est un homme sage qui a fui le tumulte des villes: la révolution lui a fait peur, il est venu se réfugier dans ce trou, où il a ouvert un petit magasin, et il y vit tranquille; il se nomme M.... Je retiens son adresse au cas que j'aie jamais besoin d'un commissionnaire à Port-Vendre.

CHAPITRE X.

Suite des fragmens de l'Histoire de Navarre. — Bataille de las NABAS DE TOLOSA.

Du 15 avril. Le vent avait entièrement cessé dans la nuit. A l'aube du jour, il s'est relevé le même qu'hier. Nous mettons à la voile à sept heures un quart.

Mon diable de patron ne pense pas seulement ce qu'il dit, il le fait. Hier, à force de crier avec les jaugeurs de son bâtiment, il les a réduits à se taire et à exiger cinq piastres de moins qu'ils ne lui demandaient.

Cela me rappelle ma fable, DAMIS OU LE CLOU... A propos de fable, je viens de quitter mes souliers pour prendre mes pantoufles; et les idées les plus disparates m'ayant amené à un souvenir qui ne se présente guère à ma pensée, j'ai écrit celle qui suit :

LE SOULIER ET LA PANTOUFLE.

(*Voyez mon recueil de fables, page 206.*)

Nous voguons par un très bon vent. Il est probable que je ne recueillerai pas chez mon historien espagnol de nouveaux matériaux tragiques. C'est dommage, peut-être; mais nous arriverons à Sette ce soir; et, pour l'instant, cela vaut infiniment mieux.

Je veux toutefois conserver ici quelques détails du récit d'une action décisive entre les Maures et les chrétiens en 1212, action qui fut suivie de l'expulsion totale des Maures, lesquels ne reparurent plus en Espagne.

Je copierai l'écrivain dans son idiome, et placerai la traduction en face; on va voir le génie orgueilleux de la nation espagnole, approcher du ridicule d'un de nos généraux qui, annonçant une de nos victoires et énumérant les pertes immenses de l'ennemi, n'accusa, de son côté, que la perte du petit doigt d'un chasseur. On va voir encore la réserve de mon jésuite, en ce qui touche au merveilleux, lorsqu'il peut, sans compromettre sa robe, heurter de front les croyances vulgaires. Ecoutez-le parler.

Llego, enfin, despues de varios lances, que por sabidos se omiten, el dia lunes diez-y-seis de julio en que se diò, al immenso orgulloso campo de Mahomad, la gran batalla de *las Nabas de Tolosa*. El estaba en su riquissima tienda, en la enimencia de un monte, con su turbante quaxado todo de esmeraldas, con espada desnuda, abierte antes de el el libro de alcoran, y con una capa negra que abia sido de su bisabuelo Abdelmon, fundador, como vimos, del imperio de los Almohades. Y, dada la señal al formidable combate, faltan palabras para pondear el esfuerzo de los tres reyes christianos, a quienes assistio el ciel y su gran reyna con especiales favores; y muchos quieren haberse aparecido una hermosa cruz en el ayre. Mas parece increible que no hubiessen hablado el rey don Alonzo y el arzobispo

« Survint enfin, après divers » combats, trop connus pour » que je les rapporte ici, le » lundi 16 juillet, jour où fut » livré, à l'immense et orgueil- » leuse armée de Mahomad, la » grande bataille des *Nabas de* » *Tolosa*. Il était dans sa très » riche tente, sur l'éminence » d'un mont, avec son turban » tout couvert d'émeraudes, te- » nant son épée nue, le livre de » l'alcoran ouvert devant lui, » et étant revêtu d'un manteau » noir, qui avait appartenu à » son bisaïeul Abdelmon, fonda- » teur, comme nous l'avons vu, » de l'empire des Almohades. » On donne le signal de ce for- » midable combat; mais il n'est » pas d'expressions pour me- » surer l'effort des trois rois » chrétiens comblés de faveurs » spéciales par le ciel et par sa » grande reine. Plusieurs veu- » lent que l'on ait aperçu une

don Rodrigo de esta señal prodigiosa.... Cayeron dos cientos mil conbatantes mahometanos y, de nuestra gente, solo percieron veinte y cinco.... Las riquezas y despojos fueron imponderables y aquel espumoso monstruo Enhazer (1), que miraba de tan alto, saliò huyendo para la Africa.... Y nunca pudo, despues, levantar cabeza la morisma.	» belle croix dans les airs; mais » il n'est pas croyable que le » roi don Alonze et l'archevê- » que don Rodrigue eussent gar- » dé le silence sur ce signal pro- » digieux. Deux cent mille ma- » hométans restèrent sur la pla- » ce; notre perte, au contraire, » se réduisit à vingt-cinq chré- » tiens (2). La richesse des dé- » pouilles fut impondérable, » et Enhazer, ce monstre or- » gueilleux (3) qui regardait de » si haut, s'enfuit rapidement » en Afrique. Depuis lors les » Maures (4) n'ont jamais pu » relever la tête en Espagne. »

Dans ce récit, le soin, minutieux peut-être pour le goût français, de détailler le costume, la position et l'attitude de Mahomad, et le *que*

---

(1) C'était un surnom de Mahomad.

(2) J'aurais voulu pouvoir ajouter le mot *mille*; mais le texte est précis *veinte y cinco*. L'auteur l'a peut-être sous-entendu; cela me semble assez probable. Ce serait un tour de vascon ou *gascon*.

(3) Je n'ai pu traduire autrement *espumoso*... Orgueilleux est trop faible; mais je n'ai pas su trouver mieux.

(4) *La morisma* est encore un terme de mépris que notre langue n'a pu me fournir, ou que je n'ai pas su trouver.

mirabà de tan alto, qui s'y rapporte, m'ont paru tout-à fait singuliers. Je ne sais si notre littérature tolérerait de tels artifices dans le genre noble; mais il me semble qu'en espagnol cela sonne heureusement.

Notons que ce grand événement fut le fruit d'une croisade sollicitée par don Alonze, roi de Castille, et publiée par Innocent III.

C'est à cette époque que, si j'en avais eu le temps, j'aurais rapporté divers traits de l'histoire de Navarre et de Castille, pour les réunir dans la personne ou dans les contemporains de Charles-le-Fort, et pour en composer un sujet dramatique plus imposant que les deux qui précèdent.... Mais nous arrivons ce soir à Sette.... le moyen d'y penser! Fermons ce cahier, la grosse mer me fatigue et ne me permet plus d'écrire.

Je me fais cependant l'effort d'y ajouter une dernière réflexion, qui me semble importante; je serais fâché de la perdre.

Les Maures, en cessant de dominer l'Espagne, en 1212, n'en sortirent pas tous.

Cela était impossible, après une domination de 500 ans, pendant lesquels leur population était parvenue au point de surpasser celle des Espagnols eux-mêmes.

Un nombre infini y resta donc.

Mais les persécutions dont ils furent l'objet constant les forcèrent à se confondre dans la masse de la nation, et de feindre de professer la religion de leurs vainqueurs, devenue, à la longue, celle de leurs descendans.

On retrouve, en effet, chez un grand nombre de familles espagnoles, des traits caractéristiques de la filiation de la race maure; et ces traits, des provinces entières, au midi de l'Espagne surtout, en sont visiblement marquées: telle est, par exemple, l'Andalousie, qui touche de plus près à l'Afrique.

Il en est de même des Juifs, tantôt appelés en Espagne par des princes avares, tantôt chassés par des rois fanatiques, et enfin proscrits sans retour et poursuivis sans relâche par l'inquisition à laquelle l'Espagne est redevable d'avoir conservé jusqu'à nos jours l'unité de religion qui la distingue de tout le reste de l'Europe.

Quoi qu'en ait dit la moderne philosophie, cette unité précieuse fut un bienfait inappréciable, et si jamais l'Espagne en est privée par une révolution telle que la nôtre, je ne m'en cache pas, je considérerai cela comme une calamité de plus à ajouter pour elle à toutes celles que nous avons subies et auxquelles elle ne saurait échapper.

J'ai fait, au reste, une remarque qui me semble digne de quelque attention.

La race mauresque et la race juive confondues et cachées aujourd'hui dans la masse de la population, de laquelle elles ne sont distinguées par aucune disposition politique, sont reconnaissables à la vue, et on les distingue aisément, chacune d'elles ayant ses traits caractéristiques que le mélange des races a affaiblis sans doute, mais n'a pas encore entièrement effacés.

Or, on a vu que j'ai rencontré un assez grand nombre d'Espagnols entichés de nos chimères républicaines, et atteints du vertige révolutionnaire dont la France est encore frappée.

Eh! bien! à très peu d'exceptions près, même dans les classes relevées, j'ai retrouvé chez ces énergumènes des traces visibles d'une origine africaine ou judaïque.

Si le temps me le permettait je ferais, sur cette observation, des réflexions qui me semblent susceptibles de quelque intérêt, et qui, peut-être, ne seraient pas sans utilité.... Mais j'arrive ce soir à Sette: une fois en France, j'aurai bien autre chose à faire, Dieu merci (1)!

---

(1) Cette remarque est extrêmement importante, et elle mérite d'être vérifiée.

Lors même qu'elle ne serait pas aujourd'hui d'une application générale, attendu les changemens que l'Espagne a subis, depuis vingt-quatre ans, pendant surtout les bouleversemens que Buonaparte y a opérés ; la régence royale pourrait en tirer un très grand parti pour imprimer à sa vertueuse opposition un mouvement irrésistible, en ajoutant aux ressorts qu'elle fait mouvoir, celui d'une haine nationale, encore toute vive dans les cœurs espagnols, contre les Maures et contre les Juifs.

Si l'on parvenait à accréditer l'opinion que les partisans des cortès ne sont autre chose que des Juifs ou des Maures, qui cherchent à réagir contre les persécutions qu'essuyèrent leurs pères ; il est difficile de calculer la rapidité avec laquelle la révolution serait étouffée pour jamais dans la péninsule. Notre M. Guizot a bien eu la coupable mais ridicule idée de semer parmi nous de nouveaux germes de discorde avec ses Francs et ses Gaulois ; pourquoi dédaignerait-on d'opposer la même tactique à ses bons amis d'au-delà les monts ? Au moins, ici, y a-t-il plus de vérité ou, tout au moins, plus de vraisemblance.

(*Note de l'Éditeur.*)

FIN DU LIVRE TROISIÈME.

LIVRE QUATRIÈME.

Rentrée en France. — Retour à Paris.

CHAPITRE PREMIER.

Arrivée à Sette. — Reconnaissance. — Souvenirs déchirans.

Du 15 avril 1798. Enfin, à trois heures et demie après midi, nous mouillons dans le port de Sette !

M. Bousquet-Costou se charge obligeamment de faire parvenir mes tourterelles à ma femme, et je les héberge chez lui.

Je me loge au Grand Gallion, chez un municipal devenu propriétaire de ce beau bâtiment qui, naguère, appartenait au meilleur ami que j'aie eu au monde, au malheureux Durand, maire de Montpellier, que, pendant mon séjour en Italie, les brigands de 1793 ont assassiné à Paris, ce qui a occasionné la ruine de sa respectable compagne, par la confiscation qui a suivi ce crime sans excuse.

Quand je songe que si j'étais resté en France, il n'aurait pas péri (car j'aurais obtenu de lui qu'il ne se rendît pas à Paris pour rendre compte de sa conduite, ce qu'il refusa à toute sa famille); je ne puis m'empêcher de gémir des contrariétés du sort, qui ne m'a presque jamais laissé le maître de mes mouvemens au sein de nos orages!

Quel crime que la mort de cet homme de bien! Après l'assassinat de Louis XVI, je n'en conçois pas de plus abominable. Ce magitrat respectable, jeune encore (nous étions du même âge, et, dans les doux épanchemens de la tendre amitié qui nous unissait en 1789, il aimait à en faire souvent la remarque), ne connaissait d'autre passion que celle de faire du bien.

Jouissant de cent vingt mille francs de rente, il en affectait régulièrement les deux-tiers à des œuvres de bienfaisance et il m'associait à cette jouissance si pure; car j'étais, le plus souvent, le canal par où s'écoulaient ses bienfaits. Lorsqu'un père de famille n'osait aller à lui pour en obtenir une somme un peu trop considérable, il s'adressait à moi; je m'assurais qu'il méritait que sa demande fût accueillie, je la faisais pour lui, et jamais je ne fus refusé.

Citons ce trait si rare :

Un marchand de Montpellier vint un jour me confier qu'un embarras extrême le forcerait à suspendre ses paiemens si, dans deux jours, il n'était secouru d'une somme de 15,000 fr.

Il me fit connaître pourquoi il ne pouvait songer à se la procurer par son crédit local, la moindre tentative, à cet égard, étant dans le cas de hâter sa perte. Mais, il m'assura, qu'avant trois mois, les rentrées retardées qui occasionnaient sa gêne passagère s'opéreraient; et il me conjura de solliciter du maire Durand un prêt de 15,000 fr. qu'il promettait de rembourser dans trois ou quatre mois au plus.

Je trouvai cette somme un peu forte, j'objectai, d'ailleurs, que mon ami donnait son argent au malheur et ne le prêtait pas; cependant j'acceptai l'offre que me fit ce marchand d'aller vérifier sur ses livres la fidélité de ses déclarations; et m'étant assuré de sa véracité, de sa bonne foi, de son danger, de son besoin urgent, et de ses moyens de rendre la somme désirée, j'allai en faire sur-le-champ la demande pour lui.

Je fis remarquer au maire que puisque ces 15,000 fr. devaient être pris sur les 80,000 fr. au moins qu'il employait tous les ans à secourir ses compatriotes malheureux, il devait d'autant plus les accorder qu'il y avait probabilité de leur prochain remboursement, ce qui doublerait le bien qu'ils étaient destinés à faire.

Cette considération le détermina sur-le-champ, il me remit les 15000 fr., et le marchand les reçut de mes mains le soir même.

De ma vie mon cœur n'a tant joui.

Moins de deux mois et demi après la restitution en fut faite; depuis lors, les affaires de cet honnête homme ont prospéré; il laissera vraisemblablement une fortune à ses enfans (1).

Et c'est l'homme bienfaisant qui passait sa vie à exercer de tels actes de générosité que des monstres, moins de deux ans après!... ce souvenir me soulève d'indignation, d'horreur, de douleur et de honte... oui de honte pour ma patrie, qui a souffert de tels forfaits...

Et l'on veut que j'aime cette infernale révolution!...

Et il est des êtres assez dénaturés pour oser invoquer son nom et se déclarer ses apôtres ou ses admirateurs!

J'aimerais mieux me passionner ainsi pour la peste, pour la famine, pour les cataclysmes, pour les tremblemens de terre, pour tant d'autres fléaux enfin dont la nature poursuit la faible humanité.

---

(1) Cette conjecture s'est réalisée. La fortune dont jouissent aujourd'hui ses enfans, qui ont ajouté à celle de leur père, est très considérable. (*Note de l'Éditeur.*)

Du moins l'homme qui en est frappé, y succombe-t-il sans avoir à rougir de lui-même !

Il n'est pas l'auteur de sa ruine !

Il n'en est pas coupable !

Il cède à une force qu'il ne peut maîtriser !

Il inspire de la pitié; cette pitié, selon les cas, peut aller jusqu'à l'admiration ; mais il ne saurait inspirer ni mépris ni horreur, comme le font nos révolutionnaires, qui ne sentent pas qu'eux-mêmes un jour ils seront les victimes de leurs propres machinations contre les gens de bien.

Le directeur des douanes d'Agde est attendu ce soir à Sette ; c'est ce Roussel avec lequel, à Grasse, je passais ma vie à jouer le piquet. Il est à Montpellier ; assuré qu'il me reverra avec joie, informé qu'on l'attend chez lui le soir même, et n'ayant ici rien de mieux à faire, je vais au-devant de lui sur la route ; mais c'est peine perdue, les voitures ordinaires arrivent sans lui, je rentre à mon auberge.

Je m'étais assis dans un coin de la cheminée, rêvant à cette bizarrerie qui m'a fait ne pas trouver ici un seul être auquel j'aie parlé, qui ne gémît comme moi de la révolution ; tandis qu'en Espagne... Chassons de ma pensée ce contraste affligeant...

Une dame est entrée et a demandé aux gens de la maison s'il était vrai que son fils fût arrivé ? Sur la réponse affirmative qu'elle a reçue, elle s'est assise pour attendre ce fils.

Nous nous sommes parlé ; sans examiner qui je pouvais être (c'est ainsi que l'ont fait depuis mon arrivée tous ceux que j'ai eu l'occasion d'approcher), elle m'a mis sur une voie que j'évitais au contraire avec soin, et nous avons ensemble déploré les ravages de la révolution. Effet étonnant, quoique bien naturel, de cette attraction réciproque qu'éprouvent les âmes honnêtes, et de cette confiance française dont les méchans ont tant abusé, dont ils abusent tous les jours sans pouvoir la détruire !

Au ton de cette dame, dont je ne pouvais voir la figure, à sa voix, à quelques particularités de sa conversation, il m'a semblé qu'elle ne m'était pas inconnue. Mais ma mémoire paresseuse ne me précisait rien ; mes idées erraient dans le vague à son égard pour essayer de les fixer, je lui ai adressé une question d'où s'est ensuivi le colloque que je vais transcrire, et une scène de reconnaissance dont je serais fâché de perdre jamais le souvenir.

« N'avez-vous pas, Madame, habité Montpellier ?

— Oui, Monsieur.

— Je crois, en effet, avoir eu l'honneur de vous y voir.

— Votre figure aussi ne m'est pas inconnue.

— A qui, Madame, ai-je donc l'honneur de parler ?

— A madame de St.-P... »

A ces mots, je me suis levé avec vivacité, et me jetant au cou de cette respectable amie, je me suis écrié, la serrant dans mes bras... « Comment, vous n'avez pas reconnu F... ?

— F... ! Ah ! mon ami ! eh ! d'où venez-vous donc ? Par quel hasard dans ce cul-de-sac ? O comme M. de St.-P..... va être enchanté de vous voir !... et mon fils !... et ma fille !... Mais voyez donc comme cela est singulier ! à dîner, nous avons parlé de vous. Que sera-t-il devenu ? nous demandions-nous..... Oh ! dites-moi donc d'où vous venez ?... en vérité il me semble que je rêve !

— J'arrive de Madrid.

— Oh ! vous nous conterez tout cela ; mais suivez-moi. Je ne veux pas retarder plus long-temps le plaisir de toute ma famille.

— Comment ? elle est ici !

— Venez, venez... »

J'ai suivi madame de Saint-P... à sa maison du port, et j'ai eu le plaisir d'embrasser son mari qui ne pouvait revenir de sa surprise et qui m'a accablé de caresses.

Nous allions sortir, lorsque Saint-P... fils est entré ; nouveau plaisir pour moi, nouveaux embrassemens ; mais je n'ai pu tenir dans la maison, et d'après mes instances nous sommes tous descendus dans la rue pour aller au-devant de l'intéressante Adèle, que j'avais laissée à l'âge de huit à neuf ans.

J'ai été bientôt satisfait. Nous l'avons trouvée sur le port. Nous l'avons abordée, et, par l'ordre de sa mère, elle a souffert, en présence de ses jeunes compagnes, les embrassemens que je lui ai faits.

Mais qui est-ce donc, disait-elle en les recevant? c'est le meilleur de nos amis, lui répondait sa mère. Je l'ai embrassée de nouveau, en me nommant, et mon bonheur s'est agrandi quand je l'ai vue me rendre mes caresses avec une expression touchante de surprise et de joie.

Après quelques instans de promenade, il m'a fallu, à mon tour, céder à l'impatience de toute la famille; il m'a fallu rentrer chez elle et contenter sa curiosité sur ce que j'étais devenu, dedepuis que nous nous étions perdus de vue.

Un récit rapide a rempli ses désirs. Elle a vu avec intérêt le portrait de ma femme que j'avais sur ma tabatière, peint par Guérin, ce qui lui a valu de servir de morceau d'étude à Madrid, où il en a été fait au moins vingt copies; et l'aimable Adèle m'a répété plusieurs fois, en le regardant de nouveau : « Mon Dieu! revenez donc habiter Montpellier. J'aurais tant de plaisir à faire mon amie de votre femme! »

J'ai soupé avec ces amis, qu'un heureux hasard semble avoir réunis à Sette le jour même de mon arrivée, tout exprès pour me faire sentir que j'ai tort de vouloir chercher le bonheur hors de ma patrie, et pour me dédommager de la vie pénible et agitée que je mène depuis six à sept mois.

Il est certain que, depuis que je suis séparé de ma femme, c'est ici le premier moment de bonheur vrai que j'ai ressenti.

St.-P.... fils est dans le commerce. Venu à Sette pour affaires, il a peu resté avec nous; mais je n'ai pas quitté Adèle, dont l'aimable figure, le maintien décent, le ton de sensibilité et les témoignages que je recevais de son amitié, égale à celle de ses parens, m'ont fait passer une soirée délicieuse. Ma femme, lui ai-je dit, sera jalouse, et avec raison, du plaisir que je goûte aujourd'hui; loin d'elle, je ne devrais pas être aussi sensible au bonheur dont je suis pénétré.

A minuit, ces dames ne pensaient pas à prendre du repos; il a fallu que je les priasse de me chasser, et j'ai pris congé d'elles jusqu'à demain.

Je suis étonné, en y réfléchissant, du ressort que je trouve encore dans mon âme. Le malheur a beau me poursuivre; il ne peut pas user ma sensibilité. Je me retrouve, par cet endroit, à l'âge de 18 ans. C'est un bonheur, c'est un bien très réel; tâchons de le faire durer. La peine ne m'abat point ; j'ai contre les événemens un courage que rien n'ébranle ; je m'abandonne au plaisir, au bonheur qui prennent leur source dans les jouissances du cœur avec toute la vivacité de la jeunesse ; je m'en trouve trop bien pour n'en pas rester là tant que je pourrai.... Me voilà délassé de ma route ; abandonnons-nous au sommeil, si l'idée que je couche dans une maison confisquée sur le respectable Durand ne le chasse pas de ma paupière.

Du 16 avril 1798. Adèle veut voir les tourterelles que j'envoie à ma femme ; elle a lu les couplets qui doivent les accompagner, et elle voulait que je supprimasse le troisième. Il y a là, m'a-t-elle dit, un quart de soupçon, et je suis sûre que madame de F... ne le mérite pas. Il n'y en a point, lui ai-je répondu ; mais, cela fût-il vrai, il faut que ma femme le sache ; il faut qu'à mon retour, en lisant mon journal, elle connaisse et mes actions et mes moindres pensées, comme si nous ne nous étions pas quittés... On m'appelle... Adèle a fini sa toilette.... Nous allons visiter mes oiseaux.

MM. Bousquet-Couston m'annoncent qu'un navire qu'ils renvoyent à Gènes prend ses expéditions demain et partira au premier vent. Je leur confie une lettre pour....., auquel j'annonce mon retour en France ; je lui promets un tableau détaillé des affaires qui l'intéressent, et la reprise régulière de mes rapports avec lui, lui faisant entrevoir comme possible ma translation à Paris, ce qui les rendrait plus intéressans (1).

---

(1) On sentira aisément que mon journal ne devait pas désigner d'une manière plus précise cette correspondance qui, commencée à ma rentrée en France, en 1795, n'a éprouvé d'interruption, jusque vers la fin de 1813, que pendant mon voyage en Espagne.

Pour l'instruction des libéraux de notre époque, lesquels ne manqueront pas de se croire autorisés à se laisser guider par un comité directeur, et à ourdir des conspirations dans leurs ventes secrètes, par l'exemple des royalistes qui, pendant l'absence des Bourbons, ont eu leur agence royale travaillant en secret à la restauration du trône légitime, je regrette que le ministre du Roi, que j'ai tenu, pendant vingt ans, au courant de l'état de la France, se trouve en Italie au moment où j'imprime mon *Voyage*, ce qui me prive de copier ici une des lettres qu'il a reçues de moi dans ce long intervalle, et que certainement, s'il les a conservées il n'aurait pas refusé de me communiquer. Nos boute-feux du temps qui court y auraient vu comment, et d'après quels principes, on peut allier des devoirs aussi opposés que ceux que m'imposaient, d'une part, ma fidélité à la maison de Bourbon, de l'autre, ma résidence en France, sous les gouvernemens qui s'y sont succédés jusqu'en 1814.

J'ai rempli les uns par cette correspondance secrète, dont je n'ai recherché ni reçu d'autre récompense que le plaisir de satisfaire la seule passion à laquelle je me sois abandonné sans réserve pendant trente-trois ans, et par des écrits signés où j'attaquais de front les principes révolutionnaires, laissant à la Pro-

Après le dîner, je me sépare de la famille de St.-P.... moins le fils Charles, avec lequel j'arrive à Montpellier à six heures et demie.

---

vidence le choix du temps et des moyens pour amener une restauration qui me semblait devoir avoir lieu tôt ou tard, mais dont j'ai rarément caressé l'espérance d'être moi-même le témoin.

Quant aux autres, je les ai respectés de même, en me soumettant aux lois existantes, sans me mêler à aucune intrigue contre le gouvernement établi. Ces devoirs qui, tels que je les conçois, ne parlaient pas ainsi à ma raison, par défaut de courage, n'auraient cessé d'être quelque chose, à mes yeux, que dans le cas où le drapeau royal, déployé franchement contre l'étendard de l'usurpation, aurait marqué le poste où j'aurais dû courir pour obéir à ma religion politique. C'est ce que je fis après le 31 mai 1793; c'est ce que j'aurais fait, avec la même ardeur, dans la Vendée, si le hasard m'eût fait le compatriote des braves qui s'y sont immolés à la cause royale.

Que nos *Carbonari* n'aillent pas dire que ma conduite est l'apologie de la leur. Si j'avoue n'avoir cherché, par mes écrits, qu'à saper la révolution pas ses bases, qu'ils ne me disent pas qu'ils ne font autre chose, en sapant aussi, par les leurs, les bases de la religion et de la légitimité dont ils sont les ennemis, comme j'étais l'ennemi de leur république. En tout temps, les principes que j'ai professés seront avoués de tous les gens honnêtes, et même les gouvernemens contre qui ils seront dirigés se garderont de les contredire; les leurs, au contraire, éternellement en horreur aux gens de bien, couvriront leurs noms d'infamie aux yeux de la postérité, et, qui plus est, les gouvernemens qui, pour le malheur des peuples, pourraient en résulter, seraient

CHAPITRE II.

Autres souvenirs douloureux ou terribles où je puise des motifs de confiance pour mon avenir.

Grande surprise et grande joie chez mon oncle; épanchement de famille d'une heure et demie, après

---

bientôt conduits, par le seul instinct de leur conservation, à en proscrire la manifestation, sous les peines les plus sévères.

Par la même raison, si j'avoue l'existence des coteries royalistes, auxquelles j'ai refusé de m'agréger; qu'ils ne me disent pas que leurs ventes, leurs sociétés secrètes, ne sont pas autre chose, et que ce n'est qu'un préjugé d'opinion, et une affaire de position, si des idées de criminalité s'attachent à celles-ci, tandis que le souvenir de celles-là reçoit une sorte de lustre des circonstances actuelles: je les renverrais à ce que penseront nécessairement nos neveux des unes et des autres; et, en tout cas, je leur rappellerais ce que le Directoire et Buonaparte ont appelé la conspiration de Bareuth et la conspiration de George et de Pichegru, et je leur demanderais si le gouvernement royal n'a pas les mêmes droits à exercer et les mêmes devoirs à remplir vis-à-vis de ses ennemis déclarés.

Une agence royale a existé long-temps au milieu de Paris; j'ai vécu familièrement avec plusieurs de ses membres: ils n'avaient rien de caché pour moi. Si je n'ai pas pris part à leurs opérations, cela tient uniquement à la trempe de mon caractère, inca-

lequel mon oncle m'accompagne chez madame Durand, dont il a fallu que la famille Blanc, que nous avons visitée en passant, nous indiquât la de-

---

pable de dissimulation, et à mon horreur invincible pour tout ce qui peut troubler le repos public. Voilà pourquoi, par principes, je me serais éternellement refusé à jouer un rôle actif dans l'opposition royaliste, jusqu'à ce qu'un drapeau déployé m'eût permis de le faire à front découvert. Cela est arrivé après le 30 mars 1814. Or, la police de Buonaparte sait si, alors, j'ai marchandé un seul instant pour me prononcer. Demandez plutôt à M. Foudras, jeune, qui vint faire une descente chez moi, et visiter tous mes papiers, accompagné de six inspecteurs et de quatre gendarmes.

Mon maître a dit quelque part : « Qu'on me donne à conduire une affaire où il faille suivre rondement une route droite » et courte, j'y pourrai quelque chose : si elle exige des détours, » on fera mieux de s'adresser à un autre. » Ce passage, que je cite de mémoire, mais dont je suis sûr d'avoir rendu le sens, me convient parfaitement à tous égards ; ma franchise me donne le droit de m'en faire l'application. Conviendrait-il de même à nos libéraux, constamment occupés de lutter par des voies tortueuses contre le gouvernement existant ? Ceux d'entre eux qui se sont chargés de mener toute la bande, ne pensent pas comme Montaigne ; mais aussi pourquoi faut-il que ces citoyens aient ainsi leurs coudées franches ? Assurément, sous Buonaparte, on n'eût pas entendu parler, pendant deux ans de suite, d'un comité directeur, travaillant sans relâche à la destruction de son gouvernement. Aujourd'hui, une sorte de pitié niaise semble s'attacher aux conspirateurs pris sur le fait. Alors, avec plus de raison, on les considérait comme plus odieux et mille fois moins excusables que les voleurs de grand chemin.

(*Note de l'Éditeur.*)

meure.... M'indiquer, à moi, la demeure de madame Durand à Montpellier!... La révolution l'a donc chassée de celle où je passais ma vie avec son mari il y a sept ans?... Hélas! oui.... Quels crimes ont pu manquer à cette révolution maudite?

La respectable veuve ne veut pas que je parte demain, comme j'en avais le projet; elle me fait promettre de dîner avec sa petite famille, composée de trois enfans, son aîné étant à Lyon. L'un de ces enfans me montrera le portrait de son malheureux père fait de sa main. Comme je me trouvais bien chez cette vertueuse dame! Elle pleurait avec moi, je pleurais avec elle, et lorsque j'ai voulu m'excuser de renouveler ainsi ses regrets... « Au contraire, m'a-t-elle dit, cela me soulage. J'aime qu'on me parle de ma douleur; elle ne me quitte pas; mais un ami de mon pauvre mari comme vous le fûtes, me la rend plus douce et plus chère. Hélas! je ne tiens plus à la vie que par ce sentiment; ne craignez pas de le remuer dans mon cœur; il n'en peut plus, il n'en veut plus éprouver d'autre. »

Je n'ai quitté madame Durand qu'à dix heures du soir; notons qu'en y arrivant je l'ai trouvée avec la femme de son cousin Durand-Palerme, chez lequel elle est logée, et que, dans mon premier mouvement, j'étais tellement plein du plaisir de revoir la veuve de l'ami le plus cher et le plus vrai que j'aie jamais eu, que je n'ai fait nulle attention à la maîtresse de la maison. Il ne m'est pas seulement venu dans l'idée que je devais au moins de la politesse à la société d'une dame que je venais visiter. Il a fallu que la veuve de mon ami me dît : « Voilà ma cousine ; » et j'ai eu la gaucherie, quoique chez elle, d'excuser envers celle-ci mon abord plus qu'indifférent, sur ce que je ne l'avais pas reconnue..... Pauvre F.... tu seras toujours le même! Trop franc pour être assez poli, et trop abandonné aux premiers mouvemens de ton cœur !

Madame Durand projette un voyage à Paris. Si je dois y aller, comme je le lui fais entrevoir, elle veut y avoir mon adresse. C'est l'espoir d'obtenir justice contre la spoliation de ses enfans qui l'y conduit... Oh! si je pouvais avoir le bonheur de lui être utile pour le succès de ses démarches! combien je bénirais cette occasion de payer enfin un tribut de reconnaissance à la mémoire de mon ami!

J'ai oublié de dire que j'ai rencontré sur la route M. Roussel, qui m'a reconnu le premier. Il m'a fait beaucoup d'amitié, et m'a grondé de ne pas l'avoir attendu à Sette pour passer au moins vingt-quatre heures avec lui.

J'ai oublié encore de dire ce que j'ai éprouvé, ou plutôt les réflexions que j'ai faites, en passant devant l'église de Notre-Dame pour arriver chez mon oncle.

C'est devant cette église que le 2 décembre 1789, veille de mon départ pour Paris avec M. Durand-Palerme, je fus frappé de la foudre en sortant de la comédie vers dix heures du soir.

Lorsque la foudre tomba sur moi avec un fracas dont il est impossible de se faire une idée, et qui eût dû me rendre sourd, j'eus le sang-froid de réfléchir aux propriétés de la soie dont mon parapluie était couvert, et la présence d'esprit de lutter contre les terribles ébranlemens de l'atmosphère embrasé dans lequel je me trouvais plongé. Je retins avec force, dans une position horizontale, l'isoloir électrique dont j'étais armé. Un chien, qui se trouvait hors du cercle qu'embrassait mon parapluie, fut tué à mes pieds en passant, et la coquille de ce parapluie, quand je rentrai chez moi, se trouva fondue sur ma tête. On se rappelle encore à Montpellier les ravages bizarres que ce même coup de tonnerre fit dans l'église de Notre-Dame, où il entra en faisant un grand trou au mur, ce qui fit pleuvoir dans la rue des pierres qui m'auraient écrasé si j'eusse été à un pied plus près de l'église.

Le souvenir de ce danger, le plus grand sans doute que j'aie jamais couru, retrempe mon courage. La révolution a beau me poursuivre ; il est un Dieu qui me protége ; elle ne peut pas me faire périr. Les brigands dont j'ai à me défendre ne sont pas plus redoutables que la foudre, et je ne serai jamais menacé par eux d'aussi près que je le fus par le feu du ciel à l'époque que je rappelle. Rattachons-nous donc plus que jamais au système de défense individuelle que j'ai suivi jusqu'à ce jour. Puisque les lois ne me protégent plus, soyons mon protecteur moi-même, et malheur à qui, tandis que je m'attache sans relâche à respecter le repos des autres, voudra troubler le mien !....

Pour m'affermir dans cette résolution, qui, si elle eût été celle de tous les gens de bien en France, eût épargné des torrens de sang, des malheurs, des crimes sans nombre, je n'ai qu'à rappeler la vie militante que j'ai menée ici pendant deux ans, depuis l'affreuse nuit où, repoussant la force par la force, je fis le coup de fusil dans les rues de cette ville, et reçus dans mes bras M. de Boussairoles, blessé à mes côtés, jusqu'au 14 novembre 1791, où les honnêtes gens, désertant l'assemblée primaire, dont j'étais le secrétaire, m'y laissèrent seul avec le président, M. de Laclotte, qui, heureusement, m'empêcha de rentrer chez moi, où m'attendaient des assassins en embuscade, et me força à m'arrêter chez lui, où nous nous disposâmes à nous défendre en braves gens si nous étions attaqués.

N'ai-je pas reçu ce jour-là même une nouvelle preuve de la protection dont me couvre la Providence? Le danger que je courus dans la rue des Pénitens-Blancs fut-il moindre que celui dont mon sang-froid me garantit le 2 décembre 1789 ?

Sept des brigands qui firent ce jour-là tant de victimes, entre autres le vieux Dartis, qu'ils égorgèrent dans sa chambre ayant forcé la porte de sa maison, se présentent sur notre passage et tirent presque à bout portant sur M. de Laclotte, sur trois ou quatre fidèles qui nous accompagnaient, et sur moi, qu'ils vouent nominativement à la mort : deux de nos suivans sont tués à l'instant. Réfléchissant que ces assassins seront eux-mêmes saisis de terreur si je ne leur laisse pas le temps de recharger leurs fusils ; quoique sans armes, je m'élance sur eux en criant : « Ah ! misérables ! je vous tiens ! à moi, mes amis ! » Aussitôt, sans songer qu'ils pouvaient m'assommer à coups de crosses, ils tournent les talons et s'enfuient comme une volée de pigeons par une des rues latérales.

Je ne pourrais faire un pas dans cette ville sans y retrouver de tels souvenirs.

Par exemple, combien n'eussent pas péri à ma place le jour où soixante-dix patriotes, comme ils s'appelaient et s'appellent encore, ayant à leur tête un perruquier pour femme, devenu depuis le général D......., traversèrent toute la ville en hurlant leur *ça ira!* se dirigeant vers ma maison, rue du Cardinal, et montrant la corde destinée à me pendre à un réverbère?

Un ami effrayé les devance et me conjure de me cacher ou de m'enfuir... L'un ou l'autre parti eût causé ma perte; je le lui prouve par des raisonnemens sans réplique; il n'en est qu'un seul qui puisse m'offrir une chance de salut, et je l'adopte sur-le-champ. Je saisis mes pistolets d'arçon à deux coups, dont j'étais sûr, et jurant que, si je péris, j'aurai quatre avant-coureurs qui annonceront ma venue chez les morts, je descends dans la rue.

Déjà elle était remplie des cannibales qui en voulaient à ma vie. En m'apercevant, ils prennent le galop; je le prends moi-même, et m'avançant au-devant d'eux, je me dirige droit à leur chef, le perruquier pour femme. Celui-ci, se voyant presque à la portée de mes pistolets, s'arrête tout court en disant: « Des pistolets! j'en ai aussi; » et il fouille en effet dans ses poches. « Eh bien! brigand, lui répliquai-je, voyons qui visera le mieux.... » Je m'élance, le brigand recule, il fuit épouvanté, et il entraîne dans sa fuite toute sa bande.

De toutes les fenêtres, où mes voisins se pressaient les uns sur les autres, attirés par ce grand tumulte, partirent des applaudissemens, des bravos à n'en plus finir. « Que me font vos applaudissemens, criai-je à ceux qui étaient à portée de m'entendre? Imitez-moi, cela vaudra bien mieux. Voyez si ces lâches coquins supportent les regards d'un homme de cœur! »

En effet, ces coquins se tinrent pour dit de ne plus s'attaquer à moi, et lorsque, plus tard, ils s'intitulèrent le *Pouvoir exécutif*; lorsque, pour dompter par la terreur la résistance qu'éprouva long-temps l'exécution de la constitution civile du clergé, on les vit assommer à coups de bâton les citoyens jusque dans leurs maisons; si, ayant exprimé trop ouvertement l'horreur qu'ils m'inspiraient, je cédai aux instances du maire, qui exigea que j'allasse chercher un abri à Sette; l'évêque constitutionnel négocia entre eux et moi, comme de puissance à puissance, une espèce de paix, par laquelle ils promirent de me laisser tranquille, moyennant que je ne me mêlerais plus que de ce qui me serait personnel.

Je n'en finirais pas si je voulais rappeler ici tous les détails intéressans, pour moi du moins, de cette époque de ma vie militante. N'épuisons pas cette matière, et bornons-nous à tirer de ce que j'ai dit, surtout du danger que je courus le 2 décembre 1789, cette conclusion encourageante: c'est que le coup de foudre, qui me menaça de si près, sembla me dire que j'allais être poursuivi par une succession terrible d'événemens sinistres; mais que j'y survivrais si, au lieu de m'en épouvanter, je savais conserver mon sang-froid, comme je le fis dans ce péril énorme. Croyons au pronostic, et ne le laissons pas mentir par ma faute.

Du 17 avril. Déjeûné avec mon ancien camarade Aimé. Souvenirs tristes et agréables. Les premiers sont relatifs à son frère Job, membre des Cinq-Cents, déporté à Sinamary, et dont il n'a eu aucune nouvelle depuis son départ avec ses compagnons d'infortune, dont plusieurs doivent être bien étonnés de partager son sort, que tous n'ont pas l'honneur d'avoir mérité comme lui. Epanchemens mutuels qui m'ont fait passer quelques momens bien agréables.

Visite à madame de S..... Que de malheurs ont accablé, depuis que je ne l'ai vue, cette famille, jadis si opulente! A quelles afflictions il a fallu m'associer!... Et l'on voudrait me forcer à trouver notre révolution aimable!... Non, non : haine éternelle à ses auteurs et à ceux qui voudront marcher sur ses traces, ou profiter de ses forfaits!

Dîné chez madame Durand.... Je puis me dispenser d'écrire les sensations que j'ai éprouvées, pendant une conversation de trois heures, avec la veuve de mon ami. Si jamais elles s'effacent de ma mémoire, je ne me le pardonnerai pas à moi-même.

Vu, vu, revu, tant de vieilles connaissances que j'en suis las!..... Pensons à mon départ.

Quoi qu'il en puisse advenir, j'irai droit à Marseille.... J'annonce à ma femme mon arrivée pour samedi prochain; seulément, pour prendre langue avant d'entrer en ville, je l'avertis que je m'arrêterai à la bastide de madame Jean, et je l'y assigne pour midi.

CHAPITRE III.

Arrivée aux portes de Marseille. — Je ne puis y entrer. — Je suis forcé de me cacher dans Aix. — Détails domestiques. — Situation de Marseille. — Départ pour Paris.

Du 18 avril. Départ de Montpellier avec un capitaine marchand de Marseille; M. Lahora, consul d'Espagne à Toulon; et le général Bas..., directeur des fortifications à Nice.

Du 20. Un heureux hasard m'a fait trouver, dans ces trois compagnons de voyage, une société agréable et assortie à mes humeurs et à mes opinions.

Je voudrais bien avoir pu recueillir plusieurs de nos conversations. Il y en a eu une surtout, avec l'Espagnol, bien plus intéressante que celles que j'ai écrites à Valence, ou dans mon bateau, jusqu'à Sette. Mais j'étais oisif et isolé lorsque je prenais cette peine, et maintenant je ne suis que trop occupé, et bientôt je ne serai plus seul; je ne le suis même pas déjà dans ma voiture. Les chagrins, d'ailleurs, vont m'assaillir peut-être en foule, à ma rentrée en France: laissons là tous ces intérêts généraux dont j'ai fait ma pâture dans des jours d'ennui. Rejetons-nous sur mes intérêts particuliers: si j'en crois mes pressentimens, ils ne me laisseront pas manquer de besogne.

Du 21. Au tiers de mon chemin d'Aix à Marseille, je rencontre ma femme venant à ma rencontre dans une voiture particulière. Elle me force à rétrograder, et je redescends avec ma Virginie dans l'auberge de la Mule-Blanche, à Aix, d'où je suis parti ce matin.

Une lettre très détaillée de mon beau-frère me défend d'arriver à Marseille, où la révolution a repris toute sa fureur, et où le ressentiment des coups de bâton que je donnai, en présence de deux mille personnes, à des misérables qui voulurent m'arrêter en pleine bourse, comme émigré rentré, ce qui sauva ma liberté, m'environnerait de trop de périls.

Je les eusse bravés: irréprochable dans ma conduite, et fort de mon courage, j'eusse été défier sans crainte mes injustes ennemis.... Mais le moyen de résister aux terreurs d'une femme que j'aime, et à laquelle j'ai promis le bonheur qui dépendrait de moi! Je me rends donc à ses instances et à ses larmes.... Je partirai seul d'Aix pour Paris.... mais je partirai sans avoir vu ma fille!.... Quelle cruelle privation!.... Les caresses de ma femme, le plaisir que j'ai de la revoir dans mes bras, après huit mois d'absence, en adoucissent l'amertume, mais ne l'effacent pas.... Lorsque je me reverrai seul, je me retrouverai époux malheureux, et plus malheureux père.... Plions sous le joug de la nécessité. A quoi me servirait de me révolter contre mon sort?

Ma belle-mère avait osé se flatter que sa fille me quitterait ce soir.... Quelle idée!... Je m'y oppose : c'est bien assez que je m'en sépare demain!

Nous convenons que j'irai essayer de me transplanter à Paris, et que sitôt que j'y aurai pris mon assiette, ma femme viendra m'y joindre, sauf à nous faire envoyer notre enfant, que sa nourrice accompagnera lorsqu'elle pourra supporter un si long voyage. En attendant, on brisera, à tout prix, tous mes rapports avec Marseille.

A tant de chagrins enfantés par la malignité des circonstances politiques, il fallait que ma famille elle-même en ajoutât d'autres qui me sont encore plus cuisans! ma femme et ma mère ont cessé de se voir. La première a caché à celle-ci mon départ de Madrid, et mon arrivée à Marseille.

Ma mère ignore donc que je suis si près d'elle, et sans doute elle m'accuse, peut-être même elle s'effraie de mon silence depuis plus de deux mois, puisque mes lettres, pendant tout ce temps-là ne lui ont pas été communiquées! Quel enchaînement de contrariétés! Oh! je ne partirai pas d'ici sans voir ma mère. Je vais prendre un logement en ville pour quelques jours, ne pouvant rester dans cette auberge, trop fréquentée, sans compromettre le mystère dont il faut que je m'enveloppe; et je ne m'éloignerai qu'après avoir réparé, autant qu'il est en moi, tant de maux ou de torts sur lesquels je ne prononcerai qu'après avoir revu ma mère.

Quelle injustice, quelle noirceur et quelle lâcheté que la persécution dont je suis l'objet! Depuis mon départ de Marseille, un coquin de journaliste, qui, certainement, n'aurait pas osé prononcer mon nom une seule fois, si j'y étais resté, parce que je l'en aurais prié très poliment, me calomnie, à tort et à travers, pour ainsi dire, sans relâche.... Demandez-moi à ce drôle et à ses pareils de préciser contre moi un seul fait que je ne démentisse pas avec la plus grande facilité... Cependant il faut que je m'éloigne; ce misérable a tellement remué contre moi les passions de mes ennemis, qu'elles ne s'éteindraient que dans mon sang.... Ah! sans ma mère, sans ma femme, sans ma fille, sans ces liens si doux, mais si pesans, qui amollissent mon courage!... Mais la terreur de ma femme commande à ma raison et à mon cœur, qui se révolte en vain contre l'idée de reculer devant mes ennemis..... Fuyons donc, puisqu'il le faut, et allons chercher ailleurs, ou des hommes moins prévenus, ou des dangers peut-être plus sérieux, et surtout plus réels?

Pour ne pas brouiller mes dates, en ne suivant pas le seul almanach que je puisse me procurer en France, j'adopte, pour l'avenir, l'ère républicaine.

Du 3 floréal an VI. Ce n'était pas assez de quitter mon auberge, il fallait, pour ma sûreté, trouver une maison où je fusse à l'abri des investigations des révolutionnaires de ce pays, qui ne vaut guère plus que Marseille, depuis le 18 fructidor. A cet égard, je suis servi à souhait.

Une ancienne femme-de-chambre de ma bellemère est ici auprès de ses parens, auxquels sont confiées la garde et les clefs d'une maison inhabitée et dévastée, appartenant à M. Gaufridi-Bourguet.

On lit, sur la porte de cette maison, cette inscription, que je retrouve presqu'à chaque pas: *Propriété nationale à vendre*. Mais elle n'est pas encore vendue; ma femme obtient qu'on m'y donnera secrètement une chambre, qu'on a meublée, tant bien que mal, à la chute du jour ; et je m'y installe, pour n'en plus sortir qu'en partant pour Paris. La femme-de-chambre à laquelle je dois cet asile me visitera deux fois par jour pour m'y servir et m'y nourrir jusqu'au départ. Ma femme me quitte, chargée d'une lettre pour ma mère qui, sans doute, m'arrivera demain.

Du 4 floréal. Arrivée de ma mère. A la somme qu'elle m'apporte je reste émerveillé. Je ne conçois pas qu'elle ait pu parvenir à me préparer une telle ressource dans un moment aussi critique. Nous convenons de ce qui reste à faire pour vendre tout ce que ma femme et moi nous possédons dans ce maudit pays : je lui laisse mes instructions très détaillées, et je la laisse repartir afin qu'elle me revienne demain avec ma femme, ne voulant pas me séparer de tout ce qui m'est cher, sans avoir rétabli la paix de ma maison. Cette paix se fera devant moi.... Quelle cruelle nécessité que celle de ne pas reparaître à Marseille! La tourmente qui m'a repoussé malgré moi ne s'apaisera-t-elle donc pas? où s'arrêtera donc le système de destruction qui ensanglante encore le midi de la France? Eh! quoi! toujours du sang, au nom de cette république qui, déjà, en a tant coûté! toujours des haines personnelles, des préventions aveugles, des lois meurtrières et d'infatigables bourreaux!... Qui sait ce que sera la liquidation de ma maison de Marseille, sur laquelle le

18 fructidor a fait pleuvoir pour plus de 100,000 f. de faillites!... Que faire à cela?... Laisser aller les événemens, et courir au remède... M'accusera-t-on d'inconstance, moi peut-être, de tous les hommes le plus constant dans mes goûts, dans mes habitudes, et le moins disposé à me complaire au changement?... Laissons dire ceux qui voudront me blâmer de ne savoir me fixer nulle part. Etais-je le maître d'approuver ou même de laisser aller, sans la maudire hautement, une révolution telle que la nôtre? Mon horreur pour elle découle des principes honnêtes qui m'ont dirigé dans toutes les actions de ma vie; puisque je n'ai pu la cacher, j'ai dû marcher sur un sable mouvant: subissons-en les conséquences et n'envions pas le repos dont ont joui ceux qui ne me ressemblent pas.

S'ils pensent valoir plus que moi, parce qu'ils ont vu et supporté sans s'émouvoir ce que je n'ai pu m'empêcher d'exécrer hautement au péril même de la vie; s'ils appellent cela de la prudence... grand bien leur fasse! Mais je n'échangerai certainement pas ce qu'ils appellent ma folie pour leur sagesse, laquelle n'a en sa faveur que les événemens qui auraient bien pu et dû la démentir... O que les hommes sont injustes! qu'ils sont inconséquens! comme leur intérêt abrutit leur raison!

Du 6 floréal. Personne ne m'est arrivé! quelle

vie triste et languissante je mène ici! dans quel isolement je suis tombé!... A cinq lieues de tout ce qui m'intéresse, je végète ici sans consolation, même sans distraction.

J'ai voulu chercher des ressources en moi-même; j'ai appelé à mon secours la poésie qui, si souvent, dans d'autres temps, sut adoucir mes plus grandes peines; ma tête froide et sans idées ne peut rien enfanter, et mon cœur demeure opprimé. Preuve sensible que jamais je ne fus si abattu par le malheur..... Je me relèverai, je l'espère; si ma femme, réconciliée avec ma mère, me fait voir en elle une amie comme je crois mériter qu'elle le soit, je retrouverai, je le sens, mes forces naturelles et mon courage habituel.

J'écris à mon oncle à Montpellier, pour lui donner une commission; à L'h...., à Madrid, et lui fais le tableau du midi de la France; donné mon adresse à Paris, chez de Bésieux; *idem* à M. Simian et à MM. W... y LL... à Valence; donné mon adresse chez Enfantin frères; *idem*, à madame Durand; donné mon adresse à Lyon, chez Pomarel père et fils, et à Paris, chez de Bézieux.

Du 7 floréal. En vérité, je crois rétrograder vers mon enfance!

Dans cette maison dévastée, qui me sert de refuge, je passe seul et le jour et la nuit. De grands appartemens déserts, une longue bibliothèque, où il n'y a plus que les débris des rayons qui portaient ses livres, une vaste cour ombragée par de vieux marroniers d'où les hiboux poussent le soir leurs cris lugubres, voilà la solitude où je suis confiné.

Hier soir, prêt à entrer dans mon lit, j'éprouvai involontairement une de ces terreurs qui eurent tant de prise sur moi dans mon enfance.

Mon isolement m'effraya. J'appelai en vain ma raison à mon aide; mon imagination égarée dans le vide de ces appartemens nus et sombres, ne pouvait pas se rassurer.

Cependant je fis un effort sur moi-même, et je me mis à rire de ma sotte frayeur.

J'en riais encore en venant de parcourir, mon flambeau à la main, toutes les pièces de l'appartement, afin de m'éprouver moi-même, lorsque, rentré dans ma chambre, en posant ma lumière sur ma table, un objet, que je n'avais pas encore aperçu, fixa mon attention et excita ma curiosité.

Sur le rebord du lambris dégradé contre lequel cette table était appuyée, j'aperçus comme une espèce de bougie noircie d'un pouce et demi de long au plus.

J'y portai la main pour voir ce que ce pouvait être; je l'examinai attentivement, et ce fut avec peine d'abord, et ensuite avec une subite horreur, que je vérifiai que mes yeux ne me trompaient pas.

C'étaient les deux premières phalanges desséchées d'un doigt humain dont l'ongle noircie par le temps comme tout le reste, était parfaitement conservée. On eût dit que ce doigt avait appartenu à une de ces momies d'Egypte, telles que j'en ai vues dans plusieurs cabinets.

Dans la disposition où j'étais peu auparavant, cette découverte n'avait rien de bien agréable.

Qui avait placé là cette dépouille de la mort? à quelles fins? à quel être avait-elle appartenu?... Je me suis couché en me faisant ces questions insolubles, et toute la nuit, quelques efforts que j'aie pu faire pour les bannir de ma pensée, des images funèbres ont chassé le sommeil de mes yeux.

Le jour a ramené ma raison; la bonne fille qui me nourrit est arrivée pour faire ma chambre, et je lui ai présenté cette belle trouvaille.

Surprise et effrayée, elle a voulu la jeter dans la rue; mais je ne le lui ai pas permis, présumant que ce pouvait bien être une sainte relique que le propriétaire de la maison serait bien aise de retrouver, à quoi la bonne Adélaïde a répondu que cela devait être, parce que la maîtresse de la maison avait en effet des reliques, et que peut-être aussi c'était un des doigts de sa jeune fille morte il y a 15 ou 16 ans, et dont elle avait conservé le cœur dans l'esprit-de-vin.

J'ai renfermé avec soin ce doigt dans un papier et je l'ai remis à cette bonne fille en lui recommandant de le conserver pour le rendre à M. Gauffridi ou à ses dames à leur retour, si jamais il a lieu.

Quelle singulière anecdote! Puis-je me reconnaître dans ce rôle d'enfant que j'ai joué hier soir et durant la nuit misérable que je viens de passer?... Hélas! depuis huit jours, il semble que j'ai retrouvé toute la sensibilité, que dis-je? toute la faiblesse de mes jeunes années!

J'ai pleuré, mais à chaudes larmes, à Montpellier, en revoyant madame Durand; j'ai pleuré, en revoyant ma femme, surtout lorsque j'ai cru à tort voir de sa part un refroidissement pour moi dans la proposition qu'elle me faisait, par le conseil de sa mère, de s'en retourner le jour même.... D'où cela provient-il? Il y a au moins vingt ans que des pleurs n'avaient pas ainsi humecté mes paupières; pourquoi suis-je devenu tout-à-coup si susceptible, si peu en garde contre mes afflictions?.... Ah! je ne m'en plains pas: il y a une volupté dans ces larmes; ne regrettons pas de la goûter encore une fois... Cependant si ces larmes sont l'avant-coureur de quelque nouvelle disgrâce, que du moins elles ne m'amollissent pas, et reprenons cette énergie calculée que j'opposai de tout temps aux revers, puisant ma force dans ma conviction intime que je ne les ai point mérités.

Adélaïde, en m'apportant mon dîner, me remet une lettre de ma femme, où ma mère a écrit quelques lignes... Dieu soit loué! la réconciliation est en bonne voie!... Elles seront ici ce soir, l'une et l'autre, et, grâce au Ciel, cette nuit je ne serai plus seul: voilà du bonheur qui m'arrive.

Le voilà arrivé! il est sept heures du soir, je possède ma femme et ma mère. Adélaïde me procure les moyens de dresser un lit pour celle-ci, nous ne nous quitterons plus qu'au moment de mon départ.

Du 8 floréal. Ma femme me fait part d'une visite extraordinaire qu'elle a reçue en mon absence le 22 septembre dernier, et que j'aurais bien désiré pouvoir recevoir en personne.

C'est cet abbé Lagrange, autrement *Jeannot*, que je pris à ma suite en passant à Boulogne; que je ramenai en 1795 dans le Jura, où il allait rejoindre ses ouailles; auquel je me confessai en lui donnant à lire mes mémoires; et de qui je reçus mon absolution lorsqu'il me les rendit.

Ce digne ecclésiastique, dont l'idée qu'il courait peut-être au martyre en revenant dans sa paroisse ne servait qu'à enflammer le zèle, n'avait pu y rester après le 18 fructidor. J'avais échangé avec lui dans les premiers temps quelques lettres, qui n'eurent pas de suite; mais il avait accepté, dans l'une d'elles, l'offre que je lui avais faite de venir se réfugier à Marseille auprès de moi, plutôt que de quitter de nouveau la France, s'il était réduit à la nécessité d'abandonner encore ses paroissiens. C'est pour exécuter cette promesse, qu'il se présenta le 22 septembre à ma femme, que j'ai grondée de ne pas l'avoir reçu et installé dans ma maison. Ma mère a fait, pour lui, une quête parmi nos amis ; il a eu ainsi le moyen de se remettre en route, et il a laissé une lettre pour moi, par laquelle il me témoigne son regret de me trouver absent. Je lui écris à tout hasard à l'adresse qu'il me donne, au citoyen Martin, à Belleville en Beaujolais, *pour remettre à Lagrange*. Je l'invite, s'il n'est pas heureux, à venir me joindre à Paris, où je lui donne mon adresse chez de Bésieux.

Du 11 floréal. Toutes mes dispositions sont faites ; une place est arrêtée pour moi dans une voiture qui part demain pour Avignon ; la paix la plus parfaite règne dans ma famille ; on va travailler avec méthode et assiduité à transporter à Paris tous les débris de ma fortune : ma mère et ma femme me quittent après le dîner et s'en retournent à Marseille. Demain matin je serai éveillé avant le jour, et me voilà en route pour Paris.

CHAPITRE IV.

Séjour à Avignon. — Réminiscence. — Discussion sur les commissions militaires.—Départ pour Lyon.—Rencontre utile.

Du 12 floréal. En descendant de ma voiture, le hasard veut que l'ami Philippon se trouve sur la porte de l'auberge où je croyais loger.

Il me croyait perdu, n'ayant plus entendu parler de moi depuis la feuille de Poultier, qui me désigna, il y a sept mois, comme suspect, à la police de Paris.

Après m'avoir témoigné sa joie de me revoir, il m'a déclaré que je ne logerais pas ailleurs que chez lui; il y a fait emporter mes équipages, et j'ai été forcé de l'y suivre.

Je lui ai raconté, chemin faisant, comment je parai le coup que m'avait porté Poultier, ce qui l'a fait rire aux éclats; et, arrivé chez lui, je lui ai fait le narré rapide de mes courses depuis cette époque.

Accueil empressé de madame Philippon et de son beau-frère qui, demain, part pour Bordeaux où il va s'embarquer pour New-Yorck. Les liaisons que j'ai laissées à Madrid, et celles que j'ai depuis long-temps avec Cadix, engagent ce jeune homme à me faire part de l'objet de son voyage, pour le succès duquel je puis le seconder par moi-même ou par mes amis. Nous devons nous en expliquer par correspondance; il m'écrira de Bordeaux chez mes amis Enfantin frères.

Du 13. Philippon part demain pour Marseille; j'attendrai chez lui une occasion, que je fais guetter, pour Lyon. Je lui remets pour ma femme une lettre, où, informé de l'arrestation de M. Auguste Durand, laquelle a attiré à Marseille son frère de Montpellier, je la charge d'aller offrir à celui-ci mes services et ceux des amis que je vais retrouver à Paris, pour obtenir la liberté de son frère.

J'ai témoigné à Philippon le désir de revoir l'honnête jardinier qui était maire à Avignon lorsque j'y arrivai en juillet 1793, comme commissaire insurrecteur des départemens, au nom des sections de Marseille, et qui se jeta à mes genoux pour me conjurer de renoncer au dessein que j'avais conçu, et que j'aurais executé, de m'emparer, seul et sans armes, de cette ville où s'étaient retranchés tous les jacobins du Midi, contre les Marseillais qui s'avançaient pour les chasser de ce repaire. Mais mon ami n'a pu me procurer le plaisir de dîner avec ce brave homme; il ne s'est pas trouvé à Avignon.

Soupé ce même jour avec Philippon dans un jardin de société.

Du nombre des convives étaient plusieurs militaires, dont l'un a refusé, à plusieurs reprises, d'être membre de la commission militaire du département de Vaucluse, de laquelle, au contraire, un autre se trouve le capitaine-rapporteur.

J'ai été assez content de ces citoyens; mon républicanisme calculé, ils n'ont pas hésité à y croire et à lui donner même la préférence sur ce fanatisme exclusif qui a rendu si cruels, si injustes tant de cerveaux ardens qu'on voit ne point admettre hors de leur sphère de vrai patriotisme.

Cependant, le capitaine-rapporteur qui, d'ailleurs, m'a paru un homme honnête, a écouté avec un peu d'humeur mes principes contre les commissions militaires, et les regrets que j'ai exprimés de voir déférer les fonctions de bourreau à ces mêmes hommes auxquels, seuls, nous devons une gloire qui masque la laideur de nos crimes ou de notre lâcheté dans l'intérieur.

Si j'avais l'honneur, ai-je dit, de porter cet habit, que je respecte parce que, sans ceux qui le portent, nous serions le peuple le plus vil de la terre, rien au monde ne pourrait me contraindre à prononcer des jugemens de mort contre des hommes qu'il me serait défendu d'absoudre d'après le cri de ma conscience; même, comme soldat, je me refuserais à exécuter ces jugemens avec ces mêmes armes qui auraient châtié les ennemis de la France, et que je ne voudrais pas employer contre des malheureux sans défense (ce qui n'appartient qu'à des assassins), excepté dans les cas où la discipline militaire punit sur des militaires, des délits militaires.

« On vous y forcerait, m'a répondu le rapporteur. Un subordonné doit obéissance à ses chefs.

— Non, on ne m'y forcerait pas. Cette obéissance, dont vous me parlez, a ses limites. Qu'un général m'ordonne, à moi, soldat ou officier, d'assassiner un citoyen qui passe dans la rue; je lui refuserai mon bras; nul n'a droit de me commander le crime. C'est ainsi que pensèrent ces braves gens qui, dans plusieurs places de guerre, refusèrent d'égorger les protestans le jour de la St.-Barthélemy. Je suivrais leur exemple, au péril même de ma vie. — Si vous étiez à notre place, vous agiriez tout autrement; car si vous refusiez de juger un prévenu, on vous ferait un fort mauvais parti. — Je ne refuserais peut-être pas de le juger; mais, une fois son juge, si ma conscience m'ordonnait de l'absoudre, je l'absoudrais. —

Cela nous est défendu. — Par qui? — Par le ministre de la guerre. — Le ministre de la guerre a-t-il le droit de faire des lois?.... Que dis-je?.... est-ce une loi que celle qui réduit un militaire, faisant les fonctions de juge, à n'avoir à constater que des identités et à envoyer à la mort sans autre examen un malheureux convaincu d'être celui qu'on lui a désigné pour victime? En serait-ce une que celle qui établirait des juges, en leur ordonnant de condamner et en leur défendant d'absoudre? Encore un coup, je n'obéirais point, je ne suivrais que ma conscience; et, là où je verrais un innocent, je le renverrais libre à l'instant, dussé-je, au moment même, le remplacer à l'échafaud.... »

Cette conversation en est restée là. Je me suis éloigné un moment, par une circonstance dont l'objet ou m'échappe en ce moment ou est sans importance; et Philippon m'a rapporté que, dans cet intervalle, le capitaine-rapporteur m'a traité de fou: « Ma foi, a-t-il dit, je ne me soucie pas de mourir pour les autres, ce n'est pas moi qui ai fait la loi; si elle frappe des innocens, ce n'est pas ma faute: si ce n'était pas moi qui fusse chargé de l'appliquer, ce serait un autre; je ne dois donc pas m'en inquiéter, puisque je ne suis, dans tout cela, qu'un instrument passif. »

Je conclus de ce que me rapporte Philippon, que le courage du bout des bras est bien peu de chose, comparé au courage de l'âme, et qu'il est plus d'un héros à sabre qui, en certains cas, ne serait qu'un lâche à côté de moi.

Au reste, cet officier a l'air doux et honnête, et je le crois tel; mais il est impossible que les fonctions qu'il remplit ne dénaturent pas son caractère, et je ne serais pas étonné, si jamais nous nous revoyons, de le retrouver un méchant homme, ne fût-ce, un jour, que par amour propre, et pour ne pas rougir ostensiblement d'avoir été membre soumis d'une commission militaire..... Que voilà bien là une juste application de la fable que je viens de faire avant de me coucher.

LE LOUP ET LE CHIEN.

(*Voyez mon recueil de fables, page* 124.)

Du 14 floréal. Je viens d'arrêter une place dans une voiture qui, pour trente-six francs, me conduira à Lyon. Je l'aurais souhaitée pour aujourd'hui. On joue, le soir, le Pharaon dans la société où je suis lancé et où je suis forcé de faire comme tout le monde; je n'aime pas le jeu, et je crains surtout celui-là.

Du 15. J'ai eu du bonheur aujourd'hui; j'en ferai profiter ma femme. Demain madame Philippon m'accompagnera pour aller acheter une robe pour ma Virginie à laquelle madame Crémieu veut bien se charger de la faire remettre en mains propres par un de ses parens qui va à Marseille.

Du 16. Je fais enlever mes bagages; demain matin à trois heures je serai éveillé pour monter de suite en voiture; je prendrai définitivement ce soir congé de madame Philippon et de sa société.

Ne sachant que faire de mon après-midi, je m'amuse à lire chez Philippon, qui a dans sa bibliothèque une très belle édition de Caldéron de la Barca. J'y ai remarqué, dans l'HÉRACLIUS, OÙ TOUT EST VÉRITÉ ET TOUT MENSONGE, des scènes qui m'ont paru sublimes et que j'aurais désiré trouver dans le Corneille qui a traité le même sujet.

J'en ai imité une en vers pour me distraire... je la trancris sur ce cahier.

(*Voy. mes Essais de poésie* en 2 vol., imprimés par Dentu.)

Du 22 floréal. Arrivé hier soir à Lyon. Ecrit de suite à ma femme et à L'h....

Revenons sur mes pas, et parlons de mon voyage, dont je n'ai rien écrit depuis le départ d'Avignon.

En arrivant à la voiture, j'ai été reconnu par un compagnon de voyage qui m'a sauté au cou. C'était M. Dupont que j'ai connu, il y a deux ans, à Marseille, inspecteur des transports militaires. Nous nous sommes mutuellement félicités de cette rencontre fortuite; en effet, c'est quelque chose, dans ces voitures publiques, que le hasard vous assortisse à votre gré.

M. Dupont conduisait avec lui la fille, âgée de trois ans, de mon ami M. Achard; cette enfant a sa bonne avec elle; une jeune avignonaise allant joindre son amoureux à Lyon, complétait la caravane.

Si pendant la route l'oisiveté du voyage eût été accompagnée, comme sur mer, de la possibilité d'écrire mes remarques de tous les instans, que de conversations intéressantes avec des militaires, des députés nouveaux se rendant à leur poste, j'aurais pu recueillir! Comme j'y aurais peint les bigarrures de l'esprit français! Comme notre position s'y démontrerait précaire et forcée! Mais il eût fallu écrire à l'instant même, comme je l'ai fait jusqu'ici, et, pour ainsi dire, sous la dictée de mes interlocuteurs, et non en ce moment, où, malgré moi, mes idées prendraient la place de celles des autres....

Cela reste en gros dans ma tête, et c'est assez pour moi.

Cependant, je ne puis m'empêcher de noter que j'ai eu plusieurs fois à réfléchir sur l'inconvénient que probablement aura enfin l'abus que le gouvernement fait aujourd'hui de la force militaire. Je ne suis pas le seul à penser ce que j'ai dit à Avignon au capitaine-rapporteur de la commission de Vaucluse.

Le soldat murmure; il se plaint de se voir employé comme bourreau; l'officier lui-même commence à rougir de l'être comme juge révolutionnaire.

Le ressort populaire était usé; on a employé celui-ci à sa place; mais il s'use à son tour. Je me trompe fort, ou nous arriverons plus tôt que je ne l'avais prévu dès long-temps, au moment où il faudra lui en substituer un autre... Où le prendra-t-on?

A Saint-Fonds, pendant que nos chevaux reprenaient haleine, une voiture s'est arrêtée à la poste pour prendre le dernier relai. Je m'approche et j'embrasse Cabanellas, qui se rend à Paris.

Il est seul dans sa bonne chaise de poste; je lui demande et il m'accorde une place pour achever avec lui mon voyage à frais communs; je prends congé de mes compagnons, je charge le voiturier que je quitte, de me faire apporter mes équipages à l'hôtel du Parc dès son arrivée à Lyon, et je monte dans la chaise de Cabanellas, avec lequel je descends à cet hôtel du Parc, où nous prenons une chambre commune.

CHAPITRE V.

Arrivée à Lyon. — Rappel de l'ambassadeur de France à Madrid. — Arrivée à Paris. — Jardins publics. — Mont-de-piété. — Souvenir d'un projet plus digne d'estime que la révolution a fait avorter.

Des rencontres, des reconnaissances, des embrassemens à chaque pas. Cela ne finira que lorsque nous nous remettrons en voyage.

Du 23 floréal. En dînant chez mon ami Tansard, un M. Deserre m'informe de l'arrivée à Lyon de l'ancien consul de France à Cadix, auquel je fis à Madrid, il y a quelques mois, les honneurs de l'ambassade dont j'étais l'âme alors. Je le trouve à l'hôtel des Célestins. Il se rend à Naples et part ce soir même; nous n'aurons pas le temps de nous revoir.

Il m'apprend que le successeur du général Pérignon à Madrid est rappelé honteusement, et que Perrochel, auquel il doit livrer de suite le portefeuille de l'ambassade, est remis sur le meilleur pied.... Voilà une petite vengeance!.... C'est sans doute une suite du retour de Ség.... à Paris.

Serait-il vrai que j'aurais eu tort de ne pas attendre en Espagne ; comme cet envoyé extraordinaire m'y avait exhorté en me quittant, l'effet de ses promesses pour le succès de mon projet ? J'aurais dû calculer que l'ambassadeur rebelle à l'autorité du ministre, était bien faible de reins pour lutter avec un M. de Taleyrand, et que celui-ci ne pouvait pas tarder à le briser comme un verre... Oui : mais, en attendant, pendant la courte durée de la faveur fugitive dont cet ambassadeur a joui à la cour d'Espagne, sa haine sans motifs contre moi aurait pu me susciter des tracasseries qui auraient rendu mon séjour à Madrid impossible. Qui sait si, après avoir arraché cette cédule royale contre les Français réfugiés, il n'aurait pas poussé sa folle audace jusqu'à me la faire appliquer en me rayant des matricules de sa chancellerie ?... Me voici en France ; plus de regrets du passé ; ne nous occupons plus que de l'avenir et de ma réunion à Paris avec toute ma famille.

Visité le jeune Durand à sa pension à la Croix-Rousse. Je n'ai pas besoin de noter le plaisir que m'a fait la vue de cet aimable enfant. Lui-même il en a montré beaucoup à me voir ; mais quelle différence entre les sensations que j'en ai éprouvées et les siennes !... C'était tout naturel. Cette jeune tête, heureusement pour elle, n'est pas, comme la mienne, pleine des souvenirs les plus déchirans. Le malheur qui a frappé sa famille, et qu'elle sentira plus tard, est à peine un rêve pour elle. Age heureux, use du privilége de ton insouciance! Il n'arrivera que trop tôt le temps des chagrins, des soucis, auquel nul homme fait n'échappe, dans quelque situation qu'il se trouve!

Du 24 floréal. Départ pour Paris.

Du 27. Arrivée à Paris, où je descends avec Cabanellas à l'hôtel de l'Europe, à huit heures du matin.

J'en informe, par un commissionnaire, de Bézieux, qui m'arrive moins d'une heure après. Il me remet une lettre de ma femme, à laquelle je ne dois plus écrire que *poste restante*, afin d'éviter que les miennes ne tombent dans des mains indiscrètes qui, déjà, machinent des obstacles à sa réunion avec moi.

En sortant de l'hôtel, vers midi, je me heurte avec Gat... qui ne me quitte plus de la journée. Il me force à prendre chez lui mon premier repas. J'y dîne avec l'honnête Mich...; et, avec les dames de celui-ci, que nous allons prendre le soir chez elles, je termine ma première journée à Idalie.

Oh! quel tourbillon que ce Paris! de quels brillans oripeaux la folie y habille la révolution! Qui, au fracas dont je viens d'être le témoin, reconnaîtrait une nation encore accablée d'un 18 fructidor? On s'étourdit ici en dansant sur la cendre des morts. Que n'ai-je le temps de recueillir toutes les sensations que j'ai éprouvées au milieu de cette bacchanale!

Mais il n'y a pas à plaisanter ; il faut sérieusement que je me défende de ce genre de distraction pour ne songer qu'à me créer au plus tôt une nouvelle existence dans cette capitale; jusque-là, je dois ajourner ma philosophie, qui ne me mènerait à rien.

Du 28. Visite à madame de St.-F... ; à F. de L'... ; à Ab... ; écrit à ma femme *poste restante.* En écrivant cette adresse, j'ai éprouvé un serrement de cœur : à chaque pas, nouveaux sujets de chagrin!...

Rentré le soir à mon hôtel de très bonne heure ; l'habitude triomphe de la résolution que j'ai prise hier de ne plus écrire mes souvenirs : tâchons que ce soit la dernière fois que je cède à cette fantaisie, qui me ramène à ma soirée d'hier.

J'ai peine à me plier ici au tableau que me présente, au sein de la misère générale, le contraste des fêtes bruyantes, des spectacles brillans, et des dehors de la gaîté qu'on retrouve partout.

On n'entend parler que de rigueurs injustes, de mesures oppressives de la part d'un gouvernement que le crime a créé et qui ne peut se soutenir que par le crime ; et cependant une jeunesse méprisable, que ce même gouvernement ne voit que d'un œil ennemi, s'abandonne au plaisir!

Les jardins de nos fugitifs sont trop peu spacieux pour la contenir; ils dansent, les misérables! ils dansent à la lueur des lampions, sous des feuillages qui redemandent leurs anciens propriétaires, mais qui, bientôt, détruits par la foule indiscrète, seront perdus, même pour ce public qui ne sait en jouir qu'en les dégradant chaque jour davantage.

Abîmez le moins possible! voilà ce qu'à chaque pas j'ai entendu crier dans toutes les allées par les valets des entrepreneurs de ces fêtes. Abîmez le moins possible!... On abîme donc?... Ah! sans doute, et l'on ne s'arrête pas *à ce moins possible* qu'on récommande avec tant d'inutiles soins. Je n'ai presque vu personne dans cette nombreuse foule qui n'eût à la main une branche provenant des arbustes qui ornent le jardin. Comment la nature suffirait-elle à une reproduction capable de réparer ces pertes, répétées chaque jour?

Combien nous sommes devenus destructeurs! Aussi les anciens hôtes de ces bosquets, jadis si rians et si solitaires, les oiseaux gazouillans, qui en augmentaient le charme, les ont-ils désertés. Le fracas de plusieurs milliers de fous, le bruit d'une musique qui certainement ne vaut pas leur aimable ramage, les feux de mille lampes qui chassent les ombres des nuits, les artifices étincelans qui remplissent l'air de soufre et de fumée, les fusées, les pétards, les bombes, les ont chassés de leur asile. On est réduit à imiter le chant des rossignols dans les broussailles que ces hôtes aimables ont abandonnées, pour que le Parisien y retrouve la nature dans toute sa beauté; et il l'y retrouve en effet, car, pour lui, le mensonge, même démontré tel, ne diffère en rien de la vérité!

J'ai parcouru Paris pour mes affaires, m'étant promis de ne penser qu'à elles; cependant je n'ai cessé de promener involontairement autour de moi mes yeux observateurs.

Il faudra absolument que je me déshabitue de cela; j'en recevrais des distractions qui me seraient nuisibles. Cela viendra sans doute; à la longue je me blaserai là-dessus comme l'est ici tout le monde; mais il ne faut pas attendre que ce soit l'affaire du temps; il faut que ce soit l'œuvre de ma raison; j'en jouirai mieux et plus vite.

Pour ce soir, je vais sans conséquence noter ce que le relâchement ou la corruption habituelle des mœurs dans cette immense ville m'a présenté de plus frappant.

Sur le boulevard du Temple, à côté des salles de spectacle et des autres lieux de plaisir qui y sont amoncelés, j'ai lu cette inscription : *caisse de prêts sur* NANTISSEMENT. Autrefois on disait SUR GAGE. L'oreille aujourd'hui en serait offensée, les prêteurs sur gage ayant fini par se rendre trop méprisables. Les prêteurs *sur nantissement* ne le sont pas moins, et leurs anciens n'étaient pas pires; mais ce terme nouveau a fait diversion en leur faveur : jusqu'à ce qu'il soit usé à son tour, ils feront moins d'ombrage à un peuple imbécile.

Mais, qu'importe le mot, puisque la chose existe et existe publiquement! Admirez d'ailleurs comme ce bureau de prêt est placé admirablement à côté du libertinage, au centre du chef-lieu de la corruption!

Je serais curieux de comparer les prêts qui se font au boulevard du Temple et autour du Palais Royal, et les effets remis en gage par les emprunteurs, avec les prêts et les nantissemens réciproquement fournis dans les quartiers où se fait sentir la misère réelle, tels que quelques recoins du faubourg Saint-Marceau.

Quoi qu'il en soit, l'usure, jadis réprimée par les lois et flétrie par le mépris public, non-seulement lève aujourd'hui une tête insolente, mais encore elle se proclame la bienfaitrice des malheureux qu'elle achève de ruiner. C'est au nom, et au profit de ce qu'on appelle le *Mont-de-Piété*, que cette foule de bureaux de prêts dont Paris est parsemé, pressurent les malheureux qui ont recours à eux, de la manière la plus scandaleuse.

Le Mont-de Piété reçoit, de toutes mains, des fonds qu'on lui apporte à quatre pour cent contre ses simples obligations, et il les distribue à ses emprunteurs à douze pour cent sur des nantissemens, dont la vente, toujours facile, garantit son remboursement; et cependant les frais de ses bureaux intermédiaires sont à la charge des emprunteurs, et portent jusqu'à vingt pour cent, selon les cas, ce que coûte à ceux-ci cette usure.

Pour qu'un tel état de choses puisse exister, il faut des temps tels que le nôtre, où il n'y a plus ni honneur, ni pudeur; où, en un mot, on ne connaît qu'une seule passion, la soif de l'or, que chacun cherche à satisfaire par toute sorte de moyens.

On colore le ravage qu'exerce le Mont-de-Piété d'un prétexte qu'on croît spécieux, mais qui ne peut en imposer qu'aux simples ou aux esprits inattentifs. Ses bénéfices exhorbitans, extravagans, inexcusables, sont, dit-on, pour les hôpitaux; le peuple n'y perd donc rien, puisque c'est pour lui que sont préparés ces asiles.

Ainsi, c'est le peuple lui-même qui paye cette bienfaisance que le corps social se vante fastueusement d'exercer envers lui! Mais voyez quelle inconséquence! On compte pour quelque chose les profits que l'administration des hospices va puiser dans cette source empestée ; et l'on compte pour rien le plus grand nombre des malheureux sucés jusqu'au sang, que le Mont-de-Piété mettra à la charge de cette administration quand leur ruine sera complète ! Ne vaudrait-il donc pas mieux songer à diminuer le nombre des misérables, et, par conséquent, la dépense des hôpitaux, que d'augmenter celle-ci par l'effet des ravages qu'exerce à leur profit l'effroyable usure dont je viens de faire le tableau révoltant !

Un Mont-de-Piété devrait prêter, tout au plus, à quatre pour cent, tous frais compris, jusqu'à concurrence du fonds spécial dont il serait doté, lequel s'accroîtrait d'une année à l'autre, soit par des fondations pieuses, soit par le produit successif de cet intérêt modéré. A moins de cela, la religion, la politique et la philosophie, d'une commune voix, le considèreront comme un fléau de plus ajouté à tant d'autres fléaux que l'homme s'est forgés lui-même.

Ces réflexions me rappellent une idée que je présentai au maire de Montpellier, mon pauvre ami, M. Durand, en lui rapportant les 15,000 fr. qu'il avait prêtés sans intérêt et sans époque fixe de remboursement à un honnête homme dont ce secours sauva la perte.

Il dépensait tous les ans 80,000 francs en actes de bienfaisance. Je lui proposai d'employer cette somme indifféremment, soit en dons, soit en prêts qui se convertiraient tout naturellement en dons pour ceux qui ne les rembourseraient pas.

Par ce moyen, les ressources des malheureux dont il était le père, se trouveraient augmentées d'année en année, les remboursemens opérés s'ajoutant aux 80,000 francs que sa bienfaisance consacrait à cet emploi pieux.

Je voulais que les sommes remboursées formassent un fonds séparé qui ne pût jamais servir qu'à de nouveaux prêts, également sans intérêts et sans époque; au moyen de quoi, à la longue, ce fonds aurait formé un capital très important, à côté duquel il eût été impossible, qu'à Montpellier, il existât jamais une seule souffrance née d'un besoin d'argent qui ne fût pas soulagée à l'instant même.

Le respectable maire approuva cette idée, sur laquelle les événemens m'ont empêché de revenir : je ne doute nullement qu'il l'aurait mise à exécution, si le tribunal révolutionnaire de Paris, moins de deux ans après, n'eût tranché le cours d'une si noble et belle vie.

CHAPITRE VI.

Mes dernières observations dans les rues de Paris. — Faiseurs d'horoscope. — L'Aveugle du bonheur. — Loterie de France. — Aveugles mendians. — Plan de Tontine universelle pour l'extinction de la mendicité.

Reprenons le fil de mes observations de la journée.

Ailleurs, j'ai vu une foule assemblée autour d'un misérable couvert de haillons qui obstruait la voie publique, pour lire dans la main, ou chercher dans de vieilles cartes le sort de quelques imbéciles dont il taxait la pitoyable crédulité. Jadis, un tel métier était du moins réduit à se cacher ; aujourd'hui, c'est en plein jour, c'est sous les yeux de la police qu'il affronte les mœurs et rançonne ses dupes ! Et l'on viendra me dire ensuite qu'il ne faut point d'erreurs au peuple et qu'il peut se passer de superstitions ! Hélas ! ôtez-lui celles qui vous blessent, il ne tardera pas à en retrouver d'autres, et il aura de plus à subir les souffrances que vous lui aurez occasionnées pendant tout le temps de la mue. Philosophes !

philosophes ! quand finirez-vous vos inutiles déclamations ?.... Allez, comme je l'ai fait pendant dix minutes, assister à une séance en plein vent d'un de ces diseurs de bonne aventure, et voyez où ont abouti vos efforts, pour arracher au peuple ce que vous appelez ses préjugés, comme si ce que vous voulez mettre à la place est aussi autre chose que des préjugés.

Voici une observation de la même farine, mais peut-être un peu plus sérieuse.

Au bas du Pont-Saint-Michel, je me suis arrêté sur le quai qui remonte vers la place de Grève, devant un appareil de loterie, où un aveugle faisait tourner sur deux pivots un long rouleau bariolé de diverses couleurs, en criant à son nombreux auditoire : « voilà la série de la félicité, voilà la série de l'espérance, voilà la série du repos parfait, etc. »

Au haut de son appareil, dressé sur une table où étaient disposées des cases étiquetées, renfermant de petits morceaux de papier sur chacun desquels étaient écrits trois numéros, depuis 1 jusqu'à 90, on lisait : l'*Aveugle du bonheur.*

Chacune des bandes du rouleau que l'aveugle faisait tourner avait son inscription particulière, *série de la félicité*, etc. A mesure qu'une série était en évidence, il puisait dans les cases, ayant la même étiquette, ses petits morceaux de papier portant trois numéros, qu'il distribuait aux bonnes femmes, et même aux hommes qui lui en demandaient, moyennant la bagatelle d'un sou.

J'ai eu la patience de rester là pendant une heure vingt minutes pour compter la recette de ce jongleur, autour duquel la foule se renouvelait à tout instant; et j'ai été stupéfait lorsque j'ai eu acquis la certitude que, dans ce peu de temps, mon aveugle avait empoché neuf fr. onze sous, c'est-à-dire, avait fait cent quatre-vingt-onze dupes, et préparé autant de mises à la loterie de France, autre araignée bien plus rapace dans la toile de laquelle toutes ces mouches avaient couru se jeter sur la foi de l'aveugle du bonheur.

En deux autres endroits j'ai ralenti mon pas pour suivre de l'œil deux autres aveugles qui, chacun conduit par une femme, marchaient à petits pas dans la rue le long des boutiques, en jouant du violon, pour réveiller l'attention et exciter la pitié des passans.

Je les ai successivement observés pendant longtemps; ils n'ont pas reçu une seule aumône, excepté la mienne. La foule allait, venait, les côtoyait dans tous les sens sans détourner la tête; les marchands, enfouis dans leurs magasins, ne leur donnaient pas un regard. En revanche, des enfans de six ou sept ans les suivaient en dansant, tantôt en rond, tantôt séparés, au son de leur violon. Quand l'aveugle avait fait vingt pas inutiles pour lui, plusieurs de ces enfans retournaient chez eux, d'autres prenaient leur place, ce qui lui composait un cortége qui se renouvelait de moment en moment.

J'ai remarqué que c'étaient particulièrement de jeunes filles que ce violon mettait ainsi en mouvement.

Quel contraste entre la gaîté naïve de ces enfans et la misère de ces aveugles! Ah! c'est bien là un emblême fidèle de nos temps actuels! Voyez danser les Parisiens à Tivoli ou à Idalie : en quoi diffèrent-ils de ces enfans? S'ils jouissent de ces beaux jardins, c'est parce que les propriétaires en sont chassés et n'ont aucun asile assuré dans le monde; ce sont donc ces propriétaires qui payent les violons de ces fêtes; en quoi, à leur tour, diffèrent-ils des aveugles dont je viens de parler?.... Si j'en avais le temps, je ferais une fable sur ce sujet qui me semble assez intéressant.... Mais encore des fables! Mon histoire a assez de quoi m'occuper, sans que j'aille songer à des fables... Pensons sérieusement aux moyens de gagner ma vie, et laissons aller le monde comme il lui plaît, puisqu'aussi bien tout ce que je pourrais dire et faire ne changerait pas son allure.

Avant de quitter pour toujours, je l'espère, mon rôle tantôt d'Héraclite, tantôt de Démocrite, consignons ici une idée que la vue de la mendicité, errante au milieu de Paris, où elle se montre à chaque pas sous mille formes différentes, m'a fait passer par la tête aujourd'hui ; peut-être un jour serai-je bien aise de l'y retrouver.

L'Angleterre, plus frappée peut-être qu'aucun autre pays de cette lèpre des peuples modernes, dont l'esclavage domestique affranchissait les peuples anciens, s'impose chaque année, sous le nom de taxe des pauvres, 120 ou 130 millions, consacrés à détruire la mendicité; nous sommes loin d'avoir la tentation, et même les moyens relatifs, d'adopter cette conception politique.

Mais ne pourrait-on pas jeter les bases de quelque chose d'analogue, et préparer, de longue main, un moyen tout aussi puissant d'empêcher qu'un seul Français, devenu inhabile à gagner sa vie, soit par ses infirmités, soit par sa vieillesse, ne tombât dans l'extrême misère, et de le mettre jusqu'à sa mort à l'abri de la nécessité de mendier son pain?

Il me semble que l'on y parviendrait sans de grands efforts, en adoptant le plan que je vais esquisser.

Il faudrait en attendre les effets salutaires pendant cinquante ans; mais qu'est-ce que cinquante ans dans la vie des nations? N'est-il pas clair que si, il y a cinquante ans, on eût exécuté ce que je vais dire, nous en jouirions aujourd'hui, et que désormais il n'y aurait plus de pauvres en France, par conséquent, plus de mendicité; car alors le gouvernement aurait le droit de la réprimer comme un vice et de la punir comme un délit ?

Je voudrais que, dans chaque municipalité, les employés qui tiennent les registres de l'état civil, fussent chargés de percevoir au profit d'une caisse centrale, établie à Paris, une somme de 10 fr. sur chaque naissance, pour laquelle ils délivreraient aux parens du nouveau-né un brevet, lui donnant droit à une pension de 300 fr. Lorsque, parvenu à l'âge de cinquante ans, ou étant atteint d'une infirmité qui le mettrait hors d'état de travailler pour gagner sa vie, il rapporterait dans des formes prescrites la preuve irrécusable qu'il n'a aucun autre moyen d'existence, ou bien que ceux qu'il a, par une voie quelconque, n'arrivent pas à 300 fr., cas auquel la caisse centrale de Paris lui compléterait cette somme.

Lorsque les parens du nouveau-né ne pourraient acquitter ce droit de 10 fr., il serait payé au nom de celui-ci par le percepteur de la commune, et prélevé sur les revenus municipaux ; chaque commune ayant intérêt à ce que tous ceux qui y naissent acquièrent ce droit éventuel d'une rente de 300 fr., au moyen de quoi elle ne serait plus dans le cas d'avoir des pauvres à sa charge.

Tous les trois mois, cette recette serait versée aux percepteurs de l'impôt direct, qui en tiendraient un compte séparé, et la reverseraient de l'un à l'autre, en suivant l'ordre établi pour les recettes au profit de l'État, dans la caisse centrale de Paris, laquelle convertirait tous les fonds en provenant en inscriptions sur le grand-livre, produisant un intérêt de cinq pour cent, dont les arrérages seraient convertis en valeurs semblables à mesure de leur recouvrement.

Je calcule, d'après le terme moyen des tables de mortalité de Buffon, combinées avec celles de Déparcieux, qu'il y a, dans la vieille France seulement, huit cent mille naissances par an, ce qui procurerait une recette annuelle de 8 millions.

Or, ces 8 millions, et leurs arrérages accumulés pendant cinquante ans, créeraient, en rentes sur l'État, un capital énorme, qui serait d'autant plus suffisant pour assigner 300 francs de rente viagère à tout Français nécessiteux, que ceux-ci seuls y auraient droit, quoique ceux de toutes les classes eussent contribué à le former.

Il me semble que cette idée est du nombre de celles qu'un gouvernement sage peut faire examiner, et ne doit pas dédaigner d'adopter, s'il acquiert la démonstration de la facilité de son exécution. Quant à son utilité, je ne la crois pas contestable, et je ne pense pas qu'on puisse être tenté de me nier qu'elle est mille fois préférable à la taxe des pauvres en Angleterre.

Je ferme mon cahier pour ne plus le r'ouvrir. D'autres soins m'appellent tout entier. N'ayons pas à me reprocher de leur avoir refusé une minute.

CHAPITRE VII.

Divers événemens. — Fruit que j'en retire. — Je prends la résolution de ne me mêler que de mes affaires. — Je me fixe à Paris, ce qui complète le dénoûment de mon voyage en Espagne.

Du 11 messidor. Je suis forcé de le r'ouvrir : mais, cette fois, je m'en fais le serment, je n'y reviendrai plus. Ce serment, j'y serai fidèle à coup sûr, car je vais être accablé de travail; c'est beaucoup, beaucoup si je puis y suffire.

J'ai conçu une opération des plus brillantes et des plus sûres, pour laquelle j'avais besoin d'un capital de 150 mille francs. Je l'ai proposé successivement à plusieurs amis, entre autres à Ség..., chez lequel dînait, ce jour-là, le vicomte de Per.... auquel je n'ai pu éviter d'en parler; tous ont voulu en être, et presque tous demandaient à être chacun mon unique bailleur de fonds, ce à quoi je me suis refusé pour multiplier mes appuis.

Enfin, ma société est formée, et déjà tout est en train d'exécution.

J'ai le plaisir d'avoir donné à de Bézieux un intérêt dans le mien, avec une très bonne place, et d'avoir caché dans mon administration, comme inspecteur, avec un fort bon traitement, mon ami le comte de M..., que je déterminai à me suivre, lorsque je rentrai en France, par la Suisse, et qui est venu se réfugier auprès de moi à Paris.

Quant à moi, indépendamment du fort intérêt qui m'est attribué, je jouis d'un traitement considérable, outre mon logement et un cabriolet entretenu aux frais de ma maison.... J'ai donc donné à ma femme et à ma mère l'ordre de me joindre ici sur-le-champ, et de m'arriver avec ma fille, que sa nourrice accompagnera.

Que me faut-il, maintenant, pour être heureux dans ma position, et pour ne plus être troublé comme je l'ai été tant de fois? Être sage.

Mais le suis-je en effet? Puisqu'il n'y a plus aujourd'hui d'honneur à acquérir; puisque cette marchandise est à présent si décriée; puisque, comme les hommes de mon temps, je ne dois plus songer qu'à acquérir de l'or, que, plus heureux que plusieurs d'entre eux, j'acquerrai du moins par une voie honnête et en faisant le bien de mon pays; ai-je assez secoué mes chimères? ai-je assez calmé mes passions pour n'être plus que l'homme de la fortune?

Les Muses, je dois les oublier. Que me rapportent-elles? Un refus chez les *Décadiers philosophes*, auxquels j'ai présenté ma traduction de Calderon de la Barca, qu'ils n'ont pas jugée digne de leur journal; j'ai fait plusieurs autres vermines, depuis que je suis à Paris, mais elles s'enterrent dans mon porte-feuille, ne me donnant pas même le plaisir d'être critiqué, car je ne les montre à personne, dans la crainte que l'ennui qui les a enfantées, ne soit contagieux, et ne se communique à mes auditeurs, qui, en conscience, ne méritent pas d'en pâtir.... Cependant hier, chez M. Després, il m'a fallu lâcher un impromptu pour la fête de de Bésieux, qui est parti aujourd'hui pour les affaires de ma compagnie. Je n'ai pu refuser à sa femme un couplet, que sa fille a appris et chanté sur-le-champ. Il est mauvais, très mauvais.... Cela m'avertit de n'en plus faire d'autres; aussi bien, ce petit genre ne m'a jamais tenté.

Il est donc DÉCIDÉ que je ne ferai plus de vers.

Mais de la politique? en ferai-je encore? Me mettrai-je encore aux prises avec les municipes, les policiens, les jugeurs de feuilleton, les journalistes, avec tout ce cortège révolutionnaire dont j'ai été froissé depuis neuf ans?

Oh! pour cela il faut y renoncer! c'est bien mille fois pis pour moi que le culte solitaire des Muses!

Mais peut-on se flatter de pouvoir assez s'isoler pour n'avoir rien à démêler avec tous ces gens-là: et, avec mon caractère, saurai-je assez en fuir les occasions?

En huit jours, voici ce qui m'est arrivé.

Perrochel m'écrit de Madrid : sa lettre me paraît bonne à donner à un journaliste : j'en forme le dessein : un de ces messieurs me demande la préférence, la trouvant très piquante en ce qui concerne l'ex-ambassadeur, qui, tout rappelé qu'il est, ne se presse pas d'obéir à l'ordre qu'il a reçu de quitter Madrid sans délai.

N'ayant pas le temps de faire moi-même un extrait de cette lettre, je la confie au journaliste, après avoir exigé et reçu sa promesse de taire celui qui écrit, et celui à qui on écrit... Le même jour cette lettre, tronquée, et précédée d'une impertinence, est sur sa feuille, *avec le nom de Perrochel!*

Je me récrie, je me plains : au lieu de laisser tomber la chose, ce qui eût mieux valu peut-être, j'essaie de la réparer par une lettre au journaliste, où je rétablis le texte de celle de la veille... Celui-ci supprime ma lettre, et aggrave le mal en copiant encore Perrochel, et en le nommant sur nouveaux frais.

Ség... m'en porte ses justes plaintes. Le ministre M. de Taleyrand s'en plaint aussi. Je promets de réparer cela.... Mais c'est irréparable; il n'y a que l'oubli pour remède, et c'est à lui que j'ai recours.

Qu'il m'en reste, du moins, la leçon de ne plus jouer avec les journaux. Les lire est déja trop, peut-être; les alimenter, et se mettre à leur discrétion, c'est bien pis!

Je DÉCIDE donc encore que j'éviterai toute espèce de contact avec les journaux. Fussé-je de nouveau attaqué, calomnié par eux, comme je l'ai été si souvent, je laisserai, sans m'en émouvoir, sans daigner leur répondre, la feuille du lendemain couvrir d'un éternel oubli la feuille de la veille. Il y a un proverbe très expressif, très vrai, qui s'accorde parfaitement avec cette résolution. Je n'oserais l'écrire; mais il s'applique si bien au cas dont il s'agit, que je ne saurais trouver ailleurs une meilleure autorité.

Autre sottise!...

Le 7 de ce mois, je passais sur le boulevard Italien. Un groupe nombreux arrêté devant un des cafés qui font face au théâtre, attire mon attention. Une curiosité machinale my pousse.... Ce sont des jeunes gens qui se laissent insulter par deux de ces soldats qu'on dit soudoyés par le Directoire pour maltraiter *les muscadins*. Ces jeunes gens avaient des cadenettes, et les soldats les accablaient d'injures, menaçant de les leur couper. Indigné de la lâcheté des uns, et de l'insolence des autres, j'apostrophe d'abord ces jeunes gens: « Quittez donc ces cadenettes, leur dis-je, puis-» que vous ne savez pas les défendre. Lâches que » vous êtes, faut-il que des gueux de cette espèce » vous insultent impunément? » Immédiatement je m'élance sur les soldats, je les saisis au collet l'un après l'autre, et les chassant devant moi en les faisant pirouetter comme des toupies: « Misérables! leur dis-je, que vous ont fait ces » jeunes gens? Que leur demandez-vous? Que » vous importe leur toilette? Est-elle faite à vos » dépens? Sachez que c'est nous tous qui vous » nourrissons, qui vous habillons, et que nous » ne payons pas les soldats pour être insultés par » eux dans les rues. A votre caserne, coquins! » Si l'un de vous dit un mot, je l'assomme. »

Mes spadassins déconcertés ont balbutié quelques excuses; je les ai poussés hors de la promenade, aux yeux des badauds ébahis, qui, sans doute auront reçu en vain la leçon que je leur ai donnée, et j'ai continué mon chemin, recevant d'un air de mépris les applaudissemens de ceux dont je venais de prendre la défense, et ceux de la cohue qui les environnait.

Je juge maintenant cette action de sang-froid. Elle était à sa place, si j'eusse porté des cadenettes, si on les eût querellées, et si, à leur occasion, on m'eût insulté personnellement. Mais prendre, comme je l'ai fait, la défense des plus méprisables poupées, des esclaves les plus abrutis!..., c'est ce que je ne devais pas faire, et c'est ce que je ne ferai plus. Félicitons-nous de ne pas être un homme à modes; d'être uni, simple, uniforme dans ma mise comme dans mes mœurs... Si, par hasard, j'avais des cadenettes, il n'est pas de considération qui me déterminât à les quitter.... Mais aussi!... Laissons désormais ceux qui les portent subir les conséquences nécessaires de leur frivolité et de leur lâcheté.... C'est chose DÉCIDÉE: je ne dois plus m'en mêler désormais.

Autre incident!

Avant hier, 9 messidor, à huit heures du soir, j'étais occupé de l'examen de nos premières écritures, lorsque je reçus un billet d'Ab..., daté du bureau central.

En allant y faire viser son passeport pour Melun, où il a une propriété, on l'y a retenu; et il m'appelle à son secours.

Sans me laisser le temps de réfléchir, je monte dans mon cabriolet et j'y cours à l'instant.

Toutefois, chemin faisant, je m'interroge sur ce que je puis en telle circonstance. La prudence me dit de ne pas me mettre en regard avec la police. Mon passeport n'est point en règle, il n'est pas visé au bureau central; j'existe à Paris sans autorisation, sur la foi un peu frivole d'une demande que j'en ai adressée par la poste au ministre de la police. Que vais-je donc faire au bureau central, et de quel secours pourrai-je être à Ab..., quand j'en aurais besoin pour moi-même ?

Malgré ces considérations je poursuis mon chemin, j'arrive, et je trouve mon ami aux prises avec des commis qui le retiennent comme émigré, et ne veulent même pas lui permettre d'aller prendre chez lui les papiers qui l'absolvent de ce prétendu crime.

Je m'offre en otage pour lui acquérir cette faculté qui doit économiser du temps lorsqu'un administrateur paraîtra à son poste.... Refus. J'offre mon cabriolet, où un homme de la police montera avec mon ami pour le ramener, après qu'il aura pris ses papiers... Nouveau refus.

Je me répands alors en murmures peu révérentieux qui d'abord choquent les commis, mais qui bientôt leur imposent silence.

Je me récrie sur ce qu'il n'y a pas un seul administrateur au bureau central; on m'allègue qu'ils sont tous en conférence au département.

Je réplique qu'un d'eux aurait dû rester puisque les bureaux ne peuvent rien prendre sur eux en leur absence; ou bien qu'ils auraient dû laisser, à un employé quelconque, des pouvoirs suffisans pour expédier des affaires aussi simples que celle qui m'a amené; on me répond qu'il est impossible de ne pas attendre un administrateur.

J'attends donc, mais tempêtant sans relâche, maudissant les lois qui entravent si désagréablement les mouvemens des citoyens honnêtes, comparant ces lois à l'épée de Damoclès, etc.

Enfin arrive un gros homme, auquel le commis du bureau où je suis avec mon ami, dit un mot de l'affaire; j'apprends que c'est un des administrateurs du bureau central nommé le citoyen Cousin; je vais à lui aussitôt; je me plains de ce qu'il a quitté son poste depuis si long-temps; je lui dis les offres que j'ai faites et qu'on a refusées; mais vu l'heure avancée, je demande qu'on renvoye au lendemain la justification de mon ami, et j'offre mon cautionnement pour qu'il soit à l'instant renvoyé libre sur ma parole.

Cela m'est accordé de suite, sans qu'on songe même à me demander qui je suis, parce que je m'annonce avec assurance *comme un homme connu*, et que l'administrateur répète, d'après moi, *que je suis un homme connu*, au moyen de quoi mon cautionnement doit suffire.

Je jette Ab.... chez lui et je rentre chez moi à une heure du matin.

Suis-je blâmable dans cette scène? j'y ai joué le rôle d'un ami zélé; en cela elle doit me plaire: elle est bien dans mon caractère obligeant. Mais n'ai-je pas poussé ce zèle jusqu'à l'imprudence ?

J'en suis sorti à mon honneur; soit! mais tout autre à ma place eût-il été au bureau central servir de répondant en fait d'émigration, quand il en aurait eu besoin pour lui-même ?... Ab... lui-même, en positions inverses, serait-il venu à mon secours comme je suis venu au sien ? Corrigeons-nous de cette véhémence; écrivons-le du moins, promettons-le à mon journal : tiendra parole qui pourra.

Me voici arrivé au dernier incident, qui n'est qu'une conséquence de celui qui précède, ce qui doit me servir de leçon. Il date d'aujourd'hui.... Espérons qu'en effet ce sera le dernier.

Hier, j'ai reçu du bureau central un billet ainsi conçu :

« Le citoyen F..... est invité à se rendre demain » matin, à onze heures très précises, au bureau » central, muni de tous ses papiers. Il demandera » le bureau du citoyen Salior, administrateur. »

Je calculai de suite que le cautionnement que j'avais donné pour Ab...., avait engagé le bureau central à rechercher sur ses registres quel était cet homme *si connu* qui s'était rendu garant pour un autre avec tant d'assurance; et je conjecturai que n'ayant trouvé mon nom sur aucune de ses tables alphabétiques, il m'appelait pour avoir de moi une explication.

Mais on me recommandait d'apporter mes papiers, et je n'en avais point, ou, du moins, l'unique que j'avais, mon passeport, n'était pas en règle, il ne portait d'autre visa que ceux de Port-Vendre et de Sette, où, arrivé par mer, je n'avais pu m'empêcher de le produire.

Pour trancher le nœud de la difficulté, j'imaginai de feindre que je n'avais pas compris ce qu'on me demandait, et voici comment je m'y pris :

Je fis appeler sur-le-champ le papetier de mon administration, M. Bougron, rue Montmartre, avec invitation de m'apporter, comme échantillons, une feuille de chacune des espèces de papiers qu'il avait dans son magasin, avec sa dénomination dans le commerce et son prix, réglé au plus bas, pour comptant.

Deux heures après M. Bougron m'arriva avec un rouleau formé de plus de quarante espèces de papiers, portant chacune en tête les indications désirées.

Après avoir marchandé ses prix, non pas en détail, mais en gros, j'obtins de lui la promesse d'une remise de sept et demi pour cent, et je le congédiai en gardant son rouleau, sur lequel, s'il y avait lieu, je lui ferais ma commande.

Ce matin, à onze heures précises, je suis arrivé au bureau central.

Parvenu de cascade en cascade, au bureau de l'administrateur Salior, sur la porte duquel était écrit : *ici on s'honore du titre de citoyen*, ce qui n'a rien changé à ma résolution de suivre l'habitude que j'ai de n'employer que le mot de *monsieur*; je l'ai trouvé occupé à expédier un particulier qui m'avait précédé, et je me suis placé en face de sa cheminée sur le chambranle de laquelle j'ai posé mon rouleau de papiers.

L'opération dont il était occupé ne finissant pas, j'ai remarqué que, sur une table placée entre la cheminée et la fenêtre, à deux pieds, au plus, de distance de celle où il écrivait le dos tourné au jour, il y avait plusieurs médailles étalées. Pour me distraire, ou peut-être plutôt, pour me donner un air d'assurance, je me suis placé en face de cette table et me suis incliné pour examiner ces médailles.

« Citoyen, m'a dit aussitôt l'administrateur, qui, de temps à autre, m'avait lancé jusqu'alors un regard furtif, citoyen, on ne doit pas jeter ici ses yeux sur les papiers.

» — Monsieur, lui ai-je répliqué en me tournant vers lui (à ce mot de monsieur, il a froncé ses sourcils, il a changé de couleur et a pris un air sombre); monsieur, je ne m'occupe point de vos papiers; mais, comme ami des arts, vous me permettrez de jeter un coup-d'œil sur ces médailles.»

Il n'a rien répondu et a continué d'écrire; peu après, j'ai repris tranquillement ma place devant la cheminée, et j'ai attendu que mon tour arrivât enfin.

Après avoir expédié mon devancier, l'administrateur s'est levé et m'a adressé la parole; je transcris littéralement notre colloque.

Salior. — « Citoyen, qu'y a-t-il pour votre service?

Moi. — Monsieur, j'allais vous faire cette question moi-même. J'ai peur que vous vous soyez trompé et que vous m'ayez pris pour un autre, en croyant que je faisais le commerce de papiers; mais c'est égal, Monsieur (chaque monsieur sorti de ma bouche semblait lui déchirer l'oreille), ce commerce-là ne m'est pas inconnu, et je ferai votre fourniture tout comme un autre.

Sal. — Je ne sais ce que vous voulez dire, citoyen; je n'ai nul besoin de papiers.

Moi. — J'en suis fâché, Monsieur: voilà mes échantillons que je vous apportais; je vous assure que vous auriez été très content de mes qualités et de mes prix.

Sal. — Qui diable vous a dit, citoyen, de m'apporter des échantillons?

Moi. — Parbleu, Monsieur, c'est une lettre que j'ai reçue hier du bureau central, par laquelle on m'invite à venir à vous avec tous mes papiers, ce qui m'a fait penser qu'on m'avait pris pour un papetier.

Sal. — Qu'est-ce donc, citoyen, que cette mauvaise plaisanterie? Sachez qu'il n'y a pas à plaisanter avec le bureau central?

Moi. — Je n'ai, Monsieur, nulle tentation d'y songer; mais enfin voilà ce qu'on m'a demandé.

Sal. — Où est cette lettre dont vous parlez?

Moi. — La voilà.

Je remets la lettre; l'administrateur la lit, et prenant une mine rébarbative, après m'avoir dit: « citoyen, il ne s'agit pas de cela, » il va chercher un registre alphabétique, l'ouvre à la lettre F, lit l'article qui me concerne, lance sur moi un regard menaçant, se relève, va prendre dans un carton un imprimé en blanc, se rassied, remplit à la main les blancs de ce papier, le tout sans proférer une parole, et enfin, le tournant vers moi en me présentant une plume qu'il a trempée dans l'encre, il recommence ainsi notre colloque:

Sal. — Citoyen, signez là votre soumission de sortir de Paris dans les vingt-quatre heures.

Moi. — Moi, Monsieur? Pourquoi faire? Paris m'appartient comme à vous; vous n'avez pas le droit de m'empêcher d'y respirer l'air que vous y respirez vous-même.

Sal. — Citoyen, je vous répète l'ordre de signer cette soumission.

Moi. — Je vous répète, Monsieur, que je ne la signerai point.

Sal.—Vous la signerez, ou je vais vous faire arrêter.

Moi. — Je vous en défie, Monsieur. »

Ici il tire un cordon de sonnette; un garçon de bureau se présente; il lui commande de lui envoyer de suite un inspecteur de police. Après quelques nouveaux débats, l'inspecteur se montre, et l'administrateur lui adresse ces mots: « conduisez-moi cet homme là au dépôt. »

Je lance à l'inspecteur, en le toisant de bas en haut, un regard dédaigneux qui lui fait perdre contenance; il n'ose faire un pas de plus et reçoit l'ordre de se retirer, ce qu'il fait à l'instant, en refermant la porte, lorsque m'étant retourné vers son chef, j'ai en dit à celui-ci : « Monsieur, prenez garde à ce que vous faites; je me flatte que vous ne répéterez pas cet ordre-là. »

Resté seul avec l'administrateur, le colloque reprend ainsi son cours.

Moi.—« Quel est donc, Monsieur, le motif qui vous fait me traiter comme un vagabond qu'on peut faire partir ainsi d'un pays dans vingt-quatre heures ? Savez-vous bien que je suis à la tête d'une grande administration que le ministre de l'intérieur protége, et qui ne peut se passer de moi ?

Sal. — Je le sais, citoyen ; mais vous n'avez pas demandé de permission pour rester à Paris.

Moi. — Pardonnez-moi, Monsieur ; j'ai écrit pour cela au ministre de la police. Si ce ministre n'a pas fait son devoir en ne me répondant pas, ce n'est pas ma faute ; quant à moi, je soutiens que je suis en règle, et vous n'avez rien à me dire.

Sal. — Ce n'était pas à lui que vous deviez vous adresser.

Moi. — Ma foi, Monsieur, je n'ai pas le temps de chercher à qui il faut que je m'adresse. Les honnêtes gens comme moi sont toujours en état de donner sur leur compte toutes les satisfactions qu'on peut désirer d'eux ; ils ne vont pas s'embarrasser de tant de soins. C'est l'affaire des mauvais sujets de se plastronner de papiers ; ceux-là sentent à tout moment le besoin d'être toujours ce que vous appelez *en règle* : d'où je puis conclure, je crois, l'inutilité de tout le paperassage dont on nous a emmaillotés depuis la révolution, ce qui, un jour, pourra fort bien tourner contre ses propres inventeurs ; quant à moi, je vous l'avoue, Monsieur....

Sal. — Ce n'est rien que tout cela, citoyen. Il serait facile d'arranger les choses s'il n'était question que de cette permission, qu'il faut absolument que vous demandiez. Mais vous êtes dénoncé au bureau central comme n'employant dans votre administration que des émigrés.

Moi. — Des émigrés, Monsieur! Est-ce donc qu'il y en a en France? Je vous déclare que c'est, comme on dit familièrement, le cadet de mes soucis. Lorsqu'un homme se présente à moi pour une place que j'ai à donner, je ne lui demande pas s'il est émigré, par la raison que je croirais faire une injure aux magistrats qui sont chargés d'empêcher les émigrés d'exister dans la république. Je sais qu'il y a des lois passablement brutales qui les en chassent; je sais qu'il y a un bureau central chargé de veiller à ce que ces lois soient exécutées; cela me suffit. L'homme qui me demande une place ne peut pas être un émigré, car le bureau central est là pour me répondre du contraire; je me borne donc à lui dire : A quoi es-tu bon? Que sais-tu faire? Si sa réponse me satisfait, je l'emploie sans aucun scrupule et sans autre examen. »

Nous en étions là lorsque la porte s'est ouverte, et j'ai vu entrer mon ami F... de L'..., à la vue duquel l'administrateur est allé au-devant de lui, en lui tendant la main avec empressement.

Ce membre du conseil des Cinq-cents, prévenu de ma venue au bureau central par un de mes employés, qui, connaissant mes liaisons avec lui, avait été de son chef lui en faire part, arrivait à mon aide.

A l'accueil amical que je lui ai fait, et à la manière dont il y a répondu, Salior, déjà très radouci, a redonné cours au colloque qui s'est terminé ainsi :

Sal. — Vous connaissez le citoyen?»

F... de L'... — C'est un de mes bons amis.

Sal. — Quel diable d'homme!

F... de L'... — Oui; il a une tête du diable.

Sal... — Il y a une heure que nous disputons ici; je n'ai pas pu le faire reculer d'un pas.

F... de L'... — C'est vrai; il ne recule guère.

Moi... — Tenez, Monsieur Salior, vous m'avez l'air bon homme au fond. Voulez-vous savoir qui je suis? Voulez-vous voir de près si ma présence à Paris est de nature à inquiéter le gouvernement? Acceptez de venir dîner demain avec moi. Notre ami commun, F... de L'..., ne refusera pas d'être de la partie.

Sal. — J'accepte volontiers.... Vous m'avez l'air d'un bon vivant (et il m'a frappé sur l'épaule).

F... de L'... — Oh! pour ça, je vous en réponds.

Sal. — Franchement, j'aime ce caractère-là. Il m'a plu, je ne m'en cache pas.

Moi. — Je le crois sans peine, Monsieur; il a déjà plu à bien d'autres. »

Ici finit cette scène tragico-comique. Aujourd'hui MM. Salior et F... de L'... dînent chez moi... Il y a à parier que ma permission de séjour à Paris m'arrivera sans que je m'en mêle.... DÉCIDONS qu'après cela je m'arrangerai de manière à n'avoir plus rien à démêler avec le bureau central.

FIN DU QUATRIÈME ET DERNIER LIVRE.

CONCLUSION.

Me voilà fixé à Paris. Ici doit s'arrêter mon VOYAGE EN ESPAGNE.

Les événemens subséquens, tout ainsi que ceux qui l'ont précédé, appartiennent à d'autres divisions de mes Mémoires; ils seraient déplacés ici.

Maintenant, examinerai-je si j'ai, ou non, rempli l'attente de mes lecteurs, préparés, dès le début, à trouver, dans cet ouvrage, un intérêt de circonstance et d'utiles applications à faire à la situation actuelle de l'Espagne?

C'est ce que je m'interdirai.

Il ne m'appartient pas d'en juger le mérite, quant au fond; d'ailleurs l'opinion que j'en ai s'est déjà assez manifestée, puisque je me suis décidé à appeler le public à en juger lui-même. A moins de me supposer fou, il est clair que je ne lui aurais pas présenté ce volume, s'il m'eût paru trop indigne de ses regards.

Je ne m'occuperai donc ici que de sa forme.

Écrit pour moi seul, sans art, sans déguisement, et pour ma seule instruction personnelle, cet ouvrage aurait pu être plus châtié; ce qu'il peut offrir d'intéressant, aurait pu être dégagé des détails, quelquefois oiseux qui le surchargent sans utilité; j'aurais pu le remanier, pour lui donner plus de méthode ; et sans doute quelques critiques, auxquels je suis très éloigné de le contester, ne manqueront pas d'en faire la remarque.

Les uns me feront peut-être la grâce de croire que, si j'eusse voulu en prendre la peine, je n'aurais pas encouru les reproches qu'ils me feront à cet égard. Ils se borneront donc à blâmer ma paresse.

Les autres accuseront, tout simplement, mon impuissance; et, déjà peu contens du fond, ils seront impitoyables pour la forme, sans songer aux motifs qui m'ont déterminé à lui conserver sa naïveté originelle.

Ces motifs, je les ai déjà indiqués; je persiste à croire qu'ils ont dû être décisifs pour moi, puisqu'il s'agissait de ne pas compromettre le droit incontestable que j'ai à la confiance de mes lecteurs.

Aussi quoi qu'on en puisse dire, dans l'intérêt de l'art; à mon tour, dans l'intérêt de la vérité, je répéterai pourquoi mon ouvrage ne ressemble en rien à ceux du même genre qui ont paru jusqu'à ce jour.

Puisqu'un étranger, homme d'honneur, a possédé, à mon insu, pendant huit ans, mes mémoires, que, de son aveu, il a lu *à plusieurs reprises et avec intérêt*; j'ai voulu, qu'indépendamment du manuscrit original, que je conserve, pour être en état de prouver *que je n'y ai rien changé*, le témoignage non suspect de cet honnête homme pût me défendre de la supposition qu'on voudrait faire, mais contre laquelle je proteste d'avance, que je les ai accommodés au moment présent.

On y trouve, et en assez grand nombre, des passages qui paraissent avoir été fabriqués après coup. J'ai donc dû user de cette précaution contre certaines gens intéressés à jeter du doute sur la fidélité de mes récits, pour échapper aux conséquences que les esprits judicieux se croiront en droit d'en tirer.

Pour moi, ces conséquences sont :

Qu'en 1798, une sourde fermentation travaillait l'Espagne d'une manière très inquiétante pour ceux qui, comme moi, sont pénétrés d'une invincible horreur, d'une implacable haine pour les révolutions (1);

---

(1) J'ai toujours distingué entre les *révolutions et les révolutionnaires*. Ceux-ci, je les ai toujours plaints ; et, pour leur propre bien, comme pour le nôtre, je n'ai cessé de souhaiter qu'un gouvernement sage et ferme leur épargnât la peine qu'ils se donnent pour troubler notre repos, et à nous l'ennui, le dégoût, souvent même les inquiétudes qu'ils nous causent par leur turbulence loquace.

J'ai, de tous les temps, compté des amis parmi eux ; j'en eus, j'en ai encore de toutes les opinions, par la raison que je n'ai su,

Que cependant le génie anti-religieux de la révolution française, offrait peu de chances favorables au petit nombre d'illuminés qui, sans trop de mystères, soupiraient après l'instant où ils pourraient l'introduire dans la péninsule;

Que si, d'abord, favorisés par quelques circonstances, ils parvenaient à réaliser leur chimère et à obtenir une apparence de succès, bientôt le bon sens espagnol reculerait devant les conséquences des doctrines modernes, et que, loin de prendre racine sur cette terre rebelle aux novations, ces doctrines pestilentielles, repoussées au-delà des monts, n'auraient servi qu'à raffermir, sur sa base antique et respectée, la religion, dont cette lutte passagère aurait retrempé le ressort; et à rallier plus que jamais, autour du trône, la nation éclairée sur les projets définitifs de ses agitateurs;

Que lorsque Buonaparte eut la folie de croire

de ma vie, ce que c'est que la haine.... A moins que ce que j'éprouve, depuis quelques années, pour deux ou peut-être trois brouillons (pour trois, je n'en suis pas tout-à-fait sûr moi-même; il se pourrait que le troisième ne m'inspirât que mépris et pitié; mais pour deux, le fait est constant), ne soit en effet de la haine. Je suis d'autant plus disposé à le croire, que, bien loin d'éprouver de la répugnance à nourrir le désir de le leur déclarer en face, il me semble que je m'en ferais une volupté, et que je ne marchanderais pas sur le prix, s'il m'en fallait acheter l'occasion.

qu'il lui suffirait d'escamoter la famille royale d'Espagne pour imposer aux Espagnols un roi tel que son frère Joseph; une telle insulte, en révoltant le juste orgueil de cette noble et généreuse nation, lui imprima un mouvement de résistance au milieu duquel elle a jeté sa gourme révolutionnaire et s'est purgée des levains dangereux qui couvaient dans son sein;

Que si, pendant cette glorieuse lutte, qui apprit à l'Europe à ne plus s'effrayer du colosse fantasmagorique devant lequel elle avait plié le genou, quelques cerveaux, atteints de la manie du siècle, imaginèrent d'enfanter, au milieu du tumulte des armes, un chef-d'œuvre d'extravagance qu'ils appelèrent *une constitution*, que personne ne leur demandait; le grand, le noble intérêt pour lequel, alors, la nation se tenait debout tout entière, l'empêcha d'attacher la moindre importance à ce code de l'anarchie, dont elle ne s'occupa pas un seul instant, et pour lequel elle n'avait encore exprimé ni mépris, ni estime, ni affection, ni haine, lorsqu'une poignée de révoltés le fit sortir tout-à-coup du juste oubli dans lequel il était enfoncé;

Qu'un des effets les plus salutaires de cette même lutte qui, comme je l'ai déjà dit, débarrassa l'Espagne de sa gourme révolutionnaire, fut d'animer d'un même esprit toute sa population, de la réunir en un seul parti, de la pousser vers un seul but, l'expulsion de la race étrangère qui avait envahi et souillé le trône d'un Bourbon, et l'extermination des armées du Tamerlan moderne;

Qu'ainsi se trouvait satisfait le besoin d'agitation qu'éprouvait antérieurement une partie de la nation; d'où devait résulter que, la crise passée, le retour du roi légitime eût été suivi d'un calme profond et durable, si les contrecoups d'un aussi fort ébranlement ne se fussent étendus jusqu'au Nouveau-Monde, ce qui a amené le phénomène, de l'autorité royale, méconnue, déniée, avilie et détruite par ceux-là même qui, dans la Métropole et dans ses colonies, s'étaient armés pour sa défense;

Que si le roi d'Espagne avait médité sur ce que l'état actuel de l'Europe impose de devoirs aux princes qui tiennent en leurs mains ses destinées; s'il avait senti qu'il est des circonstances où les rois doivent payer de leur personne; s'il avait calculé qu'ils doivent et pourquoi ils doivent à leurs sujets fidèles de ne pas marchander avec la révolte et d'aller droit à elle pour l'étouffer ou s'en faire étouffer : à la première nouvelle de l'attentat de l'île de Léon, il y serait couru, eût-il dû y arriver seul; là, s'emparant, en personne, du commandement de son armée, il aurait fait, d'un mot, rentrer dans le devoir ses soldats saisis de respect et enivrés d'admiration; Riégo et Quiroga auraient été pendus à la tête du camp, et la nation entière, à jamais fière de son roi, eût célébré avec le plus ardent enthousiasme cet acte de courage qui lui aurait conservé son repos et la source de ses richesses que la révolte impunie a taries sans retour;

Que la conséquence de l'immobilité de ce prince, tandis que les révoltés s'avançaient avec arrogance pour lui imposer une loi ignominieuse, a été ce qu'elle devait être; mais que ce n'est pas en Espagne que ce succès s'affermira sans être rigoureusement contesté;

Que l'Espagnol qui, généralement, a le cœur droit et l'esprit juste, n'adoptera jamais comme digne de son obéissance, un co le turbulent que des soldats rebelles ont présenté à son roi et lui présentent à lui-même le sabre à la main;

Que le spectacle qu'offrent quelques villes de la péninsule, où la révolution a pris un aspect effrayant, ne prouve rien contre ce que j'avance; car, on ne peut pas l'oublier, la France a présenté le même phénomène, alors que cinquante scélérats assassinaient tout Marseille sans éprouver de résistance, alors qu'un pareil nombre suffisait pour dévaster et dépeupler Lyon; alors que moins de cinq cents de leurs pareils courbaient sous le joug de la terreur, Paris, et, avec lui, toute la France;

Qu'une opposition armée a dû naître de la

vertueuse indignation dont les violences des révolutionnaires ont pénétré tous les vrais Espagnols ;

Que cette opposition sera tenace ;

Qu'elle finira par triompher, quelles que soient les alternatives de revers, de succès qu'elle sera condamnée à subir, ce qui peut embrasser un laps de temps considérable ; à moins que, pendant cette lutte intestine, le reste de l'Europe, entraîné lui-même dans le tourbillon révolutionnaire, en punition de sa coupable neutralité, ne force enfin, par le spectacle décourageant de sa chute honteuse, le royaliste espagnol a abandonner le champ de bataille à ses tyrans ;

Que la révolution d'Espagne n'eût pas tenu deux mois devant trente mille hommes qui auraient franchi les Pyrénées comme auxiliaires des soldats de la foi qui se seraient réunis autour d'elle ;

Qu'il est inconcevable qu'on ait pu se laisser abuser au point de prêter l'oreille aux déclamations des *bons cousins*, qui ont prétendu que l'*orgueil national* se serait prononcé, dans toute l'Espagne, contre cette mesure, la seule pacifique ;

Que l'*orgueil national* dût repousser avec indignation les armées de Buonaparte, devenues les satellites d'un roi intrus, né d'une bourgeoise d'Ajaccio ; mais qu'il sourirait aujourd'hui aux drapeaux du Bourbon de France, devenus, dans la péninsule, le signe de ralliement des défenseurs du Bourbon des Espagnes, comme on le vit sourire aux Anglais qui vinrent leur porter secours contre Buonaparte, quoique les Anglais fussent des Hérétiques.

Que les trompettes du carbonarisme ont fait leur métier en déblatérant contre le projet généreux de seconder les courageux efforts de la régence royale, en la reconnaissant franchement comme le seul gouvernement légitime, tant que Ferdinand VII n'aura pas recouvré la plénitude de sa puissance et de sa liberté, et en lui portant tous les secours d'hommes, d'armes, d'argent, qui peuvent hâter le triomphe complet de la juste cause qu'elle défend;

Que ces sophistes impudens ne méritent ni moins d'attention de la part de M. le Procureur-général, ni moins de mépris de la part de tous les gens de bien, que lorsqu'ils s'attachent à détruire toutes les bases du lien social, et à fausser incessamment la raison, à égarer les affections d'une jeunesse généreuse, mais imprudente, que son inexpérience livre à l'influence maligne de leurs prédications, qu'on a l'air ou de croire sans conséquence, ou de n'oser réprimer et punir;

Mais que les endormeurs qui ont été embarrasser une question si simple que celle d'une guerre franche et loyale AUX MAURES ET

AUX JUIFS qui ont détrôné Ferdinand VII, au nom de la souveraineté du peuple, ont mérité d'être condamnés à prêcher désormais dans le désert, pour avoir trahi d'une manière si indigne la cause à laquelle ils se vantent encore de rester fidèles;

Que l'Espagne n'est plus ce qu'elle était sous *Joseph*;

Qu'elle n'est même plus ce qu'elle était, en 1798, sous *don Miquele.*

Qu'elle est en équilibre entre le trône et la révolution, entre l'ordre légitime et l'anarchie prétendue constitutionnelle;

Qu'il y va du salut de l'Europe à ce que la balance ne tarde pas à se prononcer en faveur du trône légitime et de l'ordre légal;

Que si l'autre bassin l'emporte!... je n'ose, sans frémir, en mesurer les conséquences;

Qu'il n'y a plus à balancer sur le parti à prendre;

Qu'un plus long retard ne ferait qu'ajouter aux difficultés de l'entreprise;

Qu'il n'en existait pas il y a deux mois;

Que celles qu'on a l'air de craindre aujourd'hui, dans deux mois, plus sérieuses encore, exigeront de plus grands efforts;

Qu'il faut donc, sans plus discourir, aller droit à Madrid; enfermer la révolte dans le cercle de Popilius ; lui ordonner de s'avouer vaincue, et la museler pour jamais ;

Que si, les conseils des temporiseurs, des endormeurs, des hommes du juste milieu, l'emportant sur ceux du simple sens commun, les princes de l'Europe se bornent à chercher un remède à la peste politique qui dévore l'Espagne, dans des notes diplomatiques, ils apprendront, à leurs dépens, ce qu'il en coûte à ne pas oser regarder en face la révolution et les révolutionnaires ;

Que la leçon qu'ils recevront sera sévère, mais leur arrivera trop tard ;

Qu'enfin il ne restera plus d'autre ressource aux Cassandre dont on dédaigne les avis, inspirés par la sagesse même, que de se faire jacobins ; car les jacobins finiront par se rendre maîtres du globe, eux à qui il ne faut que montrer un front courageux pour les plonger dans le néant !

FIN.

www.ingramcontent.com/pod-product-compliance
Ingram Content Group UK Ltd.
Pitfield, Milton Keynes, MK11 3LW, UK
UKHW022321190726
13856UKWH00001B/128